无人平台多源导航原理

Principles of Multi-Source Navigation for Unmanned Platforms

朱建良　薄煜明　汪进文　李　胜
宋丽君　周　慧　刘　宁　庄志洪　著
孙瑞胜　吴盘龙　王超尘　赵高鹏

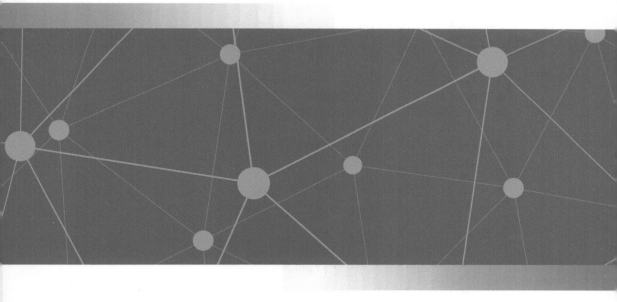

北京理工大学出版社
BEIJING INSTITUTE OF TECHNOLOGY PRESS

内 容 简 介

本书系统地介绍了无人平台多源导航的理论基础知识和工作原理，主要内容包括无人平台导航源的工作原理与分类、无人平台多源导航的时空配准、多源信号提取与建模、多源导航信息智能动态分析与决策、多源导航信息数据融合架构、多源导航信息数据融合算法以及无人平台多源导航系统设计与实现。本书注重理论与工程实践相结合，在理论基础上结合了作者实际应用成果，便于读者快速理解与掌握无人平台多源导航专业的核心知识。

本书可作为高等院校相关专业本科生和研究生的教材，也可供导航领域的研究人员和工程人员参考。

版权专有　侵权必究

图书在版编目（ＣＩＰ）数据

无人平台多源导航原理 / 朱建良等著. —— 北京：
北京理工大学出版社，2024.5
ISBN 978 - 7 - 5763 - 4099 - 0

Ⅰ. ①无… Ⅱ. ①朱… Ⅲ. ①信息融合 - 导航 - 定位
法 - 研究 Ⅳ. ①TN96

中国国家版本馆 CIP 数据核字（2024）第 108989 号

责任编辑： 钟　博		**文案编辑：** 钟　博	
责任校对： 周瑞红		**责任印制：** 李志强	

出版发行 / 北京理工大学出版社有限责任公司
社　　址 / 北京市丰台区四合庄路 6 号
邮　　编 / 100070
电　　话 / （010）68944439（学术售后服务热线）
网　　址 / http://www.bitpress.com.cn

版 印 次 / 2024 年 5 月第 1 版第 1 次印刷
印　　刷 / 廊坊市印艺阁数字科技有限公司
开　　本 / 710 mm × 1000 mm　1/16
印　　张 / 18
彩　　插 / 1
字　　数 / 269 千字
定　　价 / 92.00 元

图书出现印装质量问题，请拨打售后服务热线，负责调换

前　言

无人平台（如无人车、无人机、无人船）在军事/民用领域具有广泛应用，无人平台多源导航是无人智能作战/作业的核心技术，直接关乎无人智能作战/作业的效能。导航技术决定着无人平台精确运动感知、决策和控制的能力，单一导航无法满足无人平台自主导航要求，而多源导航具有高精度、高可信、全时间、全空间等优点，为无人平台自主导航提供了新的途径。在民用领域，多源导航技术已经成为无人驾驶、消防救援、共享移动等新型产业的核心技术之一；在军事领域，多源导航技术已经成为制导武器、水下深潜、陆用战车等精确作战的基础技术之一。因此，多源导航技术在无人平台应用领域具有举足轻重的作用。

多源导航技术涉及数学、通信、控制、航天、制导等多学科交叉知识，具有丰富的技术内涵和多学科交叉特点。本书围绕无人平台重点介绍了多源导航技术基础理论知识、信号处理与融合方法。全书共分 8 章。第 1 章为无人平台多源导航概述，介绍无人平台环境感知现状、常见无人平台导航源以及多源导航发展现状。第 2 章介绍惯性导航、卫星导航、里程计、气压计、磁传感器、视觉导航、雷达、无线网络等常见无人平台导航源的基本工作原理。第 3 章介绍时空误差来源、时间配准方法、空间配准方法以及时空配准的评价准则。第 4 章介绍传感器信息预处理方法、数据特征提取方法、模型构建与参数优化方法，并以车辆行为识别为例阐述多源信息提取与建模过程。第 5 章介绍多源导航系统信息可信性分析方法、多源导航系统信息完备性分析方法以及基于深度强化学习的多源导航系统信息优选与决策方法。第 6 章介绍多源信息数据融合架构，包括多层集中式、多层分布式和多层混合式数据融合架构，推导有色噪声条件下的卡尔曼滤波，构建多源导航信息滤波方程，阐述卡尔曼滤波在多源导航中的应用。第 7 章介绍证据论算法、模糊论算法、智能优化算法、神经网络及其多传感器数据融合算法、深度学习及其多传感器数据融合算法等多源导航信息数据融合算法。在前 7 章的基础上，第 8 章设计无人平台多源导航系统，分别介绍软件设计和硬件设计流程，以无人车为例验证无人平台多源导航系统。

本书第 1 章庄志洪、孙瑞胜执笔，第 2 章由汪进文、吴盘龙执笔，第 3 章由朱建良、王超尘执笔，第 4 章由刘宁、赵高鹏执笔，第 5 章和第 6 章由李胜、杨毅、沈锋执笔，第 7 章和第 8 章由宋丽君、何星、丁有军、郑普亮执笔。全书由薄煜明、朱建良统稿。本书在编写过程中，得到南京理工大学自动化学院智能导航与控制研究所吴祥、王军、张贤椿、邹卫军、刘宗凯、何山等教师的帮助。陈晨、吴涛、徐旋孜、周佑安、王栋、包诚等多位硕士/博士研究生为本书做了资料收集和整理工作。

南京理工大学付梦印院士详细审阅了本书并提出了许多宝贵意见，在此表示真诚的感谢。

多源导航技术涉及多门前沿交叉学科，理论技术发展迅猛，鉴于作者水平有限，书中疏漏和不妥之处在所难免，恳请广大读者批评指正。

著　者

|目　录|

基本符号

$P(A)$	事件 A 发生的概率
$E(x)$	随机变量 x 的数学期望
$D(x)$	随机变量 x 的方差
$F(x)$	随机变量 x 的分布函数
$f(x)$	随机变量 x 的概率密度函数
$f(x,y)$	随机变量 x 和 y 的联合概率密度
$f(x\mid y)$	条件概率密度
$\mathrm{Cov}(X,Y)$	随机变量 X 和 Y 的协方差
$\max(x),\min(x)$	分别表示最大值和最小值
∇f	函数 f 的梯度
$\parallel A \parallel$	矩阵 A 的范数
A^{T}	矩阵 A 的转置
A^{H}	矩阵 A 的共轭
$\mathbf{0}$	零向量，零矩阵
I	单位矩阵
$\boldsymbol{\Phi}$	状态转移矩阵
H	观测矩阵
$\boldsymbol{\Gamma}$	噪声驱动矩阵
$X(k)$	系统在 k 时刻的状态

续表

$Y(k)$	k 时刻的状态观测信号
$W(k)$	k 时刻输入的白噪声
$V(k)$	k 时刻的观测噪声
$U(k)$	k 时刻对系统的控制量
$G(k)$	k 时刻的噪声分布矩阵
Q	过程激励噪声协方差
R	观测噪声协方差
K	卡尔曼增益
$\hat{X}(k)$	k 时刻的优化预测状态
$\tilde{X}(k)$	k 时刻的状态信息
$\hat{Z}(k)$	k 时刻的优化预测观测值
$\tilde{Z}(k)$	k 时刻的观测信息
φ	滚转角
θ	俯仰角
φ	航向角
C_n^b	n 系投影到 b 系的姿态投影矩阵
g_p	当地重力加速度
w_{nb}^b	等效旋转矢量
V	卫星钟差
ρ	伪距
R_B^A	A，B 两坐标系间的旋转矩阵
P_A	A 坐标系的位置坐标值
P_0	两坐标系原点的相对位置向量
L_p	P 点在坐标系的向量投影
r_q	P，Q 两点之间的距离向量
δ	误差

续表

p	大气压
M	投影矩阵
r	残量
B	经度
L	纬度
h	高程
$H(j\omega)$	频率响应
$H(\omega)$	幅频特性
$\varphi(\omega)$	相频特性
$H\{x\}$	对信号 $x(t)$ 的希尔伯特变换
F	傅里叶变换
i_t	输入门
f_t	遗忘门
o_t	输出门
p	卷积核参数
b	偏置
σ	激活函数
M	内核过滤器大小
L_{x0}	初始条件残差
L_{xb}	边界条件残差
L_F	偏微分方程残差
L_x	数据残差
$\hat{x}_i$	系统状态在第 i 个子滤波器计算得到的局部最优估计值
P_i	系统状态在第 i 个子滤波器计算得到的协方差矩阵
$\hat{x}_g$	全局最优估计值
P_g	全局最优估计值相应的协方差矩阵

α	传感器增益
t_0	传感器的测量延迟
$n(t)$	传感器的测量噪声
β	传感器的测量偏置
$r_j(t_i)$	t_i 时刻 r_j 的输出量
$\mathrm{med}(r_j)$	时间窗内输出量 r_j 的中位数
α'	传感器的常数参量
$P_j(t_i)$	t_i 时刻传感器数值的异常概率
λ_j	权重系数
x_s, x_t	两组同质传感器输出的时间序列
μ_s	时间序列 x_s 的均值
σ_s	时间序列 x_s 的标准差
z_{c_i}	传感器 c_i 的可信度指标
w_1, w_2	分别表示自评估与互评估可信度评估的权重系数
z_{1c_i}, z_{2c_i}	分别表示自评估与互评估可信度评估的结果
$R_{ci,cj}$	传感器 c_i，c_j 间的归一化皮尔森系数
$\mathrm{comp}(P_{c_i}, P_{c_j})$	传感器 c_i，c_j 间的归一化相容系数
Cs	综合评估参数
Dt	可检测度
R	可重构度
Dp	可信度
$\mathrm{Softmax}(z_i)$	归一化函数
Loss	损失函数
J	指标函数

$E\{(\cdot)\mid \boldsymbol{x}_0\}$	在初值为 $\boldsymbol{x}_0$ 条件下的 $\boldsymbol{x}_1,\cdots,\boldsymbol{x}_N$ 的条件均值
Z_N	北向加速度计输出
∇_N	加速度计噪声
ε_W	陀螺漂移
W_s	白噪声
ε_b	随机偏置
ε_m	一阶马尔柯夫过程
A	模糊集
p_c	交叉概率
n_c	期望参与交叉的码串数量
n	群体规模
p_m	突变概率
L	码串长度
rand( )	[0,1] 的随机数
U	输出层到隐藏层的权重矩阵
e	采样值与给定值比较所得误差
R	模糊现象规则
U	模糊控制向量
H	图像的高占像素的个数
W	图像的宽占像素的个数
ξ	正实数超参数
$\lVert\cdot\rVert_F$	任意矩阵的 Frobenius 范数
λ	对抗损失 $V_{\text{FusionCAN}}(G)$ 与内容损失 L_{content} 之间关系的超参数

第1章　无人平台多源导航概述

　　二十大报告中指出："增加新域新质作战力量比重，加快无人智能作战力量发展"。无人平台多源导航是无人智能作战的核心技术，直接关乎无人智能作战的效能。无人机、无人车、无人船等无人平台的共同特点：没有人直接操控它们，它们通过遥控或自主控制，即可完成一些比较复杂的任务。诸如无人车、无人机等无人平台是一种搭载乘客、设备的可移动平台，手术机器人、工业机器人等虽然不能移动，但都有一种类似书桌的基本工作台面。因此，无人机、无人车、无人潜航器、特种机器人等常合称为"无人平台"。在国外，人们通常将其称作"无人平台"或者"无人系统"，而在国内，人们也将其称作"智能无人系统"。换句话说，只要是不需要人亲自操作，仅靠远程或者自动操作就能完成某些较为复杂的工作的设备，便可称为"无人平台"。

　　目前并没有一个公认的标准概念定义来描述"多源导航"。因此，可以借鉴"多源融合导航"或"多传感器信息融合"的概念定义，并围绕涉及时空坐标测定问题的定位导航授时（Positioning Navigation and Timing，PNT）进行界定和描述。美国三军组织实验室理事联合会从军事应用的角度出发，提出了"多层次、多维度的信息融合"的概念，即"多源数据的检测、相关、综合和估计"，以提升状态和身份估计的准确性，并及时、全面地评估战场态势和威胁的重要性[1]。多源导航可以被认为是多源融合在导航应用中的一个分支，它是一种处理多种 PNT 信息的过程，旨在充分高效地利用多种 PNT 信息，为不同种类和不同场景下的用户提供唯一和可信赖的 PNT 服务[1]。多源导航主要针对导航用户终端，其涉及的处理环节一般包括以下步骤：采用多传感器感知 PNT 原始信息，对来源不同的 PNT 原始信息进行时空基准统一处理，对原始观测数据进行理性判断和抽象化预处理，进行数据融合，得到具有唯一性的 PNT 结果，对 PNT 结果的精度和可信性进行评价等。

相比单一导航手段，多源导航具有以下优点。

（1）增强用户终端的生存能力。多源导航终端集成了多个感知不同 PNT 信号或信息的传感器，当其中一些传感器发生物理性损坏或受到干扰时，通常还有其他传感器可以正常工作，因此用户无须采取额外复杂的操作即可获取 PNT 信息。

（2）扩大 PNT 服务的空间覆盖范围和时间覆盖范围。单一的 PNT 手段在时间和空间上的覆盖范围总是有限的，而多源导航终端通过配置多个传感器，接收多种 PNT 信号或信息，其时间和空间覆盖范围相当于多个 PNT 手段的空间和时间覆盖范围的合集。

（3）提升 PNT 服务的可信性。在多个 PNT 手段同时有效的情况下，多源导航终端可以对多个单一 PNT 手段的结果进行比较确认，排除虚假的结果。

（4）提升 PNT 服务的精度。不同的 PNT 手段提供的结果往往具有不同的误差特性，这些误差特性会随时间和空间的变化而变化。通过采取适当的滤波策略，可以从整体上提高 PNT 服务的精度。

（5）降低终端的资源占用和成本。与同时配置多个不同类型的 PNT 终端相比，多源导航终端可以共享电源、时频信号、通信链路、计算资源等共性资源，同时在结构设计和热设计上可以进行一体化考虑，从而降低终端对资源的占用和成本。此外，多源导航的融合定位授时结果可以为新加入的信号源或信息源提供位置和时间捕获辅助信息，从而降低单一传感器的复杂性，进一步降低终端对资源的占用和成本。

1.1　无人平台环境感知

地面无人系统具备多个重要特点，包括平台损毁时无人员伤亡和可长期值守等。目前，地面无人系统主要应用于扫雷破障、武装巡逻、核生化探测、危险品运输、火力引导、通信中继和后装保障等领域。这些先进技术已经在伊拉克和阿富汗等战场得到应用。地面无人系统代表了未来陆军作战方式向非接触、非线性、非对称、零伤亡的转变，成为必不可少的装备。在高新技术飞速发展和武器系统升级换代的背景下，战场上战斗人员的生存能力日益受到重视。为了更好地保护作战人员的生命，地面无人系统提供了一种重要的解决方案。通过实现非接触作战，地面无人系统能够使战斗人员远离危险区域，最大限度地降低战斗人员的风险。这种转向零伤亡的战斗模式对于确保战斗人员的安全和提高作战效率至关重要。因此，地面无人系统将成为未来战场上不可或缺的保障装备，为现代军队的作战方式带来了深远的变革。地面无人系统极大地扩展了作战视野，协助战斗人员更加准确地探测敌人，并能在侦察、核生化武器探测、障碍突破、反狙击和直接射杀等任务中发挥关键作用，从而显著降低了战斗人员损伤的风险。

地面无人系统对环境的自主感知将极大地减少对操作者的依赖性，减少对通信带宽的要求，实现高自主性、高协作性的要求，为未来大规模应用奠定基础。军用自主地面无人系统的应用，将使军队的装甲突击、远程火力打击、战术级战斗部队的战场态势感知、后勤保障、扫雷排爆，以及与其他军队的联合作战能力获得极大提升。因此，研发高可靠性、高精度的地面无人系统对提升我国国防力量和促进国防现代化建设具有重要意义。

1.1.1　地面无人系统

目前，国外已研制出 300 多种地面无人系统，服役的有 200 多种。其中，占比最高的是便携式地面无人系统，其主要用于侦查、监视等辅助作战任务；车载无人系统的比例约为 10%，主要用于侦察、破坏和清除路径障碍；当前，自行机动式地面无人系统数量不多，主要用于小队支援、地雷探测与处理，其因为同时具备出色的机动性，并可配备小型武器站，所以还能实现高机动支援与火力打击的任务。

如图 1.1.1 所示，国外地面无人系统从 20 世纪 60 年代发展至今，主要经历了 4 个阶段[2]。

当前，军队地面无人系统在高速发展过程中已逐渐被纳入新一代武器设备。除了美国之外，以色列、法国、德国、英国、日本、俄罗斯等都在

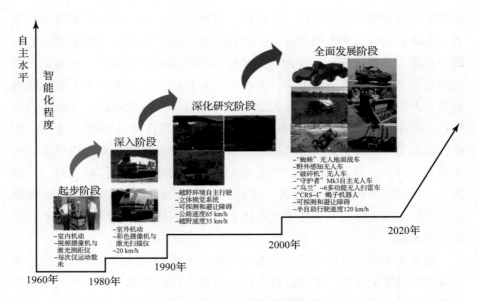

图 1.1.1 国外地面无人系统发展阶段

逐步开展新一代武器设备研发。美国设备种类、数量最多，开发水平最高。美国于 2001 年提出在 2015 年前实现 1/3 地面战斗汽车的目标，尽管没有实现预期的目标，但它在小型无人车、班组任务支援系统、"大狗"等军事无人系统的发展中起到了很大的促进作用。自 2005 年起，受到美国国防高级研究计划局资助的美国卡内基梅隆大学的国家机器人工程中心设计了"破碎机"无人战车。

2007 年，由英国 BAE 系统公司研制的美国无人战车"黑骑士"在军队的本宁堡演习中被给予高度评价。它的主要作用是执行对危险区域的侦察，收集情报，进行前方侦察，并与步兵一起进行战斗，进行火力支援。"黑骑士"型无人战车既可以在夜间工作，也可以在白天工作，还可以进行无人驾驶与人工驾驶的切换，可以实现对路径的规划以及对障碍的规避。

在 2016 年早期，俄罗斯推出了 3 种具有灭火、排雷和作战功能的"乌兰"系列陆基无人机。"乌兰" 6 型多用途无人扫雷车，其主要工作是搜寻地雷及未爆军火，最大远程控制范围为 1 500 m。"乌兰" 9 型无人武装战车可以帮助陆战队、空降兵、特种部队、海军陆战队等进行长距离侦测和援助。除此以外，其还装备有最大射程为 8 000 m 的导弹系统。"乌兰"
14 型 MRTK – P 无人灭火/扫雷车是专为高风险、道路不畅等地区研制的一
款无人灭火/扫雷车。

在 2019 年，全球范围内地基无人驾驶系统的发展持续加速。美国、英
国、俄罗斯、以色列已经在开发计划，它们在正在兴起的自动驾驶技术方
面有了长足的进步。后勤支援型和武装型自主无人车引起了国际社会的广
泛关注。近年来，美国、英国、俄罗斯、澳大利亚、以色列等国家相继开
展了基于后勤保障的无人车示范与验证工作，并不断推进军用无人车的
发展。

美国一家公司于 2019 年 8 月发布了"飞马座型"无人机/无人车混合
系统，该系统可以实现无人机与无人车模式的完全自主操控，地面续航能
力达到 4 h，即使在没有全球定位系统（Global Positioning System，GPS）
的情况下也可以正常工作，并具备 3D 地图绘制功能。

同年 10 月，白俄罗斯的 BSVT 公司披露了其"半人马座"无人车，这
款无人车采用自主机器人系统，可以独立作战，也能与其他无人车协同作
战。它能够在预定的 24 h 内执行指定的巡逻路线，并且能够自动检测和跟
踪可疑物体。该无人车配备了 4 个摄像头，包括 2 个彩色摄像头和 2 个热
像仪，支持全天候工作。

同年 12 月，瑞士的桑德 X 汽车公司与 URS 实验室合作，研发了一款
无人驾驶的 T – ATV1200 战术全地形车。这种战术全地形车使用一种智能
遥控系统，它拥有三轴摄像头、GPS 跟踪系统、语音与无线电双路通信以
及耳机，它能够在 10 km 的视距范围内对车辆进行控制，或者在 4 km 的非
视距范围内对车辆进行控制，可在多达 10 辆车之间进行相互提供中继服务
的任务，从而将遥感范围扩展到 100 km 以上，并且具有自动返回和跟随的
功能。

1.1.2　环境感知技术

环境感知技术[3]是无人机动平台中最重要的一环，无人机动平台安
全、稳定行驶的首要前提是环境感知系统所提供的世界环境模型、运动状
态和定位信息准确、可靠。这里的环境感知系统不仅包括由各种雷达和相

机等构成的能够提供世界环境模型的视觉系统，也包括由惯性导航元件、GPS 等传感器构成的能提供平台自身姿态、与环境相对位置或绝对位置信息的状态估计系统。环境感知系统示意如图 1.1.2 所示。

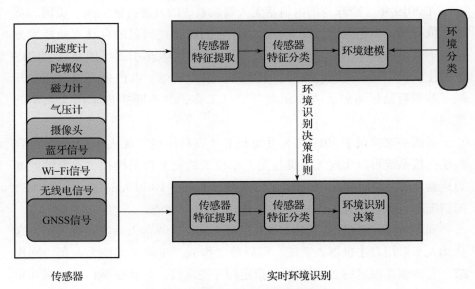

图 1.1.2　环境识别感知系统示意图

　　环境感知技术的核心是传感器技术。传感器是用于检测和测量环境中物理、化学或生物特征的设备。传感器可以采集来自周围环境的各种信息，如温度、湿度、光照强度、声音、压力、气体浓度等。传感器可以基于不同的原理和技术进行设计，包括光学传感器、声学传感器、化学传感器、生物传感器等。这些传感器可以嵌入各种设备和系统，如智能手机、车辆、建筑物、环境监测站等。

　　环境感知系统不仅收集环境数据，还需要对这些数据进行处理和分析。数据处理技术包括数据过滤、特征提取、数据融合、模式识别等。通过对传感器数据进行处理和分析，可以提取有用的信息和特征，从而实现对环境状态的理解和认知。例如，在智能交通系统中，通过分析车辆传感器数据和交通流数据，可以实时监测交通拥堵情况，并采取相应的措施进行交通管理。

　　环境感知技术还可以与其他技术进行集成和融合，如人工智能、机器学习、大数据分析等。通过将环境感知数据与其他数据源结合，并应用先进的分析算法，可以提供更准确和全面的环境感知能力。例如，利用机器学习算法可以识别和预测环境中的异常事件，如火灾、洪水等。通过与大数据分析技术结合，可以发现环境中的潜在模式和关联性，为环境管理和决策提供支持。

环境感知技术在各个领域中都具有重要的应用价值。在智能交通系统中，环境感知技术可以帮助实时监测交通状况、提供导航和路径规划服务，以及支持交通管理和控制。在智能城市中，环境感知技术可以监测城市空气质量、噪声水平和能源使用情况，为城市规划和资源管理提供参考。在无人平台导航领域，环境感知技术是实现无人平台感知周围环境并做出决策的关键技术。

尽管环境感知技术在许多领域都有广泛应用，但仍然存在一些挑战和问题。其中之一是数据的质量和可靠性问题。环境感知涉及大量的传感器和数据源，数据质量的稳定性和一致性是确保准确感知的关键因素。此外，隐私和安全性问题也需要得到关注，特别是涉及个人隐私数据的收集和处理。

总而言之，环境感知技术是一项多学科交叉的技术，它通过传感器和数据处理技术实现对环境状态的感知和理解。它在智能交通、智能城市、自动驾驶、环境监测等领域都具有重要的应用，是无人平台多源导航的核心内容。

1.1.2.1　无人车领域

目前，在地面无人系统的研究和开发上，我国还远远落后于发达国家。近年来，我国对军事机器人技术给予了极大的关注，为应对新武器所带来的全面挑战，提出了"海、陆、空"无人战斗平台的发展方向。在地面无人战斗平台领域，以中国武器装备集团公司为代表的研究机构已初具规模。"猛狮－3"无人车外形类似一辆越野车，车顶装有摄像头，车身不仅装有各种微型传感器、车载雷达，还有先进的计算机。其利用雷达、图像识别系统以及卫星导航系统对周围的交通工具进行跟踪、定位，从而保证交通工具的安全运行。"猛狮－3"无人车结构如图 1.1.3 所示。目前，技术人员们正致力于与其匹配的设施以及武器系统的开发，我国陆军以后有很大可能使用这辆无人车。

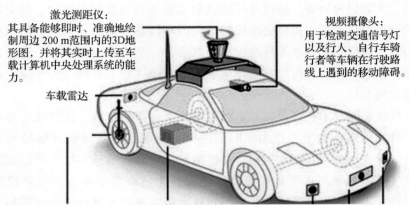

激光测距仪：
其具备能够即时、准确地绘制周边 200 m 范围内的3D地形图，并将其实时上传至车载计算机中央处理系统的能力。

视频摄像头：
用于检测交通信号灯以及行人、自行车骑行者等车辆在行驶路线上遇到的移动障碍。

车载雷达

微型传感器：
负责监控车辆的系统，可以监测车辆是否偏离仅由GPS导航所制定的路线。

计算机资料库：
计算机资料库对数据进行了精确的存储，包括每条公路的限速标准和出/入口位置。在司机的操控下，中央处理系统通过扬声器以柔和悦耳的女声发出类似"接近十字路口，请注意行人"的提示。

4台标准车载雷达：
布局分布采用三前一后的方式，负责探测较远处的固定路障。

图 1.1.3 "猛狮-3"无人车结构

GHRYSOR 地面无人车由中国兵器北方车辆研究所研制，其外观如图 1.1.4 所示。GHRYSOR 地面无人车长 2.92 m，宽 1.64 m，高 1.92 m，质量为 950 kg，在地面最大载重 680 kg，在水中最大载重为 300 kg，在地面行驶速度高达 45 km/h，在水中行驶速度达到 4 km/h，最大爬坡度超过 37°。其底部的外壳由高密度聚乙烯材料制成，因此可以在 −40~50 ℃ 的较大的工作温度区间内工作。

图 1.1.4 GHRYSOR 地面无人车外观

OFRO 微型坦克长 1.12 m，宽 0.7 m，高 0.4 m，质量为 54 kg，最大载重为 40 kg。整车采用电池供电方式，在满电状态下可连续工作 12 h，最高速度可达 7.2 km/h，工作温度范围为 −20～60 ℃。该微型坦克配备了超声测距传感器、红外传感器、DGPS 接收器、GSM/GPRS/UMTS 通信模块等，既可自主巡逻，也可进行遥控操作。OFRO 微型坦克具备多种功能，只需安装不同的任务设备即可。OFRO 微型坦克能够探测出目前所有的军事和工业用有毒气体，并在几秒钟内给出确切的分析结果。OFRO 微型坦克的外观如图 1.1.5 所示。

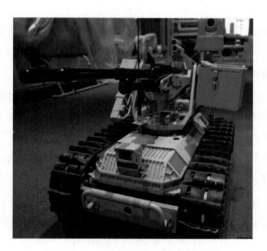

图 1.1.5　OFRO 微型坦克的外观

进入 21 世纪后，世界上许多国家都在大力发展无人车，其中部分无人车已经开始装备部队。然而，经过仔细分析，这些无人车中只有少数是直接攻击型的，更多地用于辅助和后勤。

以德军现役地面无人车为例，其以扫雷和排爆为主要功能，例如"清道夫"2000 扫雷车、"犀牛"扫雷车、Rode 爆炸物清除机器人以及 GARANT−3 多用途机器人等。其他国家的无人车也主要应用于预警侦察、危险品运输、火力引导、通信中继等领域。例如俄罗斯的"火星"A−800 无人车、以色列的 Gahat 无人车（也称机器人）、白俄罗斯的"半人马座"无人车以及澳大利亚的"任务适应性平台系统"后勤无人车等。一些已经装备的直接攻击型无人车则经常遭遇"故障缠身"的问题，这一现象一方面表明无人车的发展前景广阔，另一方面也反映出无人车发展的实际情况——要打造真正的无人化战车，仍然需要克服许多困难。

首先，无人车的自主作战能力必须得到极大的改善。当前，大部分无人车都具有"有限自主"的特性。它们能够利用车载传感器、通信导航系统、自动控制设备和相关程序等，自主规划路径，规避障碍，实现对目标的探测、识别与打击，但在高智能的感知、分析与决策方面还存在不足。美国一家研究实验室于 2020 年公布了一则消息，称将建造新型无人车，为士兵们提供虚拟战友，同时也将为无人车的进一步发展打下坚实的基础。以色列 M－RCV 无人车是一种智能程度很高的新型无人车，它不仅可以独立地进行前线侦查，而且可以和有人车进行网络连接，从而实现信息和情报的共享。但是，目前已有的研究成果不多，或仅处于初步探索阶段，与具有较高智能的机器人相比，尚存在较大差距。

其次，要在保证产品性能的同时，实现产品价格的合理控制。无人车除了可以减少己方的伤亡之外，还有一个优点就是"物美价廉"。"无人"的特性让无人车在体积上有了极大的缩小，同时也带来了动力不足、载重能力不足、保护能力不足等问题。实际上，很多直接攻击型的无人车在火力上都是非常有限的，很难起到有效的火力压制作用。有些无人驾驶的坦克有着很薄的装甲，被坦克迷们称为"脆皮"。为此，各国纷纷在有人坦克的基础上对其进行改造，但如何兼顾其性能与造价仍是一个难题。

最后，需要进一步提升无人车在战场中的嵌入能力。目前，无人车凭借"无人"的特点发展迅速。然而，要真正与当前和未来的作战体系深度融合，仍需进一步增强能力，使其角色更加多样化，能力更加接近"拟人"。近年来，一些国家已经组织了无人车的实弹演练，并取得了一些成果。然而，设想中的大规模"机器人部队"仍然受到集群控制、抗干扰等难题的制约，这是因为无人车在战场中的嵌入能力还不够，暂时无法达到军队的预期。

实现这些目标只是时间问题，并非遥不可及。一旦关键技术被突破，世界各国的无人车很可能加速成为地面战场上的新力量，从打助攻的辅助角色转变为新的陆战主力选手角色。

1.1.2.2 无人机领域

无人机是一种无人驾驶的空中飞行器，一般是通过无线通信或者自己的程序来操纵的。因为不需要配备与驾驶员有关的装备，所以无人机不仅拥有普通飞机活动空域大、移动速度快的共性特性，还拥有体积小、质量小、隐蔽性好、适应性强等优点。

在军事上，无人机可以全天候、全空域执行侦察、预警、通信、精准打击、支援、救援、补给甚至自杀式袭击等多项任务，在现代战争中发挥着日益重要的作用。在民用方面，无人机还可以用于航空拍摄、城市管理、农业、地质、电力、应急救援等领域。

然而，飞行安全性问题成为限制广泛应用于军民各领域的瓶颈。随着无人机的广泛应用，中低空和超低空空域日趋拥挤，无人机与其他目标相撞的可能性也在不断增加，给飞行安全带来很大威胁。

由于无人机上无飞行人员承担障碍物检测以及规避的职责，无人机系统只能依靠机载传感器完成障碍规避，这个过程就是"感知与规避"[4]。

感知与规避系统对无人机系统的自主飞行安全至关重要。世界各国都已认识到无人机自主感知与规避技术是推动无人机应用发展的关键因素。2017 年 10 月 25 日，美国启动了无人机系统整合试点项目，旨在将无人机系统快速整合至国家空域，无人机感知与规避能力就是该项目的重点评估科目之一。

无人机感知与规避系统一般由 3 个部分组成，分别是感知系统、决策系统和航路规划系统。它的工作流程通常如下。首先，利用感知系统对有无障碍物进行探测，如果有障碍物，就可以对其进行距离、角度和速度等信息的检测。然后，在此基础上，通过对无人机飞行过程中产生的各种障碍的识别信息，使无人机在飞行过程中能够准确地判断障碍存在与否，从而确定是否需要重新规划航路。如果需要重新规划航路，则由航路规划系统通过综合本机以及外部信息，调整航路以规避碰撞。无人机感知与规避系统工作流程如图 1.1.6 所示。

国务院、中央军委公布《无人驾驶航空器飞行管理暂行条例》（以下简称《条例》），自 2024 年 1 月 1 日起施行。《条例》贯彻总体国家安全观，统筹发展和安全，坚持底线思维和系统观念，以维护航空安全、公共安全、国家安全为核心，以完善无人驾驶航空器监管规则为重点，对无人驾驶航空器从设计生产到运行使用进行全链条管理，着力构建科学、规范、高效的无人驾驶航空器飞行及相关活动管理制度和体系，为防范和化

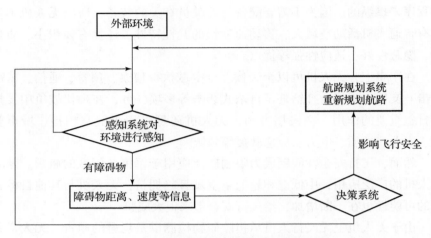

图 1.1.6 无人机感知与规避系统工作流程

解无人驾驶航空器安全风险、助推相关产业持续健康发展提供有力的法治保障。《条例》共 6 章 63 条，主要按照分类管理思路，加强对无人驾驶航空器设计、生产、维修、组装等的适航管理和质量管控，建立产品识别码和所有者实名登记制度，明确使用单位和操控人员资质要求；严格飞行活动管理，划设无人驾驶航空器飞行管制空域和适飞空域，建立飞行活动申请制度，明确飞行活动规范；强化监督管理和应急处置，健全一体化综合监管服务平台，落实应急处置责任，完善应急处置措施。

1.1.2.3 无人船领域

伴随着第三次工业革命信息技术产业的大发展和第四次工业革命智能化产业发展的到来，无人装备制造领域得到了迅速的发展，其中，无人机和无人车已经逐步走入人们的日常生活。除此之外，无人装备制造中的无人船也在逐步走入人们的视线，并得到了迅速的发展。

无人船的关键技术包括三方面：感知技术、导航技术与控制技术。感知技术给无人船带来了视觉和听觉；导航技术对特定的目标进行趋近或规避，其原理与路径规划和障碍物的综合避让有相似之处；控制技术利用无人船的移动姿态对其航向进行控制[5]。

其中，智能控制系统对无人船的操纵能力、经济性和安全性有很大的影响。该系统通过对人工操纵舵机的原理进行归纳，在测量过程中自动控制无人船的航速和航向，使无人船能够精确地沿着预定的测线前进，克服多种干扰，实现无人船的自动稳定运行，是实现无人船自动化操作和自动返航的关键技术。依靠智能控制技术，无人船能借助螺旋桨的推力和舵机来实时调节航速和航向，实现自动按照预先设定的航线进行精准的走线、换线及回归等功能。

除了智能控制技术，无人船的关键技术还有多传感器集成与数据融合、远距离无线局域网的数据通信与实时多模控制技术。例如，在多传感器集成方面，无人船通常设计有一个可兼容多传感器的船载控制系统。该系统可根据用户需求灵活地搭载全球导航卫星系统（GNSS）接收机、测深仪、声学多普勒流速剖面仪、电子罗盘、水质采样和在线监测仪等多种传感器设备。在测绘、水文、环保领域，无人船可提供多项应用服务。

业内人士对无人船行业的前景也抱有信心。这主要是由于我国对无人船所需要的一些关键技术已经有了很深的研究。在无人船智能控制理论与技术方面，我国虽然发展时间较短，智能控制理论的应用也刚刚起步，但是目前国内自动控制领域对智能控制的研究已经达到了国际先进水平。例如上海交通大学的人机协同、华中科技大学的集群控制以及中国船舶重工集团公司等，都在无人船方面提出了很多关键方法和策略，如中船重工704 所就研制了能在横摇过程中保持探头稳定性的稳定平台，大大提高了监测精度。

1.2　无人平台导航源

在分析无人平台多源导航技术之前，首先需要了解有哪些导航源可以用来实现多源融合。现有的导航系统和方法种类多样，例如 GNSS、惯性导航系统（Inertial Navigation System，INS）、GNSS/INS 组合导航系统、光/声学导航系统；重力/磁力导航、典型室内定位方法以及伪卫星定位等[6]。下面对常见导航系统和方法进行简单介绍。

1.2.1　GNSS

卫星导航系统由 3 个部分组成，分别为导航卫星、地面台站以及用户定位设备。卫星导航有多普勒测速、时间测距等方法。多普勒测速的原理是：用户测量实际接收到的信号频率与卫星发射的频率之间的多普勒频移，再根据卫星的轨道参数算出用户的位置。时间测距则是通过测量卫星信号的传播时间，继而通过特定方程式的数学模型进行计算，得出用户位置信息[7]。

早期的卫星导航系统包括美国的 GPS、俄罗斯的 GLONASS、欧洲的 GALILEO 系统、我国的北斗卫星导航系统（BDS）、日本的准天顶定位系统（QZSS）以及印度的 IRNSS 等。随着航天技术、原子钟技术等背景技术的发展，世界各国的卫星导航技术体制逐渐收敛于基于中圆地球轨道卫星和地球静止轨道卫星的卫星无线电导航业务体制，并被冠以 GNSS 的名称。采用此技术体制的 GNSS 包括 GPS、GLONASS、BDS、GALILEO 系统等世界四大卫星导航系统。因此，在现阶段，当人们提及"卫星导航"这个词时，一般指基于 GNSS 技术体制的全球导航卫星系统。GNSS 定位的基本原理是三球交汇测量，如图 1.2.1 所示。

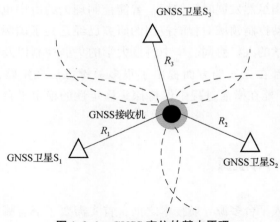

图 1.2.1　GNSS 定位的基本原理

1.2.2　INS

惯性导航技术建立在牛顿经典力学定律的基础上，它以惯性坐标系作为参考系，通过陀螺仪和加速度计测量目标的角速度和加速度，然后通过积分运算计算出目标的位置信息以及速度信息[8]。惯性导航的基本原理如图 1.2.2 所示。

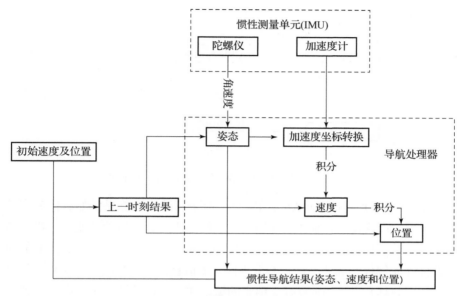

图 1.2.2　惯性导航的基本原理

　　惯性导航可以不依靠外界信息，在不与外界发生联系的条件下为用户提供加速度、速度、位置、姿态和航向等全面的导航参数，同时，其对磁、电、光、热及核辐射等形式的波、场的影响不敏感，具有极强的抗干扰能力，也不受气象条件和地形的限制，能满足全天候、全球范围内导航的要求。因此，INS 被广泛应用于军用和民用两大领域。在军用领域方面，INS 在航空飞行器、航天飞机、制导武器、陆地车辆和舰艇船舶等装备上均有所应用；在民用领域方面，INS 在无人机、智能驾驶、石油钻井、移动通信和高速铁路等领域均有所应用。

1.2.3　GNSS/INS 组合导航系统

　　GNSS/INS 组合导航系统，即包含 GNSS 和 INS 的定向定位导航系统[9]。根据 INS 和卫星的导航功能互补的特点，可以通过适当的方法将两者组合，以提高系统的整体导航精度、导航性能以及空中对准和再对准的能力。GNSS/INS 组合导航系统的基本结构如图 1.2.3 所示。

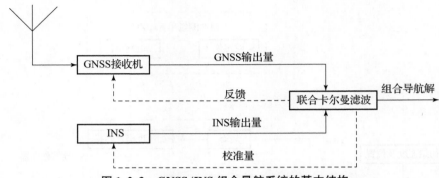

图 1.2.3　GNSS/INS 组合导航系统的基本结构

GNSS 具有精度高、可通信的特点，但是该系统不能提供如载体姿态等导航参数，而且在飞行载体上使用时，飞行载体的机动运动常使接收机不易捕获和跟踪卫星的载波信号，甚至对已跟踪的信号失锁。INS 通过内部的惯性器件（陀螺仪、加速度计）获取当前位置信息，它是封闭的，无须与外界联系，因此具有很强的独立性，但它的缺陷在于，在导航的过程中会出现一些偏差（由温度变化、振动等因素造成的，可以用算法进行偏差补偿）。

为了克服上述问题，可以采用基于 INS 和 GNSS 导航功能互补特点的方法，以提高导航系统综合性能。GNSS 接收机在 INS 位置和速度信息的辅助下，可以改善捕获、跟踪和再捕获能力，在卫星分布条件差或可见卫星较少的情况下，导航精度的下降也不会过大。由于这些优点的显著作用，GNSS/INS 组合导航系统被广泛认为是飞行载体最理想的导航系统。

在 GNSS/INS 组合导航系统中，利用 GNSS 的信息，可以定时校正 INS 的偏差，在不能接收到卫星信号的情况下，保证一定时刻内的导航信息准确度[9]。

1.2.4　光/声学导航系统

光学导航系统（Optical Navigation System，ONS）利用物理光学测量的方法，通过测量导航装置和参考表面之间相对运动的程度（速度和距离）来确定相对位置和姿态信息。

光学导航是一种利用光敏元件进行航天器相对位姿测定的方法，其因具有比传统无线电导航更高的定位精度而被称为光学精确导航。20 世纪 60 年

代，美国开展了光学相对导航的研究，其目的是为航天器的会合和对接提供
准确的导航信息。此后 30 年间，随着航天与军事领域对光电传感器的需求
日益增长，美国、法国、日本、德国、加拿大等国家相继研制出多种光电传
感器，用于卫星和宇宙飞船的交会对接、直升机着陆和星际软着陆等任务。

作为水下 PNT 体系的一个重要组成部分，声学导航技术也是一项行之
有效的增量技术，要充分发挥中高频声学导航的隐蔽性与精准性，以及低
频声学定位的广域性的优势，以满足水下用户在隐蔽性、广域性、精准性
等方面的要求，推动我国水下导航定位服务水平不断提高。

声学导航系统主要应用于水下潜艇的定位。相对于其他导航方式，声
学导航具有如下优势：一是能在水面和水下同时使用；二是可对舰船的航
速、船首方位等进行实时、精确的测量。

1.2.5　重力/磁力导航

重力导航技术的发展主要基于重力测量、重力异常及垂线偏移的测量
与补偿。磁力导航是以地球上不同位置的地磁场存在差异为依据，首先使
用地磁传感器测量地磁向量数据库，之后在进行在线定位的时候，按照匹
配算法，将实时测量到的地磁场和地磁向量数据库进行对比，进而获得当
前用户的位置信息。

重力/磁力导航的基本原理都属于模型匹配定位。首先离线构造重力/
磁力场模型，然后在线进行匹配定位。重力/磁力导航基本原理如图 1.2.4
所示。

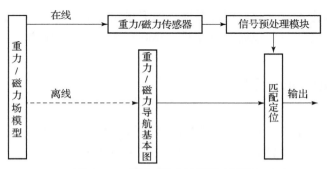

图 1.2.4　重力/磁力导航基本原理

1.2.6 典型室内定位方法

随着卫星导航技术的发展，室外定位技术已经能够很好地满足人们对定位和导航服务的需求。然而，在室内条件下，由于可以看到的星体被遮挡，卫星定位系统不能正常工作。当前，室内定位方法有：无线传感器网络定位、超宽带定位、蓝牙定位、WLAN 定位等。其中，WLAN 定位方法因成本低廉、易于实现等优点而被公认为最有前途的室内定位方法。WLAN 室内定位主要有基于匹配算法的指纹定位和基于接收信号强度（Received Signal Strength，RSS）测距的无线定位方法[10,11]。

1.2.7 伪卫星定位

伪卫星定位是通过地面或近地空间平台发射导航信号的定位方法，其基本原理与 GNSS 类似。目前，伪卫星已被发展成为增强 GPS 应用的信号源，它不仅能增强室外卫星的几何分布性能，而且在某些情况下（如室内）甚至可以替代 GPS 卫星星座。伪卫星主要发射 GPS 频段（如 L1 和 L2 频段）的信号，这些信号可用于伪距和载波相位测量。作为 GPS 卫星增强系统的伪卫星，无论在测距码还是载波相位定位方面都十分具有吸引力。伪卫星的应用不仅增加了 GPS 卫星的数量，而且它的一个显著特点是高度角很小，信号不经过电离层传播。通过利用这种低高度角伪卫星，GPS 与其组合后能够有效改善定位几何图形结构，极大提高在垂直方向上的定位精度。伪卫星定位系统可作为独立的室内导航和定位系统，与 GPS 一起构成真正意义上的全球导航定位系统。伪卫星定位的应用十分广泛，如飞机着陆、都市环境下的地面交通导航、变形监测、外星体探测等方面[12]。

1.3 多源导航发展现状

多源导航是在后 GNSS 时代 PNT 技术整体发展的大背景下，近 10 年逐渐发展起来的新的导航技术方向，具有十分鲜明的时代印记。从国际上著名的几大导航学术会议的主题来看，在 2010 年以前，卫星导航及其增强系统所涉及的各类关键技术是各导航学术会议的主体议题；自 2009 年起，导航协会（ION）GNSS + 及导航协会国际技术会议（ION ITM）增设了多传感器导航、多传感器融合算法、城市室内导航等分会，多源导航是这些会议讨论的主题；自 2010 年起，专门针对室内外无缝导航的室内定位与室内导航会议（IPIN）以及定位、室内导航和基于位置的服务会议（UPINLBS）举办至今，分会议题包括多传感器融合定位解决方案、室内外定位服务系统、基于 GNSS 的室内外定位等。中国卫星导航学术年会（CSNC）也从 2016 年起设置了多源导航技术分会。

多源导航引起人们普遍关注的近 10 年，也恰恰是所谓 PNT 体系以及 Micro – PNT、全源导航、随机信号导航等新概念和新兴导航技术逐步涌现的时代，它们在时间上与多源导航技术的兴起重叠，在技术内涵上与多源导航技术相互呼应。因此，多源导航技术的发展具有鲜明的时代背景，且与其他新兴导航技术的发展互为支撑。

面向新一代国家 PNT 体系应用终端技术发展的重大需求，多源导航系统以北斗卫星导航系统为基石、以 INS 为支撑，综合利用地磁、图像、气压、无线电传感器等测量设备，通过多源信息自主感知、有机融合、智能决策、综合评估，可以确定姿态、速度和位置等时空信息，是国家综合 PNT 体系中面向 PNT 服务等终端应用的关键核心技术。当前，多源自主导航已成为国家综合 PNT 体系下应用终端发展的重要技术方向。

1.3.1 PNT 体系下的多源导航

在 GNSS 的基础上推动其他类型导航技术的发展，以克服 GNSS 在电磁干扰和地形遮挡条件下能力受限的问题，自从各图 GNSS 开始建设时就引起了各卫星导航大国的重视。鉴于非卫星导航技术的多样性，为了避免技术发展的无序性，强化不同导航技术之间的协同作用，并系统地发展 PNT 的理念逐渐受到重视，从而引出了 PNT 体系的概念。例如，在 20 世纪 90 年代末，欧盟的 GALILEO 计划在初期设计中就包含了 PNT 体系的主要基本特征，但由于后期受到经费预算和管理体制的限制，不得不将工作重点集中在卫星导航方面。俄罗斯在开发部署新一代 GLONASS 卫星的同时，也对其地基无线电导航系统进行升级改进，并积极进行利用陆基雷达信号实现导航功能的研究和协调工作，积极发展 PNT 体系。英国提出了

"弹性 PNT 体系"的概念[13]，主要包括"守卫"计划和"哨兵"计划，这两个计划都在系统地考虑多种 PNT 技术和能力的建设。

美国作为导航技术最为先进的国家，最早提出国家 PNT 体系的概念并加以论证，同时将国家 PNT 体系定义为其重要的国家基础设施，制定了详细的发展目标和计划（图 1.3.1）。我国学者在 2010 年以后，也在不同的学术研讨场合研讨了我国 PNT 体系的建设和发展问题。

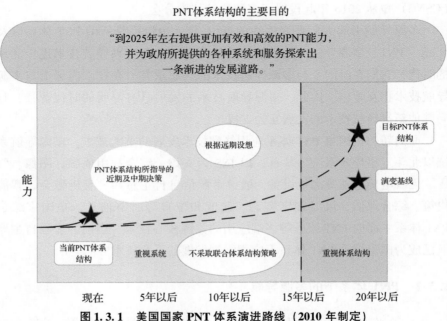

图 1.3.1　美国国家 PNT 体系演进路线（2010 年制定）

1.3.1.1　多源导航系统的基本特性

为了构建多源导航系统统一的表征、判定、量化、评估理论体系，本书在分析现有多源导航系统指标体系的基础上，提出多源导航系统的 4 个基本特性，即可检测性、可重构性、可信性、完备性。

（1）可检测性。多源导航系统基于内嵌的硬件设备，一般应具备上电自检、时空协同、原始数据采集、归一化数据输出等基本功能。可检测性是指边界条件下用于描述系统匹配检测、干扰检测、故障检测、分离与辨识能力的内在属性，其可以衡量多种信息源的匹配、干扰与故障检测、故障识别准确程度、计算效率或者辨识故障的能力。可检测度是其度量指标。

（2）可重构性。可重构性是指基于多源导航系统的有限边界条件（包括资源配置和运行条件等），在保证运行顺畅的有限时间内，系统通过自主改变构型或控制算法等方式恢复全部或者部分既定功能的特性和能力。可重构性的侧重点在于系统在一定的约束条件下在难以进行人为干预时进行自主故障处理的能力，是对系统自主重构能力的一种刻画。可重构度是其度量指标。

（3）可信性。可信性是指基于多源导航系统的有限边界条件（包括资源配置和运行条件等），用于描述多源导航系统功能及结果可信的内在属性，可以衡量多种信息源经过干扰及故障检测、故障识别、故障排除、系统重构后解算结果可信的能力。多源导航系统在可信性方面的主要目标是提高轻量级的、随时随地可用的安全弹性可信能力。可信度是其度量指标。

（4）完备性。完备性是指基于多源导航系统的有限边界条件（包括资源配置和运行条件等），用于描述多源导航系统既定功能的特性及能力是否完备的内在属性，评估系统在干扰及故障检测、故障识别、故障排除、系统重构、可信计算、动态迭代等环节后自主导航功能是否完备的能力。完备度是其度量指标[14]。

1.3.1.2　多源导航与 PNT

PNT 体系的核心目标是定位服务、导航服务和授时服务。着眼未来，PNT 体系将是 PNT 技术的发展方向。在时空基准坐标系下，定位用于三维空间中所关注的动、静态目标与节点的定位信息支持服务，导航用于运载体从原始点到目标点机动航行的正确引导服务，授时用于空间各类目标和节点的时间授时与保持服务。

我国 PNT 体系的总体目标是发展技术先进、安全可靠、兼容互用的新一代 PNT 系统，通过多种技术相互融合、多种系统相互补充备份，建成以 BDS 为核心的基准统一、弹性健壮、安全可信、高效便捷的综合 PNT 体系，满足国家安全、国民经济时空信息保障需求[15]。

1.3.1.3　我国综合 PNT 体系发展情况

杨元喜院士提出了综合 PNT 的概念[16]，即基于不同原理的多种 PNT

信息源，经过云平台控制、多传感的高度集成和多源数据融合，生成时空基准统一的，且具有抗干扰、防欺骗、稳健、可用、连续、可靠的 PNT 服务信息，如图 1.3.2 所示。

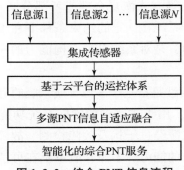

图 1.3.2　综合 PNT 信息流程

我国在综合位置导航与授时领域取得了显著的成绩，并致力于构建自主可控的综合 PNT 体系。以下是我国综合 PNT 体系发展的详细情况。

（1）北斗卫星导航系统。我国自主研发的北斗卫星导航系统是我国综合 PNT 体系的核心组成部分。北斗卫星导航系统由卫星、地面控制系统与用户终端组成，提供全球定位、导航和授时服务。目前，北斗卫星导航系统已经具备全球覆盖能力，并在 2020 年之后进一步提供高精度的服务。

（2）北斗卫星导航系统应用。我国积极推动北斗卫星导航系统在多个领域的应用。北斗卫星导航系统在交通运输、航空航天、海洋渔业、测绘地理、精准农业等方面发挥着重要作用。同时，我国还鼓励民用领域与北斗卫星导航系统的结合，推动北斗卫星导航系统在智能手机、车载设备和智能穿戴设备等终端产品中的应用。

（3）综合导航定位与定时体系。我国着力构建综合导航定位与定时体系，整合利用多种导航技术和传感器，包括 GNSS、INS、无线电信号、图像处理等。通过多源数据融合和互补，提高导航定位和时钟同步的精度、可靠性和鲁棒性。

（4）多源数据融合技术。我国致力于研究和应用多源数据融合技术，将卫星导航数据与其他传感器数据进行融合处理，以提高导航定位的精度和可靠性。这包括对不同导航系统的数据进行融合，以及与地面基站、惯性传感器等其他数据源的融合。

（5）智能终端应用。我国推动智能终端设备与综合 PNT 体系的深度融合。通过在智能手机、车载设备、航空航天设备等终端上集成 PNT 功能，提供高精度的定位导航和定时服务。同时，我国还鼓励研发创新的 PNT 终端设备，以满足不同行业和用户的需求。

（6）国际合作与标准制定。我国积极参与国际综合 PNT 领域的合作与交流，与其他国家和地区建立合作关系，推动国际标准的制定与推广。我国还举办国际会议、研讨会和展览，促进综合 PNT 技术的交流与合作。

我国综合 PNT 体系的发展旨在提高国家的定位导航和定时能力，支持国家的经济社会发展和国家安全需求。我国将继续投入资源和力量，推动综合 PNT 技术的创新和应用，加强国内外合作，实现自主可控的综合 PNT 体系建设。

1.3.1.4　美国国家 PNT 体系发展情况

美国国家 PNT 体系在世界上是最先进的，它的架构由国防部和交通部联合研发。它基于 GPS 的优势，并将其他 PNT 精确信息来源与之结合，共同促进美国国家安全和军事战略的发展。2008 年 6 月，美国国家 PNT 体系结构团队发布的文件提出如何在不良环境中维持实时有效的 PNT 能力等 19 条建议。2010 年，美国国家 PNT 体系计划开始正式实施，从改进天基 PNT 和地基 PNT 功能等方面，为美国提供更有效的 PNT 能力，为美国国家 PNT 体系提供一条逐步过渡的发展道路[17]。美国国家 PNT 体系演进路线如图 1.3.1 所示。

2018 年，美国国防部发布了新的国家战略，指出目前美国需要：①建设更强大的部队；②吸引新的合作伙伴，增强联盟；③改进部门，以提高绩效和承担能力。同时，美国国防部提出，目前 PNT 体系已经嵌入国防部的所有任务系统，对整个国家至关重要。精确的 PNT 信源融合增强了军事指挥与控制的协调能力，为美国军队、其盟国及同盟公司提供 PNT 能力，以保证 PNT 服务与能力在全范围的现代化战争中可用。美国国家 PNT 系统的民用化，一方面维护了美国国内各方面活动的正常运行，另一方面使其与世界各国结成了同盟[18]。

1.3.1.5　总结

无论是美国论证的国家 PNT 体系概念架构，还是我国学者提出的综合

PNT 体系的观点，都强调了使用支撑多种导航手段的一体化接收机作为 PNT 体系用户终端的必要性，与多源导航息息相关。未来多源导航技术的发展，既会受到 PNT 体系中各种导航源技术发展的牵引，又将给导航源的建设提供需求反馈。

此外，现有有关 PNT 体系的观点都认为，惯性导航器件（尤其是微型惯性导航器件）在导航终端中应具有特殊的重要地位，应被普遍性地纳入多源导航终端。卫星导航在 PNT 体系中的核心作用也被普遍强调。围绕卫星导航的特性和能力，融合其他各种导航源，是未来多源导航技术发展的关注点。

1.3.2 多源导航的未来

无论是美国自 2010 年前后开始论证的美国国家 PNT 体系，还是我国学者提出的"综合 PNT""微型 PNT 体系""新时空服务体系"的概念[18]，其共性的核心要点之一，就是未来的 PNT 服务在客观上需要依赖多种不同物理机制的单向 PNT 手段，共同支撑对不同种类用户在不同应用场景下的 PNT 服务。多源导航之所以受到重视，恰恰源于多源导航是连接不同种类导航源和用户应用需求的桥梁。

如图 1.3.3 所示，如果把多源导航视为未来导航终端的核心，那么站在多源导航的角度，导航源可以被看作多源导航的供给侧，其向多源导航提供各种不同物理机理的 PNT 信号或信息，而导航终端的服务对象可以被看作多源导航的消费测。多源导航未来的地位和作用，可以分别从未来导航信号/信息的供给侧，以及体现用户需求的消费测两个角度加以理解和认识[19]。

从多源导航的角度考虑，在 GNSS 时代，导航终端主要依靠接收和处理卫星导航信号进行 PNT，一般不涉及除 GNSS 之外更多的"源"。

在"一般"之外，少数的特例设计了 GNSS 和惯性导航（武器制导等）、天文导航（航空/航天器导航）等的组合导航，其应用场景比较简单，一般是在预先规划过的路径上应用，且主要针对特定用户，用户对成本的敏感度一般不高。因此，GNSS 时代的组合导航还不能称为真正意义上的多源导航。

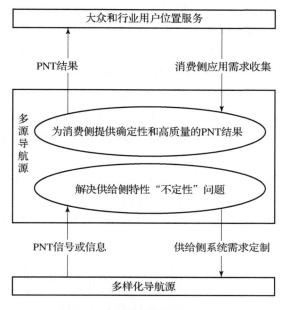

图 1.3.3　多源导航的地位与使命

在后 GNSS 时代，PNT 需求拓展到 GNSS 信号受干扰或受物理遮挡的环境。对 GNSS 信号而言，这些干扰或物理遮挡环境常常是时断时续的，其可用性具有时空上的"断续性"，这就要求终端既要利用 GNSS 信号，又不能依赖 GNSS 信号。GNSS 信号的特性在地表及近地空间具有一定的时段上的"稳定性"和一定区域内的"一致性"：GNSS 在美国的特性与其在中国的特性、在南半球的特性与其在北半球的特性不存在显著的差异。GNSS 之外其他"源"的特性往往具有显著的"地域性"和"时段性"。例如，基于无线电信号的 WLAN 和蓝牙指纹定位，在 WLAN 或蓝牙节点密集的区域，其性能将明显优于节点稀疏的区域；单个 WLAN 和蓝牙节点覆盖区域半径最大为百米左右，在节点覆盖不到的区域，甚至无法完成定位功能。再例如，对于重力/磁力导航，即使地磁图完全覆盖全球，用户终端定位的精度还强烈地依赖于磁场/重力场空间分布的梯度特性，在重力场/磁场沿空间变化比较平缓的地区，定位精度要差很多，具有明显的"地域性"特征；视觉导航的性能也与每天不同时段的背景光照度密切相关，且受光线遮挡的影响，也具有显著的"地域性"和"时段性"特征；地基微波伪卫星导航手段虽然对抗电磁干扰能力相对较强，但区域覆盖范围相对较小，受物理遮挡的影响也比较大；地基远程长波导航，其单站覆盖范围可达数千千米，也能穿透一般的地物遮挡，但受电离层和长距离地波传输路径上大地电导率的影响较大，其 PNT 精度也具有"地域性"。

对于受到广泛重视的惯性导航，尤其是微型惯性导航手段而言，其特点也十分显著。惯性导航具有以下优点：惯性导航的性能对终端所处的环境依赖程度较低，只要不受环境因素物理破坏，其 PNT 性能不受室内外、白天夜晚、空中地下等因素的影响，能够提供连续的 PNT 服务。换句话说，惯性导航的功能和性能不受区域和时段的限制，没有"地域性"和"时段性"的特征。惯性导航也存在缺点。为了实现 PNT 功能，并确保其精度，需要对初始时间和位置速度进行标定。在 PNT 过程中，误差会随着时间快速累积，因此通常需要定期进行标定。这意味着惯性导航对外部标定源具有依赖性。此外，基于不同测量机制的惯性测量器件种类繁多，它们的性能指标、成本代价、体积和功耗各不相同，误差特性也存在巨大差异。具体来说，惯性导航器件的原始观测信息包括角增量、角速度、加速度和频率等，对应陀螺仪、加速度计、时钟等基础测量器件。陀螺仪的类型包括微机械陀螺仪、光纤陀螺仪、激光陀螺仪、核磁共振陀螺仪和原子陀螺仪等多种[20]。在时钟方面，有晶体振荡器、传统原子钟和芯片原子钟等多种选择。加速度计的种类包括微机械加速度计和石英加速度计等多种。总之，惯性导航器件原始测量信息具有多样性。

从多源导航的消费侧考虑，导航终端的服务对象种类繁多，分布在空中、地表到地下、水下乃至整个地球空间，具体的使用要求和使用场景千差万别。除了在地表和近地空间中无遮挡且无干扰的使用场景下能够使用单一的卫星导航手段满足应用需求之外，很难找出某一类导航源单独解决某一类用户需求的例子。例如，对于人员导航，其活动路径很可能在室外开阔地带、室内环境、车辆内部、有 WLAN/蓝牙信号区域、无 WLAN/蓝牙信号区域等多类环境中往复穿越；对军事作战场景来说，无论用户还是单兵，其活动区域中会出现不可预计的无线电信号遮挡和中断；在车辆导航中，无人车对导航可靠性和精度的要求，以及行驶环境的多变性更不允许终端单独依靠少数几种导航源进行导航。这就要求多源导航终端能够自适应地应对用户导航全路径上的导航源性能变化。

　　此外，尽管导航终端的服务对象种类众多，应用环境也极为复杂，但不可能针对每一种用户和每一种应用环境都单独开发并提供特定的导航终端。相反，不同种类用户和不同应用场景的导航终端应该尽可能通用化，采用共性的技术体制架构和物理形态，以满足用户的最大共性需求。换句话说，多源导航技术的未来发展应该在共性的技术体制架构下，以最少的终端物理形态，满足不同种类用户和应用场景的共性 PNT 需求。根据以上对多源导航供给侧和消费侧特点的分析，可以归纳出多源导航在未来 PNT 体系建设中的地位与使命[21]如下。

　　（1）在未来 PNT 体系中，多源导航是连接各种信息源与 PNT 服务的桥梁，体现为指导导航终端总体设计、研制生产、规模应用的核心理论体系和演进方向；融合多种导航源提供的 PNT 信号或信息，向用户提供确定性的和高质量的 PNT 结果，是多源导航的核心使命。

　　（2）卫星导航信号受干扰或物理遮挡导致的"断续性"以及其他 PNT 手段普遍存在的"区域性"和"时段性"问题，造成供给侧导航源特性在用户导航路径上具有"不定性"，进而可能导致多源导航结果存在"不定性"的风险。在 PNT 体系中，多源导航势必承担解决导航源特性"不定性"问题的责任。

　　（3）在 GNSS 时代，卫星导航的导航源与导航终端间的信号或信息流绝大多数是单向的，导航终端基本上被动地接受导航源提供的制式化的标准导航信号或信息，导航源不会因个体用户的个性化需求而改变参数配置。在后 GNSS 时代的 PNT 体系中，多源导航终端有条件通过比对不同导航源的测量结果，诊断各导航源的特性，进而反馈给导航源，优化导航源的各项参数，使其更有针对性地向多源导航终端发送 PNT 信息，这也是 PNT 体系中多源导航区别于传统组合导航的重要特征。

　　（4）PNT 信息是未来信息时代人类开展各种生产生活活动的基础，PNT 用户的种类和数量将明显增长。如果针对每一类用户，还沿用 GNSS 时代传统组合导航终端的研发生产模式，都从底层单独开发和生产一套多源导航终端，势必造成多源导航终端成本居高不下，并增加多源导航终端的应用和维护升级难度，进而影响对新出现的新型导航源的接纳速度。因此，对于未来 PNT 体系中的多源导航，需要建立共性的多源导航技术体制架构，统一制定多源导航终端的技术规范，满足最大数量用户的共性应用需求。

参 考 文 献

[1]袁洪,魏东岩.多源融合导航技术及其演进[M].北京:国防工业出版社,2021.

[2]韩勇强,李利华,陈家斌,等.地面无人作战平台导航技术发展现状与趋势[J].导航与控制,2020,19(Z1):96-110.

[3]张敏,刘培志,徐英新,等.地面无人车环境感知关键技术研究[C].全国测试与故障诊断技术研讨会.北京:中国计算机自动测量与控制技术协会,2006.

[4]李庶中,李越强,李洁.无人机感知与规避技术综述[J].现代导航,2019,10(6):445-449.

[5]张胜男.基于多传感器的无人船环境感知研究[D].海口:海南大学,2018.

[6]赵万龙,孟维晓,韩帅.多源融合导航技术综述[J].遥测遥控,2016,37(6):54-60.

[7]曹冲.卫星导航系统及产业现状和发展前景研究[J].全球定位系统,2009,34(4):1-6.

[8]秦永元.惯性导航[M].北京:科学出版社,2006.

[9]徐开俊,徐照宇,赵津晨,等.GNSS/INS 组合导航系统发展综述[J].现代计算机,2022,28(20):1-8.

[10]康耀红,蔡希尧.数据融合技术及其应用[J].计算机科学,1994,21(5):64-66.

[11]贾永红.多源遥感影像数据融合技术[M].北京:测绘出版社,2005.

[12]黄声享,刘贤三,刘文建,等.伪卫星技术及其应用[J].测绘信息与工程,2006(2):49-51.

[13]明锋,杨元喜,曾安敏,等.弹性 PNT 概念内涵、特征及其辨析[J].测绘通报,2023(4):79-86+176.

[14]王巍,孟凡琛,阙宝玺.国家综合 PNT 体系下的多源自主导航系统技术[J].导航与控制,2022,21(Z1):1-10.

[15]王巍.多源自主导航系统基本特性研究[J].宇航学报,2023,44(4):
　　519－529.

[16]杨元喜.综合 PNT 体系及其关键技术[J].测绘学报,2016,45(5):
　　505－510.

[17]张风国,张红波.美国 PNT 体系结构研究方法[J].全球定位系统,2016,
　　41(1):24－31.

[18]杨元喜.微 PNT 与综合 PNT[J].测绘学报,2017,46(10):1249－1254.

[19]谢军,刘庆军,边朗.基于北斗系统的国家综合定位导航授时(PNT)体
　　系发展设想[J].空间电子技术,2017,14(5):6.

[20]王鹏,谭立龙,仲启媛,等.陀螺经纬仪发展综述[J].飞航导弹,2019
　　(9):89－94.

[21]杨长风.中国北斗导航系统综合定位导航授时体系发展构想[J].中国
　　科技产业,2018,348(6):34－37.

第 2 章　无人平台导航源工作原理与分类

　　无人平台导航源是指在无人车、无人机、无人船等自主导航系统中，用于获取位置、速度和姿态等关键信息的传感器或技术。不同的导航源在采集数据和实现导航的方式上有所差异，因此了解导航源的工作原理对于深入理解无人平台导航系统至关重要。

　　无人平台导航源通常包括惯性导航、卫星导航、里程计、气压计、磁传感器、视觉导航、雷达以及无线网络等。其中惯性导航是一种基于 IMU 的技术，它通过加速度计和陀螺仪等传感器测量物体的加速度、角速度和姿态；卫星导航通过接收卫星信号来确定位置、速度和时间信息；里程计利用轮胎滚动的特性，通过测量旋转速度和时间间隔等参数估计无人平台的位移和速度；气压计通过测量大气压力变化来推测高度和海拔；磁传感器可用于检测地磁场，辅助方向和姿态的确定；视觉导航依赖相机或激光雷达等传感器，通过图像处理和特征提取来感知环境，并进行目标识别、姿态估计和地标导航；无线网络可以利用信号强度等信息进行室内定位和导航。不同导航源的正常工作是无人平台多源导航的前提。

2.1　惯性导航

　　惯性导航技术以牛顿力学理论为基础。INS 只依靠安装在载体内的惯性测量传感器（陀螺仪和加速度计）和相应的配套装置建立基准坐标系，利用测量得到的角速度和加速度数据，通过积分和推算方法获得载体的姿态角、载体速度和载体位置等导航参数[1]。

　　INS 在独立自主工作和适应工作环境方面有较大的优势，不依赖任何外部信息，不向外辐射能量，也不受地域限制，可以全天候工作。同时惯导在工作中不受外界干扰，可以连续提供低噪声的位置、速度、航向和水平姿态等信息，能够让使用者得到更新率更高、短期精度和稳定性更好的导航信息。

INS 可以根据导航平台结构的不同来分类，也可以根据选取的导航坐标系的不同来分类。根据导航平台结构的不同，可以将 INS 分为两大类，即平台 INS 和捷联 INS。它们在导航的关系和原理上有差别，发展的阶段也不同，但是惯性导航的基本特性是相同的。根据所选取的导航坐标系的不同，INS 也可以分为两类，即当地水平面 INS 和空间稳定 INS，它们有不同的特点和应用场合。

2.1.1　惯性导航原理

捷联 INS 是一种以陀螺仪和加速度计为传感器的导航参数解算系统，使用航迹递推算法提供位置、速度和姿态等信息。载体运动数据的采集由以陀螺仪和加速度计组成的 IMU 来完成，其中加速度计测量的不是载体的运动加速度，而是载体相对惯性空间的绝对加速度和重力加速度之和，称作"比力"。陀螺仪可以输出载体相对于惯性坐标系的角速度信号。如果在载体上能得到互相正交的 3 个敏感轴上的加速度计和陀螺仪输出，同时已知敏感轴的准确指向，即可获得载体在三维空间中的运动加速度和角速度。通过对角速度的分析可以得到载体姿态的信息，根据姿态角不断进行载体姿态的更新。目前对角速度分析的方法主要有欧拉角法、方向余弦法、四元数法以及等效旋转向量法[2]。

欧拉角法是直接求解 3 个姿态角的一种方法，由姿态角就可以唯一地确定动坐标系相对于参考坐标系的方位，其可以完全由参考坐标系依次绕 3 个不同的轴转动的 3 个角度来确定。假设载体坐标系 $Ox_b y_b z_b$ 作为动坐标系，导航坐标系 $Ox_n y_n z_n$（选为地理坐标系"东 - 北 - 天"）作为参考坐标系。θ，γ，φ 为导航坐标系 $Ox_n y_n z_n$ 到载体坐标系 $Ox_b y_b z_b$ 的一组欧拉角。

第一次，$Ox_n y_n z_n$ 绕 z_n 轴正向转动 $-\varphi$ 到坐标系 $Ox_b' y_b' z_b'$，则有

$$\begin{bmatrix} x_b' \\ y_b' \\ z_b' \end{bmatrix} = \begin{bmatrix} \cos\varphi & -\sin\varphi & 0 \\ \sin\varphi & \cos\varphi & 0 \\ 0 & 0 & 1 \end{bmatrix} \begin{bmatrix} x_n \\ y_n \\ z_n \end{bmatrix} \tag{2.1.1}$$

第二次，$Ox_b'y_b'z_b'$ 绕 x_b' 轴正向转动 θ 到坐标系 $Ox_b''y_b''z_b''$，则有

$$\begin{bmatrix} x_b'' \\ y_b'' \\ z_b'' \end{bmatrix} = \begin{bmatrix} 1 & 0 & 0 \\ 0 & \cos\theta & \sin\theta \\ 0 & -\sin\theta & \cos\theta \end{bmatrix} \begin{bmatrix} x_b' \\ y_b' \\ z_b' \end{bmatrix} \tag{2.1.2}$$

第三次，$Ox_b''y_b''z_b''$ 绕 y_b' 轴正向转动 γ 到坐标系 $Ox_by_bz_b$，则有

$$\begin{bmatrix} x_b \\ y_b \\ z_b \end{bmatrix} = \begin{bmatrix} \cos\gamma & 0 & -\sin\gamma \\ 0 & 1 & 0 \\ \sin\gamma & 0 & \cos\gamma \end{bmatrix} \begin{bmatrix} x_b'' \\ y_b'' \\ z_b'' \end{bmatrix} \tag{2.1.3}$$

将 3 个旋转矩阵相乘得到导航坐标系到载体坐标系的姿态转换矩阵。以上 2 个坐标系的转换顺序满足了 3 个姿态角的定义，根据刚体转动的不可交换性，这样的顺序是不能随意改变的。如果选择另外一种转换顺序，则得到的 3 个角度不是通常定义的航向角、俯仰角和滚转角。

欧拉角微分方程中只有 3 个未知数（即 3 维姿态角），因此称为三参数法，但每个微分方程都包含三角函数运算，且在 0°～90°，微分方程出现"奇点"，微分方程退化，故该姿态算法复杂且不能全姿态工作。

方向余弦法与欧拉角法直接求解 3 个姿态角的方法不同，它是直接求解载体坐标系与地理坐标系间的方向余弦矩阵。使用毕卡逼近法求解其一般形式为

$$\boldsymbol{C}_n^b(t) = \boldsymbol{C}_n^b(0)\mathrm{e}^{\int w_{nb}^{nk}(t)\mathrm{d}t} \tag{2.1.4}$$

在求得方向余弦矩阵后，即可利用矩阵元素与姿态角的对应关系求出姿态角。

方向余弦法有以下几个特点：可以全姿态工作而不受限制；微分方程组的维数高，达到了 9 维；运算过程中由于有角速率的积分，所以姿态转换矩阵会有非正交化误差产生，必须每次进行正交化处理。

四元数法是一种间接处理的捷联 INS 姿态矩阵解算方法，用四元数的微分方程解算代替方向余弦矩阵微分方程的解算，求解得到中间变量四元数，然后转换为载体坐标系与地理坐标系间的方向余弦矩阵 $\boldsymbol{C}$。四元数法的优点是可以大大减小计算量，并且具有更好的计算性能。四元数法提供了向量从一个坐标系到另一个坐标系的数学关系。将普通的 3 维空间向量扩展成 4 维，用矩阵形式表示为

$$\begin{bmatrix} q_0 \\ q_1 \\ q_2 \\ q_3 \end{bmatrix} = \begin{bmatrix} \lambda_0 & -\lambda_1 & -\lambda_2 & -\lambda_3 \\ \lambda_1 & \lambda_0 & -\lambda_3 & \lambda_2 \\ \lambda_2 & \lambda_3 & \lambda_0 & -\lambda_1 \\ \lambda_3 & -\lambda_2 & \lambda_1 & \lambda_0 \end{bmatrix} \begin{bmatrix} p_0 \\ p_1 \\ p_2 \\ p_3 \end{bmatrix} \qquad (2.1.5)$$

由此将式（2.1.4）改写为矩阵形式，展开后并将其乘积的第一行和第一列去掉（都是零项），即可得到四元数与方向余弦矩阵的关系：

$$\boldsymbol{C}_n^b = \begin{bmatrix} \lambda_0^2 + \lambda_1^2 - \lambda_2^2 - \lambda_3^2 & 2(\lambda_1\lambda_2 + \lambda_0\lambda_3) & 2(\lambda_1\lambda_3 - \lambda_0\lambda_2) \\ 2(\lambda_1\lambda_2 - \lambda_0\lambda_3) & \lambda_0^2 - \lambda_1^2 + \lambda_2^2 - \lambda_3^2 & 2(\lambda_2\lambda_3 + \lambda_0\lambda_1) \\ 2(\lambda_1\lambda_3 + \lambda_0\lambda_2) & 2(\lambda_2\lambda_3 - \lambda_0\lambda_1) & \lambda_0^2 - \lambda_1^2 - \lambda_2^2 + \lambda_3^2 \end{bmatrix}$$

$$(2.1.6)$$

根据欧拉角法中的旋转顺序确定四元数与姿态角的关系：

$$\boldsymbol{Q}(\boldsymbol{\Lambda}) = \begin{bmatrix} \lambda_0 \\ \lambda_1 \\ \lambda_2 \\ \lambda_3 \end{bmatrix} = \begin{bmatrix} \cos\dfrac{\psi}{2}\cos\dfrac{\theta}{2}\cos\dfrac{\gamma}{2} + \sin\dfrac{\psi}{2}\sin\dfrac{\theta}{2}\sin\dfrac{\gamma}{2} \\ \cos\dfrac{\psi}{2}\sin\dfrac{\theta}{2}\cos\dfrac{\gamma}{2} + \sin\dfrac{\psi}{2}\cos\dfrac{\theta}{2}\sin\dfrac{\gamma}{2} \\ \cos\dfrac{\psi}{2}\cos\dfrac{\theta}{2}\sin\dfrac{\gamma}{2} + \sin\dfrac{\psi}{2}\sin\dfrac{\theta}{2}\cos\dfrac{\gamma}{2} \\ -\sin\dfrac{\psi}{2}\cos\dfrac{\theta}{2}\cos\dfrac{\gamma}{2} + \cos\dfrac{\psi}{2}\sin\dfrac{\theta}{2}\sin\dfrac{\gamma}{2} \end{bmatrix} \qquad (2.1.7)$$

在得到四元数和姿态角的关系后可以推出四元数运动学微分方程，设 $\boldsymbol{w}_{nb}^b$ 向量为四元数形式，表示载体坐标系相对地理坐标系的角速度在载体坐标系中的投影，其与 $\boldsymbol{C}_n^b$ 对应的四元数 $\boldsymbol{\Lambda}$ 具有如下微分方程关系：

$$\dot{\boldsymbol{\Lambda}} = 0.5\boldsymbol{\Lambda} \circ \boldsymbol{w}_{nb}^b \qquad (2.1.8)$$

可以看出，四元数法可以全姿态工作，不受限制；同时，微分方程只有四维，比方向余弦法的计算量小，而且可以证明，四元数法得到的方向余弦矩阵的性能优于方向余弦法。因此，四元数法成为目前捷联 INS 求解姿态的主要方法。

求解方向余弦法和四元数法的解析表达式中都用到了角速度向量的积分：

$$\Delta\boldsymbol{\theta} = \int_t^{t+\Delta t} \boldsymbol{w}\,\mathrm{d}t \qquad (2.1.9)$$

根据刚体转动的特性，当刚体运动不是定轴转动时，即向量 w 的方向在空间变化时，式（2.1.9）是不成立的。因此，当采用角速度向量积分时，计算产生了误差，称作转动不可交换性误差（又称圆锥误差）。只有当积分区间很小时，近似认为角速度向量的方向不变，式（2.1.9）才近似成立。

1971 年，Bortz 提出的等效旋转向量概念以及旋转向量微分方程为解决捷联姿态运算中的圆锥误差问题建立了理论基础[3]。当以旋转向量描述机体运动姿态时，旋转向量微分方程可以表示为

$$\dot{\boldsymbol{\Phi}} = w + \frac{1}{2}\boldsymbol{\Phi} \times w + \frac{1}{\varphi^2}\left[1 - \frac{\varphi\sin\varphi}{2(1-\cos\varphi)}\right]\boldsymbol{\Phi} \times (\boldsymbol{\Phi} \times w) \quad (2.1.10)$$

目前等效旋转向量法主要有 3 种，分别为基于经典圆锥运动的等效旋转向量法、基于角增量等效旋转向量法、基于角速率的等效旋转向量法。

选择"东 – 北 – 天（E – N – U）"地理坐标系（g 系）作为捷联 INS 的导航坐标系，重新记为 n 系，则以 n 系作为参考坐标系的姿态微分方程为

$$\dot{\boldsymbol{C}}_b^n = \boldsymbol{C}_b^n(\boldsymbol{w}_{nb}^b \times) \quad (2.1.11)$$

式中，矩阵 $\boldsymbol{C}_b^n$ 表示载体坐标系（b 系）相对于 n 系的姿态矩阵，由于陀螺仪输出的是 b 系相对于惯性坐标系（i 系）的角速度 $\boldsymbol{w}_{ib}^b$，而角速度信息 $\boldsymbol{w}_{nb}^b$ 不能直接测量获得，需要对微分方程（2.1.11）作如下变换：

$$\begin{aligned}\dot{\boldsymbol{C}}_b^n &= \boldsymbol{C}_b^n(\boldsymbol{w}_{nb}^b \times) = \boldsymbol{C}_b^n\left[(\boldsymbol{w}_{ib}^b - \boldsymbol{w}_{in}^b) \times\right] = \boldsymbol{C}_b^n(\boldsymbol{w}_{ib}^b \times) - \boldsymbol{C}_b^n(\boldsymbol{w}_{in}^b \times) \\ &= \boldsymbol{C}_b^n(\boldsymbol{w}_{ib}^b \times) - \boldsymbol{C}_b^n(\boldsymbol{w}_{in}^b \times)\boldsymbol{C}_n^b\boldsymbol{C}_b^n = \boldsymbol{C}_b^n(\boldsymbol{w}_{ib}^b \times) - (\boldsymbol{w}_{in}^n \times)\boldsymbol{C}_b^n\end{aligned}$$
$$(2.1.12)$$

式中，$\boldsymbol{w}_{in}^n$ 表示导航坐标系相对于惯性坐标系的旋转，它包含两部分：地球自转引起的导航坐标系旋转，以及系统在地球表面附近移动时因地球表面弯曲引起的导航坐标系旋转，则 $\boldsymbol{w}_{in}^n = \boldsymbol{w}_{ie}^n + \boldsymbol{w}_{en}^n$，其中

$$\boldsymbol{w}_{ie}^n = \begin{bmatrix}0 & \omega_{ie}\cos L & \omega_{ie}\sin L\end{bmatrix}^{\mathrm{T}} \quad (2.1.13)$$

$$\boldsymbol{w}_{en}^n = \left[-\frac{v_N}{R_M + h} \quad \frac{v_E}{R_N + h} \quad \frac{v_E}{R_N + h}\tan L\right]^{\mathrm{T}} \quad (2.1.14)$$

式中，ω_{ie} 为地球自转角速率，L 和 h 分别为地理纬度和高度。

速度计算根据比力方程求解，比力方程为

$$\dot{\boldsymbol{v}}^n = \boldsymbol{C}_b^n \boldsymbol{f}^b - \left[2\boldsymbol{w}_{ie}^n + \boldsymbol{w}_{en}^n \right] \times \boldsymbol{v}^n + \boldsymbol{g}^n \tag{2.1.15}$$

位置计算方程为

$$\dot{\boldsymbol{p}} = \boldsymbol{M}_{pv} \boldsymbol{v}^n \tag{2.1.16}$$

式中，$\boldsymbol{p} = \begin{bmatrix} L \\ \lambda \\ h \end{bmatrix}$，$\boldsymbol{M}_{pv} = \begin{bmatrix} 0 & 1/R_{Mh} & 0 \\ \sec L/R_{Nh} & 0 & 0 \\ 0 & 0 & 1 \end{bmatrix}$，$R_{Mh} = R_M + h$，$R_{Nh} = R_N + h$，

$R_M = \dfrac{R_N(1-e^2)}{(1-e^2\sin^2 L)}$，$R_N = \dfrac{R_e}{(1-e^2\sin^2 L)^{1/2}}$，$e = \sqrt{2f-f^2}$。

2.1.2　航位推算组合导航

　　行人航位推算（PDR）系统是 INS 和行人运动规律相结合的导航系统，它是利用行人行进过程中的运动规律（步长/步数检测、零速修正等方法）约束 INS 递推过程中的发散问题，从而获得行人姿态和位置的导航系统。因此，PDR 系统主要分为步态检测以及速度修正[4]两部分。

　　目前步态检测主要有两种方法：一种是利用惯性传感器对步数计数，并估计步长结合航向输出，推算当前位置信息；另一种是将惯性传感器与身体固连（置于脚上、腿上等部位），采用惯性解算的方法，对行进过程中的每一步进行惯性递推计算位置增量，输出位置信息，此方法也被称为纯惯性法[5]。

　　步长结合航向递推的算法主要包括步态检测、步幅估计和导航参数更新 3 个阶段。步态检测阶段主要识别一步是否已经迈出，可利用行走过程中加速度计的输出信息，通过过零加速度检测或加速度峰值检测实现；步幅估计阶段常用的估计方法是将一段测得的行走距离除以步数，将得出的平均步长作为步幅值，但实际上由于行走姿态变化、地形的坡度和质地、是否穿越障碍等因素，步幅呈现变化状态；导航参数更新阶段利用步数、步长以及惯性设备和数字罗盘输出的航向信息，采用航位推算的方法计算当前位置增量，实现位置更新。

　　纯惯性法主要包括零速检测、零速更新、惯性解算 3 个阶段。零速检测阶段主要利用三轴加速度计和三轴陀螺仪的原始输出量，采用阈值检测方法实现；零速更新阶段利用零速检测阶段的结果，结合卡尔曼滤波实

现；在惯性解算阶段，如果当前载体处于零速阶段则进行零速修正（ZUPT），反之则只进行惯性递推。该方法由于结合了行人的运动规律（零速修正）来约束惯性传感器累积误差，故可较长时间保证输出定位结果的可靠性。

两种步态检测的方法都利用了零速检测和速度辅助修正来去除误差，其中 ZUPT 方法是目前足绑式 PDR 系统中使用最为广泛、最有效的去除累积误差的方法之一。行人在迈步过程中存在站立阶段，此时脚面完全贴地且足部的速度近似为零，即处于零速区间。ZUPT 方法就是找出运动过程中每一步的零速区间，取速度误差作为系统观测量并运用卡尔曼滤波等手段对导航误差参数进行周期性的估计和补偿，因此准确的零速区间判别是实施 ZUPT 方法的前提。常用的零速区间查找方法包括加速度方差检测、加速度阈值检测、角速度阈值检测和广义似然比检测等。这些方法在行人正常行走时判别精度较高，但在步频较高的情况下零速点会出现误判和漏判，导致误修正和误差累积。人们将加速度阈值检测、角速度阈值检测和广义似然比检测结合，建立出一种多条件零速区间判别方法[6]。

行人在行走的过程中，可以把脚底与地面接触的瞬间理论上看作行人处于静止状态的时刻，脚底与地面接触的时间较短，此时输出速度为零，把人体与地面接触的瞬间当作检测条件。但是，在一般情况下，惯性传感器在对加速度、角速度等进行测量的时候会有噪声，导致出现测量误差，还有一些算法误差，进而导致此时速度计算值并不为零。速度辅助修正就是将该时刻的速度修正为零，创造一个行人瞬间静止的条件，即 ZUPT。检测到行人瞬间静止时，利用由加速度计输出的经坐标变换和积分运算得到的速度计算值的误差，作为滤波器的观测量。行人瞬间静止时，速度输出误差为

$$\Delta \boldsymbol{v}_k = \boldsymbol{v}_k - \begin{bmatrix} 0 & 0 & 0 \end{bmatrix}^{\mathrm{T}} \qquad (2.1.17)$$

利用经典卡尔曼滤波方法，建立包括 3 个位置误差、3 个速度误差、3 个姿态误差（俯仰角 θ、滚转角 γ 和航向角 φ）、三轴陀螺仪零偏误差、三轴加速度计零偏误差、三轴陀螺仪标度因数和三轴加速度计标度因数共计 21 维的状态空间方程，即滤波模型。系统的状态空间方程为

$$\dot{\boldsymbol{X}}(t) = \boldsymbol{F}(t)\boldsymbol{X}(t) + \boldsymbol{W}(t) \qquad (2.1.18)$$

式中，$\boldsymbol{X}(t) = \begin{bmatrix} \delta \boldsymbol{r}_k & \delta \boldsymbol{v}_k & \delta \boldsymbol{\psi}_k & \delta \boldsymbol{\omega}_k^b & \delta \boldsymbol{a}_k^b & \delta \boldsymbol{K}_{ak}^b & \delta \boldsymbol{K}_{gk}^b \end{bmatrix}$，$\delta \boldsymbol{r}_k$ 为位置误差，

$\delta \boldsymbol{v}_k$ 为速度误差，$\delta \boldsymbol{\psi}_k$ 为姿态角误差，$\delta \boldsymbol{\omega}_k^b$ 为陀螺仪零偏误差，$\delta \boldsymbol{a}_k^b$ 为加速度计零偏误差，$\delta \boldsymbol{K}_{ak}^b$ 为加速度计标度因数，$\delta \boldsymbol{K}_{gk}^b$ 为陀螺仪标度因数；$\boldsymbol{W}(t)$ 为系统过程噪声矩阵，$\boldsymbol{W}(t) = \begin{bmatrix} -\boldsymbol{C}_b^n \boldsymbol{\omega}^b & -\boldsymbol{C}_b^n \boldsymbol{a}^b \end{bmatrix}$；$\boldsymbol{F}(t)$ 是系统状态矩阵。

ZUPT 对应的观测值和观测矩阵分别为

$$\boldsymbol{Z}_k = \begin{bmatrix} \Delta \boldsymbol{v}_k \end{bmatrix}^{\mathrm{T}} = \begin{bmatrix} \boldsymbol{v}_k \end{bmatrix}^{\mathrm{T}} - \begin{bmatrix} 0 & 0 & 0 \end{bmatrix}^{\mathrm{T}}$$

$$\boldsymbol{H}_k = \begin{bmatrix} \boldsymbol{O}_{3\times3} & \boldsymbol{I}_{3\times3} & \boldsymbol{O}_{3\times3} & \boldsymbol{O}_{3\times3} & \boldsymbol{O}_{3\times3} & \boldsymbol{O}_{3\times3} & \boldsymbol{O}_{3\times3} \end{bmatrix}$$

$$(2.1.19)$$

PDR 系统所采用的坐标系通常为载体坐标系，在实际应用中需要通过坐标变换实现载体坐标系到地理坐标系的转换。PDR 系统的输出参数一般包括速度、位置及姿态信息。PDR 系统一般属于穿戴式系统，要求设备体积小、质量小、功耗小，并且在大多数应用场景中要求成本低，因此一般均采用低成本的 MEMS 传感器实现，器件性能相对较差，系统定位精度通常为几米或十几米，对于步长 + 航向递推方式，有效维持时间约在分钟量级，对于纯惯性法，有效维持时间可达半小时左右。在实际应用中，受人体运动特征、环境干扰等因素的影响，PDR 系统还面临诸多问题。此外，由于 PDR 系统是一个相对定位系统，所以它和卫星导航、蓝牙定位、蜂窝定位等方式的组合是必然的趋势。

2.2　卫星导航

卫星导航泛指以人造地球卫星为时空信号和信息传输的主要节点，主要向地球表面以及近地空间提供 PNT 服务的技术与系统，一般由卫星、地面监控系统、用户接收设备三部分组成。

卫星主要承担以下 6 种基本功能：接收和存储由地面监控系统发来的导航信息；接收并执行地面监控系统的控制指令；通过其上所设微处理器，进行部分必要的数据处理工作；通过星载的高精度原子钟提供精密的时间标准；向用户发送导航与定位信息；在地面监控站的指令下，通过推进器调整姿态和位置[7]。

地面监控系统主要由监测站、主控站和信息注入站组成。主控站负责协调和管理所有地面监控系统的工作，此外完成下面的主要任务：根据本站与其他监测站的所有观测资料推算和编制各卫星的星历、卫星钟差和大气层的修正参数等，并把这些数据传送给注入站；提供 GNSS 的时间基准。各监测站内的原子钟均与主控站的原子钟同步或测出其间的钟差，并把这些钟差信息编入导航电文送到注入站；调整偏离轨道的卫星；启用 GNSS 备用卫星工作以代替失效的 GNSS 卫星。注入站的主要任务是在主控站的控制下，每 12 h 将主控站推算和编制的卫星星历、钟差、导航电文和其他控制指令等注入 GNSS 卫星的存储系统。注入站还负责监测注入卫星的导航信息是否正确。监测站是在主控站直接控制下的数据自动采集中心，在主控站的控制下跟踪接收卫星发射的 L 波段双频信号，以采集数据和监测卫星的工作状况。

用户接收设备包括天线、接收机、微处理器、数据处理软件、控制显示设备等，有时也通称为 GNSS 接收机。用户接收设备的主要任务是接收 GNSS 卫星发射的信号，获得必要的导航和定位信息以及观测量，并经数据处理进行导航和定位工作。

目前 GNSS 包括四大 GNSS、区域卫星导航系统、星基增强系统和地基增强系统。

2.2.1 GNSS 定位原理

GNSS 定位原理是以 GNSS 卫星和用户接收设备天线之间的距离观测量为基准，根据已知的卫星瞬时坐标，来确定用户接收设备天线的位置。GNSS 定位的实质是以星地空间距离为半径的三球交汇。因此，在 1 个监测站上，只需 3 个独立距离的观测量。

但是，由于 GNSS 采用的是单程测距原理，卫星钟与接收机钟难以保持严格同步，受卫星钟和接收机钟同步差的共同影响，实际上观测量不是监测站至卫星之间的真实距离，而是含有误差的距离，又称为伪距。当然，卫星钟差是可以通过卫星导航电文中所提供的相应钟差参数加以修正的，而接收机钟差，由于精度低、随机性强，难以预先准确测定。因此，可以将接收机钟差作为 1 个未知参数与监测站坐标在数据处理中一并解出。在 1 个监测站上，为了实时求解 4 个未知参数（3 个点位坐标分量及 1 个接收机钟差误差），至少需要同步观测 4 颗卫星[8]。

根据 4 颗卫星 $i(i=1,2,3,4)$ 的瞬时位置 (x_i, y_i, z_i)、4 个卫星钟差

V（通常为已知）和 4 个伪距（ρ），可以得到如下的参数联立方程表达式：

$$\left.\begin{array}{l}
\left[(x_1-x)^2+(y_1-y)^2+(z_1-z)^2\right]^{1/2}+c(V_{t1}-V_{t0})=\rho_1 \\
\left[(x_2-x)^2+(y_2-y)^2+(z_2-z)^2\right]^{1/2}+c(V_{t2}-V_{t0})=\rho_2 \\
\left[(x_3-x)^2+(y_3-y)^2+(z_3-z)^2\right]^{1/2}+c(V_{t3}-V_{t0})=\rho_3 \\
\left[(x_4-x)^2+(y_4-y)^2+(z_4-z)^2\right]^{1/2}+c(V_{t4}-V_{t0})=\rho_4
\end{array}\right\} \quad (2.2.1)$$

从上述联立方程表达式中，即可求取接收机位置（x，y，z）和接收机钟差，这就是 GNSS 定位原理。

按定位方式划分，GNSS 定位分为单点定位、相对定位和差分定位。单点定位就是根据一台接收机的观测数据来确定接收机位置的方式，它只能采用伪距观测量，可用于车船等概略导航定位。相对定位是根据两台以上接收机的观测数据来确定观测点之间相对位置的方法，它既可采用伪距观测量，也可采用相位观测量，大地测量或工程测量均应采用相位观测量进行相对定位。差分定位是一种介于单点定位和相对定位之间的定位模式，兼有这两种定位模式的某些特点。差分定位广泛应用于实时性要求高、测量精度要求高的高指标定位需求场合。

2.2.2 GNSS 差分定位

GNSS 差分定位的基本原理主要是在一定地域范围内将一台已知精密坐标的接收机作为差分基准站，基准站连续接收 GNSS 信号，与基准站已知的位置和距离数据进行比较，从而计算出差分校正量。然后，基准站将此差分校正量发送到其范围内的流动站，流动站用差分校正量对自我定位数据进行修正，从而减小甚至消除卫星星历、电离层延迟与对流层延迟所引起的误差，提高定位精度。

流动站与基准站的距离直接影响 GNSS 差分定位的效果，流动站与基准站的距离越近，两站点之间测量误差的相关性就越强，GNSS 差分定位性能就越好。

GNSS 差分定位主要有 3 种，根据差分校正的目标参量的不同，分为位置差分、伪距差分和载波相位差分[9]。

（1）位置差分。

在已知精密坐标的基准站上安装 GNSS 接收机来对 4 颗或 4 颗以上的

卫星进行实时观测，便可以进行定位，得出当前基准站的坐标测量值。实际上，由于误差的存在，通过 GNSS 接收机接收的信息解算出来的坐标与基准站的已知坐标存在误差，此时基准站将这个误差作为差分校正量。然后，基准站利用数据链将所得的差分校正量发送给流动站，流动站利用接收到的差分校正量对自身 GNSS 接收机接收到的测量值进行修改。

位置差分是一种最简单的差分方法，其传输的差分校正量少，并且任何一种 GNSS 接收机均可改装和组成这种差分系统。但由于流动站与基准站必须观测同一组卫星，所以位置差分的应用范围受到距离的限制，距离一般不超过 100 km。

（2）伪距差分。

伪距差分是在一定范围的定位区域设置一个或多个安装 GNSS 接收机的已知点作为基准站，在 3~4 日内连续跟踪、观测所有在信号接收范围内的 GNSS 卫星伪距，在基准站上利用已知坐标求出卫星到基准站的真实几何距离，并将其与观测所得的伪距比较，然后对此差值进行滤波并获得其伪距修正值。接下来，基准站将所有伪距修正值发送给流动站，流动站利用这些伪距修正值来改正 GNSS 卫星传输测量伪距。最后，用户利用修正后的伪距进行定位。

伪距差分的基准站与流动站的测量误差与距离存在很强的相关性，故在一定区域范围内，流动站与基准站的距离越小，其得到的定位精度就越高。

（3）载波相位差分。

位置差分与伪距差分旨在满足定位导航的定位精度需求，但应用在快速移动的流动站中（例如自动驾驶）还远远不够，为此，载波相位差分应运而生。载波相位差分有两种实现方法，分别为修正法和差分法。修正法与伪距差分类似，由基准站将载波相位修正量发送给流动站，以改正其载波相位观测值，然后得到自身的坐标。差分法是将基准站观测的载波相位测量值发送给流动站，使其求出自身差分修正量，从而实现差分定位。载波相位差分的根本是实时处理两个测站的载波相位。与其他差分方法不同的是，载波相位差分中基准站不直接传输关于 GNSS 测量的差分校正量，而是发送 GNSS 的测量原始值。流动站收到基准站的数据后，与自身观测卫星的数据组成相位差分观测值，利用组合后的测量值求出基线向量，完成相对定位，进而推算出测量点的坐标。然而，在使用载波相位差分进行相位测量时，每一个相位的观测值都包含未知的整周期数，称为相位整周模糊度。求解相位整周模糊度是使用载波相位差分最重要的一步，其分为有初始化方法和无初始化方法。前者要求具有初始化过程，需要对流动站进行一定时间的固定观测，一般需要 15 min，利用测量软件对流动站静态测量后求解，得到每颗卫星的相位整周模糊度并固定此值，在以后的动态测量中将此相位整周模糊度作为已知量进行求解。后者虽然称作"无初始化"，但实际上仍需要时间较短的初始化过程，一般只需 3 ~ 5 min，随后快速求解相位整周模糊度。两种求解相位整周模糊度的方法都有初始化的过程，并且在初始化后的动态测量过程中必须保持不丢失卫星信号，否则就要回到起算点重新进行捕捉和锁定。

载波相位差分中应用较为广泛的是 RTK 技术。RTK 是一种利用接收机实时观测卫星信号载波相位的技术，结合了数据通信技术与卫星定位技术，采用实时解算和数据处理的方式，能够为流动站提供在指定坐标系中的实时三维坐标点，在极短的时间内实现高精度的位置定位。常用的 RTK 技术分为常规 RTK 和网络 RTK[10]。

（1）常规 RTK。

常规 RTK 是一种基于 GNSS 高精度载波相位观测值的实时动态差分定位技术，也可用于快速静态定位。采用常规 RTK 进行定位工作时，除需配备基准站接收机和流动站接收机外，还需要数据通信设备，基准站通过数据链路将自己所获得的载波相位观测值及坐标实时播发给在其周围工作的动态用户。流动站数据处理模块则通过动态差分定位的方式，确定流动站相对于基准站的位置，并根据基准站的坐标得到自身的瞬时绝对位置。常规 RTK 虽然可以满足很多应用的要求，但流动站与基准站距离不能过远。

（2）网络 RTK。

网络 RTK 系统是网络 RTK 技术的应用实例，主要包括固定的基准站网、负责数据处理的数据处理中心、数据播发中心、数据链路和用户站。其中，基准站网由若干个基准站组成，每个基准站都配备有 GNSS 接收机、数据通信设备和气象仪器等。通过长时间 GNSS 静态相对定位等方法可以精确得到基准站的坐标，基准站通过数据链路将 GNSS 接收机的观测数据实时传送给数据处理中心，数据处理中心首先对各个基准站的数据进行预处理和质量分析，然后对整个基准站网的数据进行统一解算，实时估计出基准站网内的各种系统误差的改正项，并建立误差改正模型。

根据通信方式的不同，可将网络 RTK 系统分为单向数据通信和双向数据通信。在单向数据通信中，数据处理中心直接通过数据播发设备把误差改正参数广播出去，用户收到这些误差改正参数后，根据自己的坐标和相应的误差改正模型进行高精度定位。在双向数据通信中，数据处理中心对流动站进行实时侦听，接收来自流动站的近似坐标，根据流动站的近似坐标和误差改正模型，求出流动站的误差后，直接将误差改正参数或者虚拟观测值发给用户。

2.3 里程计

里程计是一种利用从移动传感器获得的数据来估计物体位置随时间的变化而改变的一种仪器，它不用于确定机器人相对于初始位置移动的距离。里程计被用在许多种机器人系统（轮式或者腿式）上进行估计工作。里程计对由速度对时间积分来求得位置的估计时所产生的误差十分敏感。快速、精确的数据采集，设备标定以及处理过程对于高效地使用里程计是十分必要的。常用的里程计有轮式里程计、视觉里程计以及视觉惯性里程计。

1. 轮式里程计

这里用一个例子来解释轮式里程计的原理。假设某人拥有一辆马车，此人想知道从 A 地到 B 地要有多远。此人知道马车轮子的周长，他在轮子上安装了一种驾驶时可以统计轮子所转圈数的装置，通过轮子的周长、从 A 地到 B 地所用的时间和轮子所转圈数，就能计算得出两地之间的路程。轮式里程计是一种最简单、获取成本最低的设备。与其他定位设备一样，轮式里程计也需要传感器感知外部信息。轮式里程计的航迹推算定位方法主要基于光电编码器在采样周期内脉冲的变化量计算出车轮相对于地面移动的距离和方向角的变化量，从而推算出载体位姿的相对变化。

2. 视觉里程计

视觉里程计（Visual Odometry，VO）通过移动机器人上搭载的单个或多个相机的连续拍摄图像作为输入，从而增量式地估算载体的运动状态。
VO 分为单目 VO 和双目 VO。双目 VO 的优势在于能够精确地估计运动轨
迹，且具有确切的物理单位。例如，在单目 VO 中，只能知道载体在 x 或 y
方向上移动了 1 个单位，而双目 VO 则可明确知道移动机器人移动了 1 cm。
但是，对于移动距离很远的载体，双目 VO 则会自动退化为单目 VO[11]。

3. 视觉惯性里程计

视觉惯性里程计，也叫作视觉惯性系统，是融合了相机和 IMU 数据实
现即时定位与地图构建（Simultaneous Localization and Mapping，SLAM）的
一种设备。根据融合框架的不同视觉惯性里程计分为松耦合和紧耦合两种
形式。松耦合中视觉运动估计和惯导运动估计是两个独立的模块，将每个
模块的输出结果进行融合。紧耦合则是使用两个传感器的原始数据共同估
计一组变量，传感器噪声也是相互影响的。紧耦合算法比较复杂，但充分
利用了传感器数据，可以实现更好的效果，是目前研究的重点[12]。

2.4　气压计

气压计的全称为气压高度计，顾名思义，它是根据大气压强获取高度
信息的一种传感器，其主要原理是大气压强随高度的变化规律，即海拔升
高气压降低。实际测量环境中的大气并不一定满足理想气体条件，气压计
所测得的海拔高程信息常由于空气密度、气象条件、温度变化产生原理性
误差和环境误差等，通常须在使用前对气压计进行标定，并对测量信息进
行温度补偿。

气压测高的原理是，当空气处于静止状态时，空气块保持静力平衡状
态，在水平方向上各面所受到的力相互抵消，在垂直方向所受到的向上的
净压力必被重力平衡，利用气压计周围的大气压强，根据标准大气模型并
利用下式确定高度：

$$h_b = \frac{T_s}{k_T}\left[\left(\frac{p_b}{p_s}\right)^{-\frac{Rk_T}{g_0}} - 1\right] + h_s \qquad (2.4.1)$$

通过直接测量大气压强来推算高度值，除了受到重力场因素的影响
外，还受到大气温度、纬度、季节等因素的影响。大气物理特性的无规律

变化会导致的高度推算值误差较大，稳定性和可靠性较差。

虽然大气物理特性变化无常，但是一定空间范围内大气压强的变化趋势相同，人们根据这项特性提出了差分气压测高法[13]。利用基准站气压测高值，修正移动用户终端气压测高值，并补偿大气物理环境变化对测点高度测量结果的影响，提高高程定位的准确性与可靠性。对于低速移动的目标，通过差分气压测高方式可以达到亚米级的高程定位精度，但对于汽车、火车等高速移动的目标，由于受气流扰动严重，精度下降明显。

综合来看，气压计成本低廉，是粗略估计高程的有效手段，但高精度的气压测高需要一些辅助条件和一定的使用条件，因此在高精度定位中气压计通常作为一种辅助的导航源来为其他导航手段提供参考。

2.5 磁传感器

磁传感器又称为磁力计，是一种最传统的航向传感器，它可以获得地磁场信息，通过坐标变换修正航向角信息，或者对加速度计输出进行滤波，提供三维姿态的解决方案。

2.6 视觉导航

进入 21 世纪，视觉导航成为 SLAM 的研究热点之一。视觉导航所使用的传感器为相机，即 VO。相机可分为单目相机、双目或多目相机、RGBD相机。通过单目相机无法获取景深；无法获取绝对深度，从而无法得到运动轨迹及构建地图的真实尺寸；无法获取相对深度，从而无法得知图像标识物与自身的相对距离。RGBD 相机兴起于 2010 年左右，相比于传统相机可提供更多信息且深度计算耗费量小，但是目前还存在测量范围小、噪声大、视野窄等问题，主要用于室内场景。双目相机通过两个相机之间的基线，估计三维空间中点的位置，因此需要进行标定相对位置的操作[14]。

视觉导航主要利用计算机来模拟人的视觉功能，从客观事物的图像中提取有价值的信息，对其进行识别和理解，进而获得载体相关的导航信息。它一般由软/硬件组成：硬件主要包括电荷耦合元件相机、图像采集卡、PC 和控制执行机构等；软件安装于导航计算机内部，主要包括图像处理系统和决策判断系统。根据目前的研究情况，获取载体姿态、位置和速度的原理、参考特征、关键技术和典型应用如表 2.6.1 所示。

表 2.6.1　全参数信息的视觉导航研究总表

导航参数	原理	参考特征	关键技术	典型应用
姿态	传感器图像与载体姿态信息	地平线、跑道等人工标志，相对运动物体，山川等	地平线提取、人工标志选定及解算、相对姿态转换及特征提取	2002 年美国海军与佛罗里达大学合作提取无人机（UAV）姿态研究
位置	待配准图像与参考图像配准定位	图像中的点、线、面等特征因素	数字地图制备、传感器发展、匹配算法研究	国外"战斧"巡航导弹、F 系列战术飞机等，国内"红鸟"等采用景象匹配辅助组合进行导航制导等
速度	载体速度与序列图像特征关系	序列图像相似特征与光流	序列图像相似特征提取、光流计算	月球车速度测定、探测器降落过程动态参数估计、智能车辆速度测量

视觉导航中较为成熟的视觉相机接口形式包括模拟接口、数字接口和一些直联式数字接口，机器视觉中常用的图像格式主要包括 BMP、JPG 和 RAW。

目前主要有两种视觉导航定位方法，分别是 VO 方法和基于合作目标匹配的方法。VO 利用单目或双目相机得到图像序列，根据连续图像帧中特征点的位移变化，结合相机参数，通过特征提取和匹配过程，给出相机在连续帧时刻的位置、姿态变化。如图 2.6.1 所示，P_1 和 P_2 为连续两帧的图像。VO 位置估计的处理流程为：①从摄像头采集当前视频图像，对图像进行预处理，并用相应的特征提取方法对整幅图像进行遍历，提取其特征点；②根据前一帧图像的特征点，计算当前图像特征点与前一帧图像特征点之间的马氏距离，选出每个特征点与前一帧图像特征点集中最小马氏距离的特征点，从而实现特征点匹配；③利用数学模型降低图像维度来实现特征约束，计算位置对应匹配特征权重；④通过特征点寻找直线特征，求解本质矩阵；⑤利用本质矩阵计算旋转矩阵和平移矩阵，从旋转矩阵和平移矩阵中提取出位置、姿态变化量；⑥结合上一帧图像的位置与姿态角，计算当前帧图像的位置与姿态角，输出位置、姿态角、速度[15]。

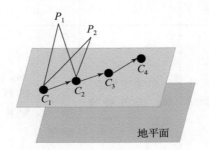

图 2.6.1　VO 图像帧变化

基于合作目标匹配的方法是事先将环境中的一些特殊景物作为合作目标，运动载体在知道这些合作目标的坐标和形状等特征的情况下，通过对合作目标的探测来确定自身的位置。其工作流程为：首先设计合作目标；然后通过 CCD 相机获取合作目标图像，根据自己设计的图案特征采用相应的图像处理技术，得到合作目标特征点信息；最后利用载体坐标系、相机坐标系、像素坐标系以及合作目标坐标系之间的相互转换关系计算出相对位姿参数。

CCD 相机作为视觉导航的核心传感器，具有体积小、质量小、能耗低、成本低、视场宽、易于搭载等多方面优势；此外，视觉导航具有较高的自主性、可靠性，定位精度较高，可达厘米级甚至毫米级，可广泛应用于车辆、机器人、机械定位等多个领域。但是，视觉导航仍然面临诸多应用上的弊端，如对光照敏感、计算复杂度高、数据量大等问题，在实际应用中一般需要和其他定位手段结合使用。

2.7　雷达

激光雷达是早期 SLAM 模型的数据采集传感器，相比于后来发展的视觉传感器不依赖光照和环境纹理，主要分为单线和多线两种。根据其在实际应用场景中探测终端、探测环境、探测目标的相关功能诉求进行选型，如在空旷场地场景中，对于探测距离要求高，相对而言对于角分辨率要求较低；在中低速场景中，对于建图和避障的要求高，要求实现灵活避障、精准定位。在不同场景中都需要考虑的关键技术指标包括：点云精度、采样频率、探测范围、扫描频率、角分辨率[16]。

2.7.1　单线激光雷达

所谓单线激光雷达，其实就是一个激光发射器加上一个转动的扫描仪，其扫描结果是一张二维平面图。单线激光雷达具有以下优点：具有一路发射、一路接收，构造简单，便于操作；高扫描速度和高角度分辨能力；功耗低，体积小，质量小，具有厘米级的制图精度，售价低；经久耐用，可全天候 24 h 运转，适用面广。

2.7.2　多线激光雷达

多线激光雷达指同时发射及接收多束激光的激光旋转测距雷达，市场上目前有 4 线、8 线、16 线、32 线、64 线和 128 线之分。多线激光雷达可以识别物体的高度信息并获取周围环境的 3D 扫描图（3D 激光），主要应用于无人驾驶领域[17]。

在无人驾驶领域，多线激光雷达主要有以下两个核心作用。

（1）3D 建模及环境感知。通过多线激光雷达可以扫描得到载体周围环境的 3D 模型，运用相关算法对比上一帧及下一帧环境的变化，能较为容易地检测出周围的车辆及行人。

（2）SLAM 定位加强。通过实时得到的全局地图与高精度地图中的特征物进行比对，能提高定位精度并实现自主导航。

目前，用于无人驾驶的多线激光雷达多集中于国外，包括美国的Velodyne、Quanegy 以及德国的 IBEO 品牌等。以 Velodyne 为首的多线激光雷达价格高昂，均在万元（美元）级别以上，一般企业难以承受如此高昂的价格。

相比来说，单线激光雷达成本低得多，目前主要应用于机器人领域，可以帮助机器人规避障碍物，其扫描速度快、分辨率高、可靠性高，相比于多线激光雷达，在角频率及灵敏度上反应更快捷，因此测试周围障碍物的距离更加精准。但是，单线雷达只能平面式扫描，不能测量物体高度，当前主要应用于常见的扫地机器人、送餐机器人及酒店等服务机器人。

有别于无人驾驶领域的多线激光雷达，我国用于机器人领域的单线激光雷达已较为成熟，如思岚科技公司生产的单线激光雷达已能达到 40 m 的测量半径，同时，它可以有效避免环境光与强日光的干扰，在室内外均能稳定使用。除此之外，其机身超薄，小巧轻便，可适用更多更大场景的应用。

总之，多线激光雷达的应用场景更为复杂，对性能的要求更高，但其价格高昂，是大多数企业难以承受的。相比来说，单线激光雷达的结构更为简单，成本也更低，更容易满足服务机器人的使用需求，测距精度更高。

2.8　无线网络

无线网络主要分为蜂窝网络以及蓝牙/WLAN。其中，蜂窝网络是地面无线通信网络中应用最为广泛的移动通信网络。蜂窝网络定位的形式通常是利用蜂窝基站与手机终端进行定位辅助或定位，主要有三种定位方法：增强小区身份识别号（E‑CID）、网络增强系统（A‑GNSS）和下行到达时间差（TDOA）。

1. E‑CID 定位方法

基站小区号（CID）定位方法又称为起源蜂窝（COO）定位方法，是最早的通信网络定位方法。其根据移动终端所在蜂窝网络的小区或扇区来断定移动终端的位置坐标。每个蜂窝网络小区都用小区全球识别码（CGI）

代表自己的基站身份识别号（ID）。CGI 由位置区识别码（LAI）和小区识别码（CI）组成，LAI 包含移动网络国家代码（MCC）、移动网络代码（MNC）和位置区代码（LAC）3 个子代码。通过查询用户的 CID，便可以通过基站得到移动终端所在国家和小区的地理信息，从而获得用户的大致位置。为了提高 CID 定位方法的定位精度，在应用过程中又提出了诸多 E–CID 定位方法，例如 GSM 网络中通过移动端提前发送量（TA）值辅助定位，3G 网络中结合往返时间（RTT）辅助 CID 定位方法，LTE 网络中结合到达角度（AOA）对 CID 定位方法进行增强。但受多径、衰落等因素影响，这些方法对定位精度的改善非常有限，即便对于微蜂窝覆盖，其精度也难以突破 100～200 m。

总体来看，E–CID 定位方法实现难度较低，定位速度快，但精度差，其定位结果仅适合于粗略位置的确定，以辅助其他算法[18]。

2. A–GNSS 定位方法

A–GNSS 是一种辅助定位方法，主要通过蜂窝网络建立 GNSS 定位终端与 GNSS 定位服务器之间的通信链路，为 GNSS 定位终端提供定位辅助信息，以缩短 GNSS 接收机的初始定位时间、提高定位精度和灵敏度。

对于没有网络辅助的独立 GNSS 接收机，在启动时通常没有先验信息，GNSS 接收机不知道可见卫星的数量，也不知道卫星的位置，GNSS 接收机需要大约 20 s 时间在频率和时间的两个维度上同时对所有卫星进行盲目搜索（即捕获过程）。一旦 GNSS 接收机找到一个卫星的相关峰值，搜索过程即结束，通过解码卫星的时间和星历数据得到卫星位置，这些数据每 30 s 发送一次，因此通常需要至少 1 min 的时间才能完成定位。如果在此过程中信号受到阻挡或衰减，即使时间很短，也会导致误码，GNSS 接收机必须再等待 30 s 才能获取星历数据，并进行下一次定位。在实际应用中，如果 GNSS 接收机处于弱信号环境中，则上述过程通常需要数分钟才能完成首次定位。

对于具有网络连接的 GNSS 接收机而言，如果可以通过通信链路提供星历和历书等信息，则 GNSS 接收机不需要通过盲目搜索实现首次定位。通过星历和历书，GNSS 接收机可以预先获得当前卫星位置列表，并结合蜂窝网络提供的粗略位置信息（例如基站 ID），GNSS 接收机可以有针对性地搜索卫星，从而大大缩短用户的首次定位时间，加快定位速度，同时降低设备功耗。此外，A - GNSS 定位方法由于具有网络辅助数据，当用户处于恶劣天气等复杂环境中时，终端依然能够直接锁定卫星定位。

3. TDOA 定位方法

TDOA 是蜂窝网络定位方法中定位精度相对较高的一种方法，该方法通过检测无线信号到达两个基站的时间差，利用双曲线算法进行定位。从 2G 网络到 LTE 网络均支持这种方式，但不同的蜂窝网络获取时间观测量的方式不同。

对于 2G 网络，通过在网络基站中加入多个定位测量单元（LMU）来同时接收终端发出的定位信号，从而在网络端获得用户设备到不同 LMU 的时间差，这种技术称为 E - OTD。对于 3G 网络，用户终端是通过测量两个小区的公共物理信道（CPHCH）信号来获得到达时间差的，为了克服 CDMA 系统的远近效应，引入了下行空闲周期（IPDL）机制，在特定的随机时刻停止服务基站的所有信道的信号发射，以保证终端能测量到其他邻近小区基站的无线信号，这种方式称为观测到达时间差（OTDOA）。对于 4G 网络，在 OTDOA 的基础上又进一步加入了专门用于移动台测量基站信号的参考信号（PRS），移动台通过对接收到的信号与本地信号进行相关运算得到 TDOA 值。

通过 TDOA 定位方法显然比 CID 定位方法精度高，在实验室环境中可获得米级甚至亚米级的定位结果，但是室内无线电信号受多径、非视距等因素的影响严重，测量误差较大，特别是在复杂构型的建筑物内，实际应用效果并不理想。

在室内或者建筑环境较为复杂的情况下蜂窝网络无法提供精准的定位，此时蓝牙和 WLAN 就会发挥比较重要的作用。蓝牙和 WLAN 是两种常见的无线通信技术，它们在室内具有广泛的覆盖性。蓝牙是一种低功耗、短距离的通信技术，具有低成本和便捷的组网特点。WLAN 是一种无线局域网技术，成本低且传输速率高。由于大多数智能设备都内置了蓝牙和 WLAN 模块，所以利用智能设备的蓝牙和 WLAN 定位成为解决室内定位问题的直接方式。蓝牙/WLAN 定位主要有两种算法，一种是基于信号传播时间的定位算法，另一种是基于信号强度的定位算法。

　　基于信号传播时间的定位算法类似 GNSS 定位和蜂窝网络定位，包括到达时间（TOA）定位、TDOA 定位和到达角（AOA）定位等。在实际情况下信号传播很难做到时间同步，又会受到非视距传播和多径效应等因素的影响，导致基于信号传播时间的定位算法的精度很难保证，所以目前仍在研究探索阶段。

　　基于信号强度的定位算法是目前蓝牙/WLAN 定位的主要方法，也被称为指纹定位方法。大多数系统将定位区域划分为网格，记录每个网格点处的信号强度、AP/Beacon 的 ID、媒体接入控制（MAC）地址等特征参数，并将这些参数与网格点的位置坐标一起记录在数据库中，这些网格点被称为参考点（RP）。由于记录的参数与位置相关，所以它们被称为指纹数据。整个过程是离线完成的，因此称为离线建库过程。在对用户实时定位时，用户终端在定位点采集蓝牙/WLAN 特征参数，并与离线建立的指纹数据库进行匹配，最终实现位置解算。

参 考 文 献

［1］秦永元. 惯性导航［M］. 北京:科学出版社,2006.

［2］严恭敏,翁浚. 捷联惯导算法与组合导航原理［M］. 西安:西北工业大学出版社,2019.

［3］BORTZ J E. A new mathematical formulation for strapdown Inertial navigation［J］. IEEE Transaction On Aerospace and Electronic Systems,1971,27(1): 61 –66.

［4］严恭敏,秦永元,杨波. 车载航位推算系统误差补偿技术研究［J］. 西北工业大学学报,2006(1):26 –30.

［5］张文超,魏东岩,袁洪,等. 基于惯性递推原理的行人自主定位方法综述及展望［J］. 导航定位与授时,2021,8(3):109 –122.

［6］戴洪德,张笑宇,郑百东,等. 基于零速修正与姿态自观测的惯性行人导航算法［J］. 北京航空航天大学学报,2022,48(7):1135 –1144.

［7］王融,曾庆化,赖际舟,等. 导航系统理论与应用［M］. 北京:航空工业出版社,2022.

[8] 詹鹏宇. 基于 GNSS 的高轨卫星定轨技术研究[D]. 南京：南京航空航天大学，2013.

[9] 杨元喜，郭海荣，何海波，等. 卫星导航定位原理[M]. 北京：国防工业出版社，2021.

[10] 晏黎明，况太君，熊超. GPS RTK 作业几种模式探讨[J]. 人民长江，2009，40(22)：37 – 39 + 48.

[11] 李宇波，朱效洲，卢惠民，等. 视觉里程计技术综述[J]. 计算机应用研究，2012，29(8)：2801 – 2805 + 2810.

[12] 孙永全，田红丽. 视觉惯性 SLAM 综述[J]. 计算机应用研究，2019，36(12)：3530 – 3533 + 3552.

[13] 张丽荣，马利华，季海福，等. 差分气压测高方法及测高误差与精度分析[C]//中国卫星导航系统管理办公室，科学技术部高新技术发展及产业化司，国防科工局系统工程一司，交通运输部综合规划司，教育部科学技术司. 第二届中国卫星导航学术年会电子文集，2011：1.

[14] 管叙军，王新龙. 视觉导航技术发展综述[J]. 航空兵器，2014(5)：3 – 8 + 14.

[15] 黄显军，姜肖楠，卢鸿谦，等. 自主视觉导航方法综述[J]. 吉林大学学报(信息科学版)，2010，28(2)：158 – 165.

[16] 赵一鸣，李艳华，商雅楠，等. 激光雷达的应用及发展趋势[J]. 遥测遥控，2014，35(5)：4 – 22.

[17] 王天歌. 基于多传感器的无人车自主导航系统设计[D]. 沈阳：沈阳理工大学，2020.

[18] 李嵘峥. 无线蜂窝通信系统中移动台定位技术研究与实现[D]. 北京：北京邮电大学，2011.

第3章　无人平台多源导航的时空配准

多源导航系统对各类导航信息进行预处理、数据配准和数据融合等处理后，可以输出无人平台实时的位姿信息，为后续的运动策略提供前提条件。数据预处理可以分为传感器初始化与校准，传感器初始化是相对于系统坐标独立地校准每一个传感器，一旦完成了传感器初始化，便可以利用各传感器送入融合中心的数据进行数据配准。由于来自不同传感器的导航信息在来源、形式、时间和空间上存在差异，无法保证各导航数据的时空一致性，所以需要对导航信息进行数据配准。所谓数据配准，就是将各导航数据统一至相同的时空坐标基准下，因此可以将数据配准分为时间配准和空间配准[1]。

3.1　时间配准

时间配准的基本任务是消除多传感器量测信息在时间上的不一致。在多源导航系统中，各导航传感器都是彼此独立的，它们各自量测目标载体的运动状态信息，测量完毕后直接将测量信息送往数据融合中心，由于自身属性及所处环境的不同，各测量信息必然存在时间误差，将各测量信息通过一定方法统一至相同的时间坐标下即时间配准。

3.1.1　时间误差来源

在多源导航系统中，各传感器自身属性与所处实际环境不同，会导致组合导航信息时间不同步的问题。其中一些随机情况也会造成时间误差，譬如测量噪声、传输时延等。总的来说，时间误差来源可以分为以下三方面。

（1）各传感器采用的时间基准不一致。各传感器采用的时间基准精度有差异，即使在相同时间开机，随着时间的推移，也会累积时间基准偏移误差。

（2）各传感器采样频率不一致。各传感器自身属性及数据量大小各不相同，采用的采样频率很难保持一致，导致融合时部分传感器没有测量信息。

（3）传感器测量信息的解算传输存在时延。各传感器的数据量大小及传输方式各有差异，如 INS 的传输时延几乎可以忽略不计，而 GNSS 具有较大传输解算时延。

针对上述第一类时间误差来源，通常采用的方法为统一使用 GNSS 提供的授时信息，各传感器根据收到的时间信息校准自身的本地时间。针对第二类时间误差来源，国内外学者提出了许多时间配准方法，如最小二乘虚拟融合法、拉格朗日插值法等。针对第三种时间误差来源，诸多学者从软/硬件层面提出了不同的补偿方案。

3.1.2 时间配准系统

多源导航系统中由于各传感器存在应用场景、本身属性、输出格式等方面的不同，所以各子系统对时间配准的精度及实时性要求各不相同。为了提高多源导航精度，最大限度地发挥各子系统的优势，需要根据各子系统的实际工作环境及其特有属性进行时间配准，将各导航数据都统一在相同的时间坐标下。进行时间配准时，要综合考虑时间配准的精度和实时性。

目前，时间配准系统由测量数据分析、配准频率选取、配准方法选择、配准要求等模块组成，如图 3.1.1 所示。

下面简要说明图中各模块所承担的功能。

（1）测量数据分析模块。该模块主要对送至导航计算机中的各子系统的测量数据进行简单分析，得到子系统的总数目及类型、各子系统的采样频率等。

（2）配准要求模块。该模块包含不同子系统对时间配准精度和实时性的具体要求，通过测量数据分析模块输出的结果，实时调整配准策略以满

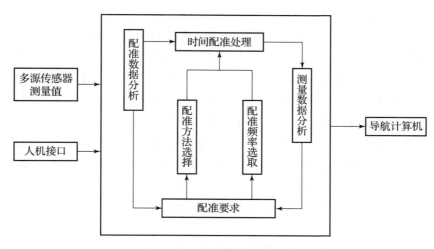

图 3.1.1　时间配准系统结构

足配准要求。在时间配准结束后，也可以根据配准结果对配准要求进行微调，形成动态反馈。

（3）配准方法选择模块。该模块包含各种时间配准方法，依据配准要求和测量数据分析模块提供的结果，动态选择最优的配准方法。

（4）配准频率选取模块。该模块主要选取最合适的配准频率，由于各子系统的采样频率不一致，所以在数据融合时必须选取一个合适的配准频率。

（5）时间配准处理模块。该模块主要依据上述各模块选取的配准频率及配准方法对送至融合中心的各导航数据进行时间同步处理，同时将处理后的数据送至配准数据分析模块中。

（6）配准数据分析模块。该模块主要对配准后的数据进行误差分析，根据分析结果，及时调整配准要求模块。

以上模块实现了系统自闭环，通过实时反馈调整，能有效提高配准精度。

3.1.3　时间配准方法

3.1.3.1　时间基准不一致的时间配准方法

多源导航系统在进行数据融合时，统一的时间基准是必不可少的。多个传感器在进行时间配准时，其必要前提就是每个传感器能输出较高精度的时间戳。通常时间戳是根据各传感器的自身晶振来控制的，这就会导致各传感器由于时间基准不一致而产生较大的时间不同步误差。因此，通常的做法是选取高精度的外部授时信号作为多个传感器的时间基准。由于GNSS接收机输出的秒脉冲信号（1PPS）能与标准协调时（UTC）保持高度同步，同步误差为纳秒级，故可以将GNSS接收机的时间信号作为多源导航系统的统一授时基准源。此外，卫星信号数据量较大，具有不可忽略的传输计算时延，因此1PPS信号与包含标准时间的卫星信号数据包之间存在一定延迟，需要对该延迟进行补偿，其授时步骤如下。

（1）GNSS接收机按1 Hz的频率定时向各传感器发送1PPS信号，各传感器记下当前的本地时间T_{PPS}^l。

（2）经过短暂时延后，各传感器将收到与（1）中1PPS信号对应的标准时间数据包，记录下当前的本地时间T_{sensor}^l，解析得到此前的标准时间，记为T_{PPS}^g。

（3）利用式（3.1.1）对各传感器的本地时间进行同步补偿：

$$T_{\text{sensor}}^g = T_{\text{sensor}}^l - T_{\text{PPS}}^l + T_{\text{PPS}}^g \qquad (3.1.1)$$

式中，T_{sensor}^g为补偿后的各传感器标准时间，$(T_{\text{sensor}}^l - T_{\text{PPS}}^l)$为各传感器与标准时间的差值[2]。

通过上述方法，可以将多源导航系统中的多个传感器统一至相同的时间基准下，以该基准为传感器测量值打上精准的时间戳，为后续数据处理提供基础。

3.1.3.2 采样频率不一致的时间配准方法

由于多传感器自身属性和所处环境不同，所以难以保证各传感器都基于相同的频率进行采样。目前针对第二类时间误差来源，通常应先选取合适的配准频率，然后进行时间配准。常用的时间配准方法有最小二乘虚拟融合法、拉格朗日插值法等。下面对常见的时间配准方法做简要介绍。

1. 配准频率选取

选取配准频率主要有两种情形，第一种情形为导航计算机（即融合中心）给定配准频率，时间配准处理模块直接按照给定配准频率进行时间配准；第二种情形为导航计算机未直接给出配准频率，此时应该根据测量数据分析模块及其他相关模块给出的结果，综合考量各传感器因素，选取最优配准频率。

针对多源导航系统配准频率的选取问题，通常选取多源导航系统中的最低采样频率为配准频率，将高采样频率传感器的测量值向最低采样频率配准。如果系统内传感器采样频率差异过大，则其必然导致高采样频率传感器测量数据的丢失或浪费，难以保证导航效果。因此，应该合理选取配准频率。

设多源导航系统中的各传感器的采样频率分别为 $f_i(i=1,2,\cdots,n)$，其中最高的采样频率为 $f_{\max}$，最低的采样频率为 $f_{\min}$，配准频率为 f_t，配准频率必定低于最高采样频率，也可以低于最低采样频率。目前，通常采用以下两种方法选取配准频率。

（1）选取所有传感器采样频率的平均频率作为配准频率，即

$$f_t = \frac{1}{n}\sum_{i=1}^{n} f_i \tag{3.1.2}$$

（2）选取所有传感器采样频率的加权平均频率作为配准频率，即

$$f_t = \frac{1}{n}\sum_{i=1}^{n} \alpha_i f_i \tag{3.1.3}$$

式中，$\alpha_i(i=1,2,\cdots,n)$ 为各传感器对应的权值，由各传感器的采样精度 $p_i(i=1,2,\cdots,n)$ 决定，具体为

$$\alpha_i = \frac{p_i}{\sum_{i=1}^{n} p_i} \tag{3.1.4}$$

采用上述两种配准频率选取方法，能有效减小传感器采样频率差异过大造成配准精度下降的影响。其中第二种方法在配准频率选取过程中考虑了采样精度的因素，有利于提高高精度传感器测量信息的利用率。

2. 最小二乘虚拟融合法

假设有传感器 A 和传感器 B，其采样周期分别为 T_a，T_b，且采样周期为整数比关系（即 $T_b/T_a=N$，N 为整数），如图 3.1.2 所示。

由于 A，B 传感器的周期为整数倍，即 $T_b/T_a=N$，所以在传感器 B 更新时间间隔 $[(k-1)T_b,kT_b]$ 内，传感器 A 已经更新了 N 次测量数据。最小

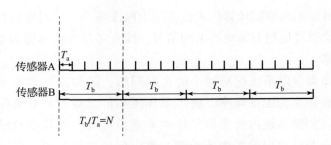

图 3.1.2　传感器采样频率示意

二乘虚拟融合法的基本思想就是将传感器 A 在时间区间 $[(k-1)T_\mathrm{b}, kT_\mathrm{b}]$ 内的 N 次测量数据进行融合，估计出配准时刻的虚拟测量值，之后在配准时刻将传感器 B 的测量值与传感器 A 的虚拟测量值进行进一步融合处理。

设传感器 A 在时间区间 $[(k-1)T_\mathrm{b}, kT_\mathrm{b}]$ 内的 N 次测量数据为 $\boldsymbol{Z}_N = [z_1, z_2, \cdots, z_N]^\mathrm{T}$，将其 N 次测量数据融合后的结果及其导数可以用 $\boldsymbol{U} = [z, z']^\mathrm{T}$ 来表示，其任一测量值 z_i 可以表示为

$$z_i = z + (i-N)T_\mathrm{a} \cdot z' + v_i \quad (i=1,2,\cdots,N) \tag{3.1.5}$$

v_i 为对应的测量噪声，令 $\boldsymbol{V}_N = [\nu_1, \nu_2, \cdots, \nu_N]^\mathrm{T}$，则上式可写为矩阵形式

$$\boldsymbol{Z}_N = \boldsymbol{W}_N \boldsymbol{U} + \boldsymbol{V}_N \tag{3.1.6}$$

式中，

$$\boldsymbol{W}_N = \begin{bmatrix} 1 & 1 & \cdots & 1 \\ (1-N)T_\mathrm{a} & (2-N)T_\mathrm{a} & \cdots & (N-N)T_\mathrm{a} \end{bmatrix}^\mathrm{T} \tag{3.1.7}$$

由最小二乘法规则可以得到

$$\boldsymbol{J} = \boldsymbol{V}_N^\mathrm{T} \boldsymbol{V}_N = [\boldsymbol{Z}_N - \boldsymbol{W}_N \boldsymbol{U}]^\mathrm{T} [\boldsymbol{Z}_N - \boldsymbol{W}_N \boldsymbol{U}] \tag{3.1.8}$$

最小二乘法的目的就是让目标函数 $\boldsymbol{J}$ 最小，故可对目标函数 $\boldsymbol{J}$ 求偏导，得

$$\frac{\partial \boldsymbol{J}}{\partial \boldsymbol{U}} = -2(\boldsymbol{W}_N^\mathrm{T} \boldsymbol{Z}_N - \boldsymbol{W}_N^\mathrm{T} \boldsymbol{W}_N \boldsymbol{U}) = 0 \tag{3.1.9}$$

求解可得

$$\boldsymbol{U} = [\boldsymbol{W}_N^\mathrm{T} \boldsymbol{W}_N]^{-1} \boldsymbol{W}_N^\mathrm{T} \boldsymbol{Z}_N \tag{3.1.10}$$

在配准时刻得到的传感器 A 的虚拟测量值为

$$z(k) = c_1 \sum_{i=1}^N z_i + c_2 \sum_{i=1}^N i \cdot z_i \tag{3.1.11}$$

式中，$c_1 = -2/N$，$c_2 = 6/[N(N+1)]$。

3. 拉格朗日插值法

多源导航系统中各传感器的采样频率不一致，必然导致在配准时刻有部分传感器没有测量更新，此时运用拉格朗日插值法便可以通过已知确定的测量数据先求得一个经过所有已知点的连续函数，之后根据所求函数求得在配准时刻的估计值，如图3.1.3所示。

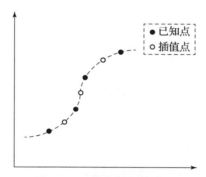

图 3.1.3　拉格朗日插值法

拉格朗日插值法就是基于拉格朗日插值多项式的插值方法，具体可分为拉格朗日两点插值法、拉格朗日三点插值法和拉格朗日多点插值法[3]。设高采样频率传感器在采样时刻 $t_i(i=1,2,\cdots,n)$ 的采样测量数据为 $Z_i = (x_i \quad y_i \quad z_i)$，选取的配准时刻为 $t_j(t_i < t_j < t_{i+1})$，配准得到的插值测量值为 $(x_{ij} \quad y_{ij} \quad z_{ij})$。

拉格朗日两点插值法假定测量目标做匀速直线运动，所得到的插值方程为线性方程，故该方法也称为拉格朗日线性插值法，公式为

$$\begin{cases} L_x(t_{ij}) = \dfrac{(t_{ij}-t_{i+1})}{(t_i-t_{i+1})}x_i + \dfrac{(t_{ij}-t_i)}{(t_{i+1}-t_i)}x_{i+1} \\[2mm] L_y(t_{ij}) = \dfrac{(t_{ij}-t_{i+1})}{(t_i-t_{i+1})}y_i + \dfrac{(t_{ij}-t_i)}{(t_{i+1}-t_i)}y_{i+1} \\[2mm] L_z(t_{ij}) = \dfrac{(t_{ij}-t_{i+1})}{(t_i-t_{i+1})}z_i + \dfrac{(t_{ij}-t_i)}{(t_{i+1}-t_i)}z_{i+1} \end{cases} \tag{3.1.12}$$

拉格朗日三点插值法假定测量目标做匀加速运动，所得到的插值方程为二次方程，故该方法也称为拉格朗日抛物线插值法，公式为

$$
\begin{cases}
L_x(t_{ij}) = \dfrac{(t_{ij} - t_i)(t_{ij} - t_{i+1})}{(t_{i-1} - t_i)(t_{i-1} - t_{i+1})} x_{i-1} + \dfrac{(t_{ij} - t_{i-1})(t_{ij} - t_{i+1})}{(t_i - t_{i-1})(t_i - t_{i+1})} x_i + \\[3mm]
\qquad\quad \dfrac{(t_{ij} - t_{i-1})(t_{ij} - t_i)}{(t_{i+1} - t_{i-1})(t_{i+1} - t_i)} x_{i+1} \\[3mm]
L_y(t_{ij}) = \dfrac{(t_{ij} - t_i)(t_{ij} - t_{i+1})}{(t_{i-1} - t_i)(t_{i-1} - t_{i+1})} y_{i-1} + \dfrac{(t_{ij} - t_{i-1})(t_{ij} - t_{i+1})}{(t_i - t_{i-1})(t_i - t_{i+1})} y_i + \\[3mm]
\qquad\quad \dfrac{(t_{ij} - t_{i-1})(t_{ij} - t_i)}{(t_{i+1} - t_{i-1})(t_{i+1} - t_i)} y_{i+1} \\[3mm]
L_z(t_{ij}) = \dfrac{(t_{ij} - t_i)(t_{ij} - t_{i+1})}{(t_{i-1} - t_i)(t_{i-1} - t_{i+1})} z_{i-1} + \dfrac{(t_{ij} - t_{i-1})(t_{ij} - t_{i+1})}{(t_i - t_{i-1})(t_i - t_{i+1})} z_i + \\[3mm]
\qquad\quad \dfrac{(t_{ij} - t_{i-1})(t_{ij} - t_i)}{(t_{i+1} - t_{i-1})(t_{i+1} - t_i)} z_{i+1}
\end{cases}
\tag{3.1.13}
$$

拉格朗日多点插值法假定测量目标运动轨迹为高阶多项式所表示的曲线，故该方法也称为拉格朗日高次插值法，公式为

$$
\begin{cases}
L_x(t_{ij}) = \displaystyle\sum_{i=0}^{n} \left(\prod_{\substack{k=0 \\ k \neq i}}^{n} \dfrac{t_{ij} - t_k}{t_i - t_k} \right) x_i \\[5mm]
L_y(t_{ij}) = \displaystyle\sum_{i=0}^{n} \left(\prod_{\substack{k=0 \\ k \neq i}}^{n} \dfrac{t_{ij} - t_k}{t_i - t_k} \right) y_i \\[5mm]
L_z(t_{ij}) = \displaystyle\sum_{i=0}^{n} \left(\prod_{\substack{k=0 \\ k \neq i}}^{n} \dfrac{t_{ij} - t_k}{t_i - t_k} \right) z_i
\end{cases}
\tag{3.1.14}
$$

4. 仿真试验与结果分析

为了验证上述时间配准算法的实际性能，分别设定 3 种运动情况：匀速直线运动、匀加速运动，变加速运动。通过 MATLAB 进行仿真，具体仿真方案如下。

1）最小二乘虚拟融合法

假设传感器 A、传感器 B 同时对目标载体的位置信息进行测量，两个传感器的采样周期分别为 $T_a = 2$ s，$T_b = 8$ s，满足整数倍关系，总采样时间为 80 s。

（1）匀速直线运动：初始位置为 $x_0 = 0$ m，初始速度为 $v_0 = 200$ m/s，仿真结果如图 3.1.4 所示。

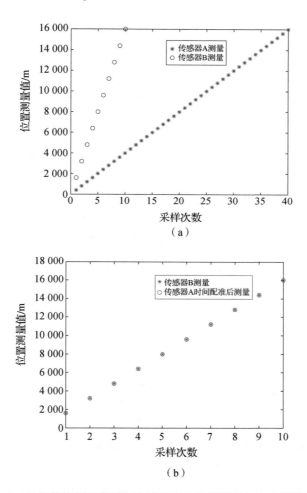

图 3.1.4　目标载体匀速直线运动时最小二乘虚拟融合法时间配准结果

（a）时间配准前传感器测量；（b）时间配准后传感器测量

（2）匀加速运动：初始位置为 $x_0 = 0$ m，初始速度为 $v_0 = 200$ m/s，加速度为 $a = 2$ m/s²，仿真结果如图 3.1.5 所示。

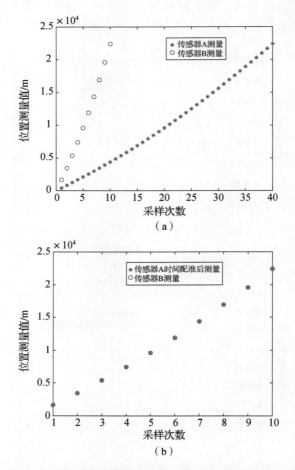

图 3.1.5　目标载体匀加速运动时最小二乘虚拟融合法时间配准结果

（a）时间配准前传感器测量；（b）时间配准后传感器测量

（3）变加速运动：初始位置为 $x_0 = 0$ m，初始速度为 $v_0 = 200$ m/s，$\omega = \dfrac{\pi}{40}$ rad/s，运动位移方程为 $x = x_0 + \dfrac{v_0 \cdot \sin(\omega t)}{2\omega}$，仿真结果如图 3.1.6 所示。

2）拉格朗日插值法

假设传感器 A、传感器 B 同时对目标载体的位置信息进行量测，两个传感器的采样周期分别为 $T_a = 4$ s，$T_b = 7$ s，总采样时间为 140 s。

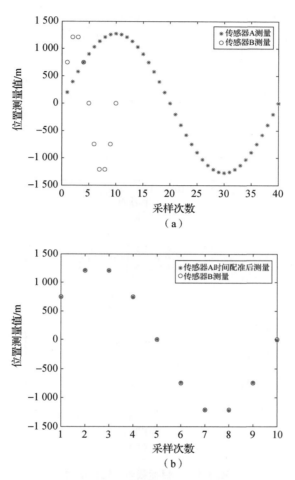

图 3.1.6　目标载体变加速运动时
最小二乘虚拟融合法配准结果

（a）时间配准前传感器测量；（b）时间配准后传感器测量

　　（1）匀速直线运动：初始位置为 $x_0 = 0$ m，初始速度为 $v_0 = 200$ m/s，仿真结果如图 3.1.7 所示。

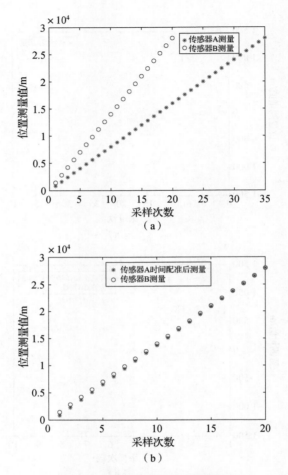

图 3.1.7   目标载体匀速运动时
拉格朗日插值法时间配准结果

（a）时间配准前传感器测量；（b）时间配准后传感器测量

（2）匀加速运动：初始位置为 $x_0 = 0$ m，初始速度为 $v_0 = 200$ m/s，加速度为 $a = 12$ m/s²，仿真结果如图 3.1.8 所示。

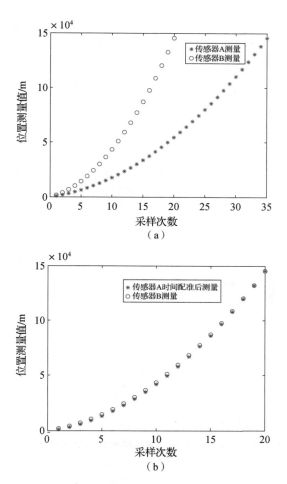

图 3.1.8　目标载体匀加速运动时

拉格朗日插值法时间配准结果

（a）时间配准前传感器测量；（b）时间配准后传感器测量

（3）变加速运动：初始位置为 $x_0 = 0$ m，初始速度为 $v_0 = 200$ m/s，$\omega = \dfrac{\pi}{40}$ rad/s，运动位移方程为 $x = x_0 + \dfrac{v_0 \cdot \sin(\omega t)}{2\omega}$，仿真结果如图 3.1.9 所示。

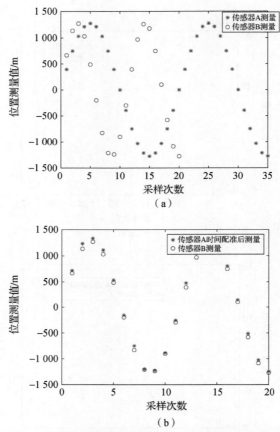

图 3.1.9　目标变加速运动时拉格朗日插值法时间配准结果

（a）时间配准前传感器测量；（b）时间配准后传感器测量

　　为了比较上述两种时间配准方法的优劣，可以从配准时间和配准精度两个方面进行考量，对比结果如表 3.1.1、表 3.1.2 所示。

表 3.1.1　配准时间对比　　　　　　　　　　ms

方法	匀速直线运动	匀加速运动	变加速运动
最小二乘虚拟融合法	6.933	3.103	24.813
拉格朗日插值法	1.629	1.059	1.122

表 3.1.2　配准精度对比

方法	匀速直线运动	匀加速运动	变加速运动
最小二乘虚拟融合法	0.021 4	0.009 6	0.082 5
拉格朗日插值法	0.351 7	0.231 8	1.651 4

　　根据仿真结果，当目标载体处于匀速直线、匀加速、变加速运动状态时，利用最小二乘虚拟融合法和拉格朗日插值法均能较好地完成多传感器的时间配准。与最小二乘虚拟融合法相比，拉格朗日插值法不必受限于采样周期为整数倍的关系。相较而言，当目标载体做匀速直线运动和匀加速运动时，其配准精度要比做变加速运动时高。由表 3.1.1 可以看出，最小二乘虚拟融合法计算复杂度较拉格朗日插值法高，拉格朗日插值法配准时间较短。由表 3.1.2 可以看出，最小二乘虚拟融合法的配准精度较拉格朗日插值法高。由此可以得出，上述时间配准算法均有优、缺点。

　　实际中针对采样频率不一致的时间配准方法不局限于上述方法，还有分段线性插值法、牛顿插值法等方法，应综合考虑时间配准要求，选取最合适的时间配准方法。

3.1.4　时间配准的评价准则

3.1.4.1　时间配准精度

以下是一些常见的时间配准精度评价准则。

（1）绝对误差：计算每个测量值与对应参考时间值之间差值的绝对值的平均值。该评价准则适用于需要知道测量结果与参考时间值的具体偏差大小的情况。

（2）相对误差：计算每个测量值与对应参考时间值之间差值的绝对值与参考时间值的比值的平均值。该评价准则适用于需要考虑测量结果与参考时间值相对偏差的情况。

（3）均方根误差：计算每个测量值与对应参考时间值之间差值平方的平均值的平方根。该评价准则适用于需要综合考虑测量结果与参考时间值偏差的情况，对较大偏差更敏感。

（4）相关性：通过计算测量值与对应参考时间值之间的相关性系数来评估两者之间的相关程度。该评价准则适用于需要了解测量结果与参考时间值之间关联程度的情况。

（5）同步精度：评估时间配准方法在同步多个时钟或信号源时的准确度。该评价准则适用于需要同时对多个时钟或信号源进行时间配准的情况。

3.1.4.2　时间配准实时性

时间配准实时性是指时间配准方法在实时场景中的执行效率和速度。在实时应用中，时间配准方法需要能够在短时间内完成计算和处理，以满足实时性要求。

评价时间配准实时性的准则包括以下方面。

（1）计算时间：衡量时间配准方法完成一次配准所需的时间。较短的计算时间表示较高的实时性。

（2）实时性要求：考虑特定应用场景的实时性要求，例如实时数据分析、实时控制等，判断时间配准方法是否能够在给定的时间限制内完成配准。

（3）方法复杂度：分析时间配准方法的复杂度，包括时间复杂度和空间复杂度。较低的复杂度通常与较高的实时性相关。

（4）数据处理效率：考虑时间配准方法对输入数据的处理效率。高效处理数据可以提升实时性。

（5）硬件资源需求：考虑时间配准方法对硬件资源的需求，包括计算能力、内存、存储空间等。合理利用硬件资源可以提升实时性。

综合考虑以上准则，可以选择适合实时应用的时间配准方法，使其在保证准确性的同时具备较高的实时性能。

3.2　空间配准

空间配准的基本任务是消除多传感器测量信息在空间上的不一致性。针对不同导航传感器采用不同导航坐标系的情况，空间配准涉及坐标系的相互转换。针对多传感器安装位置不同、相距位置较远而产生的测量数据偏差，空间配准需要对该偏差进行估计并补偿。将各导航信息通过一定方法统一至相同的空间坐标基准下即空间配准。

3.2.1　空间误差来源

空间配准的基本任务为导航坐标系的统一化处理和多传感器间的空间偏差补偿。由此可以得出，对于多传感器组合导航来说，空间误差主要由以下 3 个原因造成。

（1）空间基准不一致，又称为空间基准的统一性问题、空间基准的一致性问题。多源导航系统包含多种、多个导航源，使用多种、多个导航传感器获取导航信息，传感器输出的测量数据位于不同坐标系下，如卫星导航输出信息参考地心地固直角坐标系（Earth – Centered Earth – Fixed，ECEF），IMU 测量信息则基于载体坐标系，气压计参考海平面仅输出海拔高程，相机数据依据像素坐标系，激光雷达数据依据点云坐标系等。因此，需要确定一个空间基准坐标系，将所有导航源的信息均转换至该空间基准坐标系中。

（2）传感器之间的位姿存在误差。这是由于安装工艺造成传感器之间存在安置角参数、偏心量参数，是一种相对误差。在传感器坐标系向参考坐标系转换的过程中，位姿关系将影响导航信息的结果，从而影响导航信息融合的效果。目前，传感器位姿关系标定更常见于目标跟踪领域。

传感器位姿关系空间配准可分为离线配准和在线配准。离线配准方法首先估计出系统误差，然后对目标测量数据进行修正，并基于修正后的测量数据估计目标的真实状态，也常用于事后处理；其观测数据较多，对所有观测数据进行存储，待数据采样结束后再解算，可见离线配准方法存储数据量大，但一般解算精度较高[4]。离线配准方法主要基于最小二乘思想和极大似然思想，实时质量控制法（Real Time Quality Control，RTQC）、最小二乘法（Least Squares，LS）、广义最小二乘法（Generalized Least Squares，GLS）、极大似然估计法（Maximum Likelihood Estimate，ML）、精确极大似然估计法（Exact Maximum Likelihood Estimate，EML）以及期望极大化法（Expectation Maximization，EM）等都是常用的离线配准方法。在线配准基于实时参数的估计方法，将系统误差作为目标状态的分量同时对二者进行估计，主要基于滤波算法，常用于对快速性、实时性要求较高的场景中，需要精确已知系统误差的状态空间模型，在实际配准过程中状态空间模型或许不准确，甚至未知，导致滤波器发散。常见的在线配准方法包括卡尔曼滤波法（Kalman Filter，KF）、扩展卡尔曼滤波法（Extended Kalman Filter，EKF）、无迹滤波法（Unscented Kalman Filter，UKF）、递推最小二乘法（Recursive Least Squares，RLS）等。离线配准方法和在线配准方法又可描述为批处理方法和序贯处理方法。

另一种分类方式将位姿关系标定方法分为平台标定法和在线标定法。前者又分为直接测量法（按照给定的设备标称中心、三轴指向，直接测量出传感器之间的位姿关系[5]）和间接测量法（根据测量公共点建立传感器之间的联系，从而获得传感器之间的位姿关系）。后者包括系统检校法、条带平差法、实时补偿法。

（3）杆臂效应误差补偿。根据杆臂效应产生的原因，将杆臂效应分为内杆臂效应和外杆臂效应[6]。

杆臂效应的概念最早出现在捷联 INS 中，惯性测量组件中加速度计的理想定位应在载体的摇摆中心，当加速度计偏离该理想位置，且运动对象处于摇摆状态时，离心加速度和切向加速度会引起加速度计的测量误差，这种现象称为"杆臂效应"或"尺寸效应"，后来将此称为内杆臂效应。外杆臂效应的概念则来自 GPS 与 INS 的组合导航系统。随着组合导航系统的出现，GPS 与 INS 组合成为常用的组合导航方式之一。GPS 天线和捷联 INS 安装位置不同造成两套系统测量信息不匹配所产生的误差，称为外杆臂效应误差。组合导航系统不仅限于 GPS 与 INS 的组合，里程计与捷联 INS 的杆臂效应也成为外杆臂效应的研究内容之一。因此，可以得出如下观点，即外杆臂效应是指不同导航传感器由于测量特性、空间有限、安装位置与 IMU 安装位置不同，引起加速度和速度的测量误差。内杆臂效应和外杆臂效应本质均来源于杆臂距离的存在，均会影响多源导航结果，但对于微机电系统（Microelectro Mechanical Systems，MEMS）IMU，内杆臂效应的尺寸在毫米级甚至更小级别，可以忽略其影响。

杆臂效应引起干扰加速度的误差具有实时性，因此对于杆臂效应的补偿主要采用实时估计杆臂参数的方法，一般使用滤波器实现，包括 Butterworth 低通滤波器、卡尔曼滤波器、H ∞ 滤波器等[7]。

3.2.2　空间坐标系统一化

空间配准基准的统一，对于不同种类的导航信息而言意义不同。

1. 姿态

根据姿态角的定义，对于无人车的各种导航源而言，各传感器所得姿态角描述传感器坐标系与导航坐标系之间的姿态关系。因为各传感器的姿态信息都是相对于同一导航坐标系而言的，所以不需要额外的坐标变换来统一空间基准。

谈到姿态角就离不开方向余弦矩阵（Direction Cosine Matrix，DCM），方向余弦阵的定义又离不开坐标系旋转轴的顺序，此处对方向余弦矩阵的旋转做出规定，后文出现的方向余弦阵均依此定义：依次绕 z 轴、x 轴、y 轴进行，即所谓的"3 - 1 - 2"旋转[8]。Y，P，R 分别表示航向角（yaw）、俯仰角（pitch）、滚转角（roll）。$\boldsymbol{C}_b^n$ 表示由车体坐标系变换至导航坐标系的方向余弦矩阵，对于传感器坐标系而言同样适用，将传感器测得的姿态信息代入即可获得传感器坐标系与导航坐标系之间的方向余弦矩阵。

$$\begin{aligned}
\boldsymbol{C}_b^n &= \boldsymbol{C}_Y \boldsymbol{C}_P \boldsymbol{C}_R \\
&= \begin{bmatrix} \cos R\cos Y - \sin P\sin R\sin Y & -\cos P\sin Y & \sin R\cos Y + \sin P\cos R\sin Y \\ \cos R\sin Y + \sin P\sin R\cos Y & \cos P\cos Y & \sin R\sin Y - \sin P\cos R\cos Y \\ -\cos P\sin R & \sin P & \cos P\cos R \end{bmatrix}
\end{aligned}$$

$$（3.2.1）$$

配准后，仍可以通过下式将方向余弦矩阵转换为姿态角：

$$\begin{cases} P = \arcsin \boldsymbol{C}_{b32}^n \quad R = -\arctan2\, \dfrac{\boldsymbol{C}_{b31}^n}{\boldsymbol{C}_{b33}^n} \quad Y = -\arctan2\, \dfrac{\boldsymbol{C}_{b12}^n}{\boldsymbol{C}_{b22}^n} \quad , |\boldsymbol{C}_{b32}^n| < 1 \\[3mm] P = \arcsin \boldsymbol{C}_{b32}^n \quad R = \arctan2\, \dfrac{\boldsymbol{C}_{b13}^n}{\boldsymbol{C}_{b11}^n} \quad Y = 0 \qquad\qquad\quad , |\boldsymbol{C}_{b32}^n| \geqslant 1 \end{cases}$$

$$（3.2.2）$$

需要指出，$|\boldsymbol{C}_{b32}^n| \geqslant 1$ 时出现万向节死锁的奇点情况[9]，自由度丢失，R，Y 不能唯一确定。一般令 $Y = 0$，从而唯一确定 R。

2. 速度

可以获取车体速度的传感器一般以车体坐标系或传感器坐标系作为测量依据，即所测得速度的格式为右向（横向 x）速度、前向（纵向 y）速度。速度向量是一种自由向量——当改变该向量在空间中的位置时，其性质不会改变（如大小），对于自由向量的相关计算都是基于大小和方向的，因此速度向量在两个坐标系之间进行转换不需要考虑两个坐标系原点的相对位移计算。速度向量在 A，B 两坐标系之间的旋转表示为

$$v_A = R_B^A v_B \tag{3.2.3}$$

上式也是速度向量由 A 坐标系转换至 B 坐标系的数学公式，R_B^A 表示 A，B 两坐标系之间的旋转变换矩阵，由 A，B 两坐标系之间的三轴角度差值决定。若 B 系是导航传感器测得速度所参考的坐标系，A 系是导航坐标系，则上式就是速度向量空间基准统一的计算方法。

3. 位置

区别于速度向量，位置向量不是自由向量，改变位置向量在空间中的位置，显然会改变向量的性质及表示含义。位置向量在两个坐标系之间的转换需要同时考虑旋转和平移变换，表示为

$$P_A = R_B^A P_B + P_0 \tag{3.2.4}$$

式中，P_A，P_B 表示某点在 A，B 两坐标系中的位置坐标值；P_0 是两坐标系原点的相对位置向量，表示成齐次变换矩阵形式为

$$\begin{bmatrix} P_A \\ 1 \end{bmatrix} = \begin{bmatrix} R_B^A & P_0 \\ 0_{3\times3} & 1 \end{bmatrix} \begin{bmatrix} P_B \\ 1 \end{bmatrix} \tag{3.2.5}$$

同样可替换 A，B 坐标系为导航系、传感器测得位置信息所参考的坐标系，则上式就是位置向量空间基准统一的计算方法。不难看出，上式与相机坐标系与世界坐标系的转换公式形式相同，将世界坐标系选为导航坐标系就是对相机进行空间基准坐标系统一的过程，R_B^A 可以称为旋转矩阵，P_0 可以称为平移矩阵，旋转和平移统称为变换。

3.2.3　视觉类传感器的空间配准

在视觉/惯性组合导航系统中，相机是将三维立体图像转化为二维世界坐标系的一种映射，为了确定相机的内外参数，需要对视觉传感器进行

标定。通过建立相机的成像模型，可以确定三维立体图像中点 P 的坐标与它在二维坐标系中投影到的点 p 的相对关系。相机的摄像投影过程可以用图 3.2.1 所示的中心透视投影模型来描述。

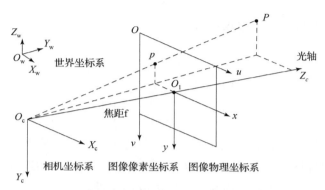

图 3.2.1　相机中心透视投影模型

相机中心透视投影模型包含以下 4 个坐标系。

（1）图像像素坐标系：一个 2D 直角坐标系，原点 O 位于图像的左上角，u，v 轴分别与图像的两条边重合。像素坐标 $(u，v)$ 为离散值（0，1，2，…），以像素（pixel）为单位。

（2）图像物理坐标系：为了将图像与物理空间关联，需要建立以物理单位（例如 mm）为单位的图像物理坐标系。原点 O_1 为相机光轴与图像平面的交点（称为主点），该点一般位于图像中心处，x，y 轴分别与 u，v 轴平行，两坐标系实为平移关系，平移量为 $(u_0，v_0)$。

（3）相机坐标系：由点 O_c 与 X_c，Y_c，Z_c 轴组成的直角坐标系称为相机坐标系。原点 O_c 为相机的光心，X_c 轴和 Y_c 轴与图像的 x 轴和 y 轴平行，Z_c 轴为相机的光轴，与图像平面垂直且与图像物理坐标系相交于点 O_1，O_cO_1 称为相机焦距。

（4）世界坐标系：由点 O_w 与 X_w，Y_w，Z_w 轴组成的直角坐标系称为世界坐标系。以其为基准可以描述相机和待测物的空间位置，世界坐标系可以根据实际情况在相机中心透视投影模型中自由确定[10]。

假设图像物理坐标系的原点 O_1 在图像像素坐标系中的坐标为 $(u_0，v_0)$，每一个像素在 x 轴和 y 轴方向上的物理尺寸分别为 $\mathrm{d}x$，$\mathrm{d}y$，则图像中任意一个像素点在两个坐标系中的坐标有如下关系：

$$u = \frac{x}{dx} + u_0 \qquad (3.2.6)$$

$$v = \frac{y}{dy} + v_0 \qquad (3.2.7)$$

上式用齐次坐标与矩阵形式表示为

$$\begin{bmatrix} u \\ v \\ 1 \end{bmatrix} = \begin{bmatrix} \frac{1}{dx} & 0 & u_0 \\ 0 & \frac{1}{dy} & v_0 \\ 0 & 0 & 1 \end{bmatrix} \begin{bmatrix} x \\ y \\ 1 \end{bmatrix} \qquad (3.2.8)$$

空间中任意一点 P 在图像上的成像位置可以用针孔模型近似表示，即任何一点 P 在图像上的投影位置为 p，即光心 O_c 与 P 点的连线 O_cP 与图像平面的交点，这种关系也称为中心摄影或透视投影。通过类似三角形的几何关系，借助相机的焦距 f，有如下关系：

$$x = \frac{fX_c}{Z_c} \qquad (3.2.9)$$

$$y = \frac{fY_c}{Z_c} \qquad (3.2.10)$$

式中，(x, y) 为点 p 的图像物理坐标；(X_c, Y_c, Z_c) 为空间点 P 在相机坐标系中的坐标。用齐次坐标与矩阵形式表示上述投影关系为

$$Z_c \begin{bmatrix} x \\ y \\ 1 \end{bmatrix} = \begin{bmatrix} f & 0 & 0 & 0 \\ 0 & f & 0 & 0 \\ 0 & 0 & 1 & 0 \end{bmatrix} \begin{bmatrix} X_c \\ Y_c \\ Z_c \\ 1 \end{bmatrix} \qquad (3.2.11)$$

相机坐标系与世界坐标系之间的关系可以用旋转矩阵 $\boldsymbol{R}$ 与平移向量 $\boldsymbol{t}$ 来描述。设点 P 在世界坐标系与相机坐标系中的齐次坐标分别为 $(X_w, Y_w, Z_w, 1)^T$ 与 $(X_c, Y_c, Z_c, 1)^T$，那么存在如下关系：

$$\begin{bmatrix} X_c \\ Y_c \\ Z_c \\ 1 \end{bmatrix} = \begin{bmatrix} \boldsymbol{R} & \boldsymbol{t} \\ \boldsymbol{0}^T & 1 \end{bmatrix} \begin{bmatrix} X_w \\ Y_w \\ Z_w \\ 1 \end{bmatrix} \qquad (3.2.12)$$

式中，$\boldsymbol{R}$ 为 3×3 的正交单位矩阵；$\boldsymbol{t}$ 为三维平移向量；$\boldsymbol{0}$ 为三维零向量。

　　将式（3.2.11）和式（3.2.12）代入式（3.2.8），可以得到以世界坐标系表示的 P 点坐标（X_{w}，Y_{w}，Z_{w}）与其在图像像素坐标系中投影点 p 坐标（u，v）之间的关系：

$$Z_{\mathrm{c}}\begin{bmatrix} u \\ v \\ 1 \end{bmatrix} = \begin{bmatrix} \dfrac{1}{\mathrm{d}x} & 0 & u_0 \\ 0 & \dfrac{1}{\mathrm{d}y} & v_0 \\ 0 & 0 & 1 \end{bmatrix}\begin{bmatrix} f & 0 & 0 & 0 \\ 0 & f & 0 & 0 \\ 0 & 0 & 1 & 0 \end{bmatrix}\begin{bmatrix} \boldsymbol{R} & \boldsymbol{t} \\ \boldsymbol{0}^{\mathrm{T}} & 1 \end{bmatrix}\begin{bmatrix} X_{\mathrm{w}} \\ Y_{\mathrm{w}} \\ Z_{\mathrm{w}} \\ 1 \end{bmatrix}$$

$$(3.2.13)$$

$$= \begin{bmatrix} f_x & 0 & u_0 & 0 \\ 0 & f_y & v_0 & 0 \\ 0 & 0 & 1 & 0 \end{bmatrix}\begin{bmatrix} \boldsymbol{R} & \boldsymbol{t} \\ \boldsymbol{0}^{\mathrm{T}} & 1 \end{bmatrix}\begin{bmatrix} X_{\mathrm{w}} \\ Y_{\mathrm{w}} \\ Z_{\mathrm{w}} \\ 1 \end{bmatrix}$$

$$= \boldsymbol{M}_1\boldsymbol{M}_2\boldsymbol{X}_w = \boldsymbol{M}\boldsymbol{X}_w$$

式中，$f_x = f/\mathrm{d}x$，$f_y = f/\mathrm{d}y$；$\boldsymbol{M}$ 为 3×4 矩阵，称为投影矩阵；$\boldsymbol{M}_1$ 完全由 $\mathrm{d}x$，$\mathrm{d}y$，u_0 和 v_0 决定，由于 $\mathrm{d}x$，$\mathrm{d}y$，u_0 和 v_0 只与相机内部结构有关，所以称这些参数为相机内部参数，用来确定三维相机坐标与二维图像像素坐标的投影关系；$\boldsymbol{M}_2$ 完全由相机相对于世界坐标系的方位 $\boldsymbol{R}$ 和 $\boldsymbol{t}$ 决定，称为相机外部参数，即决定世界坐标与相机坐标之间的关系，该位姿关系可以通过标定板上的角点到相机像素点之间的 $3\mathrm{D}-2\mathrm{D}$ 投影关系求解。确定某一相机的内外参数的过程称为相机标定[11]。

　　式（3.2.13）就是相机的无畸变参数模型。在相机中心透视投影模型中，点 P 直接沿直线透过光心形成图像点 p。实际上，相机前端存在镜头，当光线穿过镜头的时候会产生折射，导致点 P 并不是直接沿直线透过光心形成图像点 p 的，在这个过程中点与点之间的成像产生了畸变，这种由镜头折射引起的图像畸变叫作径向畸变。相机镜头和图像传感器平面因为安装误差导致不平行产生的畸变，叫作切向畸变。

　　径向畸变的程度和像素点距中心的距离 $r(r^2 = x^2 + y^2)$ 有关，可以用 r 的泰勒级数来描述畸变程度，一般采用二级泰勒级数就可以近似了，级数中的系数为 k_1 和 k_2。切向畸变程度和图像传感器安装偏差大小有关，可以用系数 p_1 和 p_2 描述。相机的畸变内参模型如下：

$$\begin{cases} \bar{x} = x(1 + k_1(x^2 + y^2) + k_2(x^2 + y^2)^2) + p_1(3x^2 + y^2) + 2p_2xy \\ \bar{y} = y(1 + k_1(x^2 + y^2) + k_2(x^2 + y^2)^2) + p_2(x^2 + 3y^2) + 2p_1xy \end{cases}$$

$$(3.2.14)$$

式中，$(\bar{x}, \bar{y})$ 为由小孔无畸变模型计算出来的图像点坐标的理想值；(x, y) 是实际的图像点坐标，对应的是归一化平面坐标系的值，因此在校正图像的时候需要先把像素坐标转换为归一化平面坐标，然后校正，最后把校正后的 $\bar{x}$，$\bar{y}$ 计算到像素坐标。参数 dx，dy，u_0，v_0 和畸变参数 k_1，k_2，p_1，p_2 一起构成了相机内部参数。

采用一种基于 April 标定板的相机标定方法，对 D455 相机中视觉传感器标定的过程及其标定结果如下。

（1）下载打印标定版。试验采用自行制作的 April 标定板，如图 3.2.2 所示，标定板参数为 6tag×6tag，一个大格子 size = 3.52 cm，一个小格子 spacing = 1.056 cm，spacing/size = 0.3。该标定板有多种不规则的形状，能保留较多特征点，有利于提高相机标定准确性。

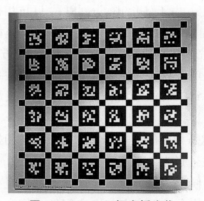

图 3.2.2　April 标定板实物

（2）修改相机参数。设置相机图像尺寸为 848 像素 ×480 像素，修改相机帧率为 4 Hz。

（3）录制 bag 包。将 April 标定板置于相机视野内，然后采用平移、旋转、推进或拉远等方式充分移动相机，移动相机时要保证标定板一直处于相机视野中，录制 1 min 即可。播放 bag 包可以看到录制结果，如图 3.2.3 所示。

图 3.2.3　录制结果

（4）标定。使用 Kalibr 工具对相机进行标定，$\mathrm{d}x$，$\mathrm{d}y$，u_0，v_0 的标定结果分别为 421.937 914 01，422.104 462 82，424.697 682 29，242.177 953 08；k_1，k_2，p_1，p_2 的标定结果分别为 $-0.044\ 385\ 87$，0.036 494 16，$-0.000\ 254\ 98$，0.000 279 73；重投影误差为 $[0.000\ 000,$ $-0.000\ 000] \pm [0.135\ 983, 0.135\ 649]$，如图 3.2.4 所示。

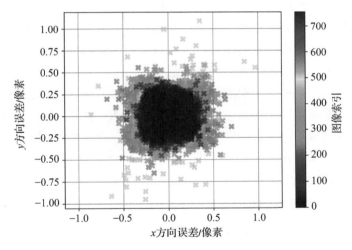

图 3.2.4　重投影误差

重投影误差是用来评估相机位姿估计准确性的一种常用指标。重投影误差越小，相机位姿估计的准确性就越高，但这也可能导致过度拟合。相机标定结果中重投影误差范围在 0.5 像素以内，标定结果基本满足试验需求。

3.2.4　激光雷达的空间配准

激光雷达的空间配准又称为点云配准。点云配准的工作原理是激光雷达由于受到环境等各种因素的限制，在点云采集过程中单次采集到的点云只能覆盖目标物表面的一部分，为了得到完整的目标物点云信息，就需要对目标物进行多次扫描，并将得到的三维点云数据进行坐标系的刚体变换，把目标物上的局部点云数据转换到同一坐标系中[12]。

点云配准通常可分为两个步骤，分别是粗配准和精配准。粗配准，即点云的初始配准，指的是通过一个旋转平移矩阵的初值，将两个位置不同的点云尽可能地对齐。粗配准的主流方法包括 RANSAC、4PCS 等。经过粗配准之后，两片点云的重叠部分已经可以大致对齐，但精度还远远达不到无人车的定位要求，需要进一步进行精配准。精配准指的是在初始配准的基础上，进一步计算两个点云的近似旋转平移矩阵。精配准的主流方法包括 ICP、NDT、基于深度学习的点云配准方法等。

通俗地说，点云配准的关键是找到初始点云和目标点云之间的对应关系，然后通过该对应关系将原始点云和目标点云进行匹配，并计算出它们的特征相似度，最后统一到一个坐标系中。

上文提到了一些点云配准的具体方法，由于各家无人车公司的技术水平与技术方案都不同，所以它们会采用不同的点云配准方法——有些公司会在粗配准或者精配准过程中只采取一种方法，也有些公司会采取多种方法的组合。例如，在精准配过程中，某些公司会采用 ICP + 深度学习的方式。下面详细论述上文提到的几种点云配准方法。

3.2.4.1　粗配准的技术方法

1. RANSAC（RAndom SAmple Consensus，随机采样一致）

1）方法原理

该方法从给定的样本集中随机选取一些样本并估计一个数学模型，将样本中的其余样本带入该数学模型进行验证，如果有足够多的样本误差在给定范围内，则该数学模型最优，否则继续循环该步骤。

RANSAC 方法被引入三维点云配准领域，其本质就是不断地对源点云进行随机样本采样并求出对应的变换模型，接着对每一次随机变换模型进行测试，并不断循环该过程直到选出最优的变换模型作为最终结果[13]。

2）具体步骤

（1）对点云进行降采样和滤波处理，减小点云的计算量。

（2）基于降采样和滤波处理后的点云数据，进行特征提取。

（3）使用 RANSAC 方法进行迭代采样，获取较为理想的变换矩阵。

（4）使用所获得的变换矩阵进行点云变换操作。

3）优、缺点

（1）优点：适用于较大点云数据量的情况，可以在不考虑点云间距离的情况实现点云的粗配准。

（2）缺点：存在配准精度不稳定的问题。

2. 4PCS（4 – Points Congruent Sets，全等四点集）

1）方法原理

该方法利用刚体变换中的几何不变性（如向量/线段比例、点间欧几里得距离），根据刚性变换后交点所占线段比例不变以及点之间的欧几里得距离不变的特性，在目标点云中尽可能寻找 4 个近似共面点（近似全等四点集）与之对应，从而利用最小二乘法计算得到变换矩阵，基于 RANSAC 方法框架迭代选取多组基，根据最大公共点集（LCP）的评价准则进行比较得到最优变换[14]。

2）具体步骤

（1）在目标点云集合中寻找满足长基线要求的共面四点基（基线的确定与输入参数中 overlap 有很大关系，overlap 越大，基线选择越长，长基线能够保证匹配的鲁棒性，且匹配数量较少）。

（2）提取共面四点基的拓扑信息，计算四点基间的两个比例因子。

（3）计算 4 种可能存在的交点位置，进而计算所有中长基线点对的交点坐标，比较交点坐标并确定匹配集合，寻找对应的一致全等四点。

（4）寻找点云中的所有共面四点集合，重复上述步骤可得到全等四点集合，并寻找最优全等四点对。

3）优、缺点

（1）优点：适用于重叠区域较小或者重叠区域发生较大变化场景中的

点云配准，无须对输入数据进行预滤波和去噪。

（2）缺点：不适合工程化应用。

3.2.4.2 精配准的技术方法

1. ICP（Iterative Closest Point，最近点迭代）

1）方法原理

选取两片点云中距离最近的点作为对应点，通过所有对应点对求解旋转和平移变换矩阵，并通过不断迭代的方式使两片点云之间的配准误差越来越小，直至满足提前设定的阈值要求或迭代次数要求[15]。

2）具体步骤

（1）计算源点云中的每一个点在目标点集中的对应近点。

（2）求使上述对应点对平均距离最小的刚体变换，并求得平移参数和旋转参数。

（3）对求得的平移和旋转矩阵进行空间变换，得到新的变换点集。

（4）如果新的变换点集与参考点集满足两点集的平均距离小于某一给定阈值，或者迭代次数达到设定的最大值，则停止迭代计算，否则以新的变换点集作为新的源点云继续迭代，直到达到目标函数的要求。

3）优、缺点

（1）优点。

①不需要对点云集进行分割和特征提取。

②在初值较好的情况下，可以得到很好的算法收敛性。

（2）缺点。

①在搜索对应点的过程中，计算量较大，计算速度较慢。

②对配准点云的初始位置有一定要求，不合理的初始位置会导致算法陷入局部最优。

③ICP方法在寻找对应点时，模型会将任何两个点云之间的欧几里得距离最近的点作为对应点，这种假设会产生一定数量的错误对应点。

2. NDT（Normal Distribution Transform，正态分布点云算法）

1）方法原理

先对待配准点云进行栅格化处理，将其划分为指定大小的网格，通过正态分布的方式，构建每个网格的概率分布函数，之后优化求解出最优变换参数，使源点云概率密度分布达到最大，以实现两个点云之间的最佳匹配[16]。

2）具体步骤

（1）将空间划分成若干网格［cell，也叫作体素（voxel grid）］。

（2）将参考点云投入各个网格。

（3）基于网格中的点，计算网格的正态分布概率密度函数（Probability Density Function，PDF）的参数。

（4）将第二幅点云的每个点按转换矩阵变换。

（5）第二幅扫描点云的点落于参考点云的哪个网格，就计算哪个网络的相应概率分布函数 PDF。

（6）求最大似然函数，得到最优变换参数。

3）优、缺点

（1）优点。

①对初始配准的要求不高，即使初始值的误差较大，也能有很好的效果。

②不需要进行点云之间的特征匹配，避免了特征匹配中出现的问题，例如点云噪声、物体移动、点云重合度对特征匹配的影响。

（2）缺点。

①对网格大小的要求较高，网格太大会导致配准精度低，而网格太小会导致计算量加大。

②配准精度比 ICP 方法略低[16]。

3. 基于深度学习的点云配准方法

深度学习除了应用在感知层面，也可应用于定位层面的点云配准环节。基于深度学习的点云配准方法指的是利用深度学习模型来提取原始点云的特征，从而获取点云的初始配准值，然后根据特征值进一步完成精配准。近年来，常见的基于深度学习的点云配准方法包括 PointNetLK、Deep ICP、DCP、PRNet、IDAM、RPM－Net、3DRegNet、DGR 等。

相比于其他传统的点云配准方法（ICP 和 NDT），基于深度学习的点云配准方法可以使计算速度更快，并能学习到更高级的特征，从而达到更高的鲁棒性。

根据点云配准方法的结构是完全由深度神经网络组成，还是将非深度学习方法的一部分组件替换为基于深度学习的网络，将基于深度学习的点云配准方法分为部分深度学习的点云配准方法和端到端的点云配准方法。

部分深度学习的点云配准方法是指直接用基于深度学习的组件替换非深度学习点云配准方法中的某个组件，这就可能给原来的方法带来速度或鲁棒性的提升。部分深度学习的点云配准方法的最大优势在于灵活性较高。

端到端的点云配准方法是指从点云的输入到最后的配准结果都在一个完整的网络中实现。端到端的点云配准方法能够最大限度地发挥深度学习方法的高效和智能，也能够更好地发挥 GPU 的并行计算能力，有更快的计算速度。

当前，无人车行业所应用的点云配准方法仍属于前期阶段。某无人车公司感知算法工程师说："基于深度学习的点云配准方法仍然处于早期阶段，其精度无法保证，而且结合 ICP 等传统方法的应用也需要大量的计算时间。"

3.2.5　其他传感器的空间配准

对于已经统一至基准下的传感器姿态信息，即姿态信息为按 "3 - 1 - 2" 旋转顺序定义的俯仰角、滚转角、航向角，可以使用相对姿态误差补偿方法进行姿态信息的配准。

3.2.5.1　相对姿态误差模型

姿态信息俯仰角、滚转角、航向角不便于直接进行运算操作，但其对应的方向余弦矩阵有其对应的数学计算，并且同样存在角标相消现象，方便理解物理意义。

$$\boldsymbol{R}_a^c = \boldsymbol{R}_b^c \cdot \boldsymbol{R}_a^b \qquad (3.2.15)$$

方向余弦矩阵可以表示坐标系的变换，方向余弦矩阵的连乘可以表示连续的旋转变换，如 $\boldsymbol{R}_b^c \cdot \boldsymbol{R}_a^b$ 表示先由 a 系变换至 b 系再由 b 系变换至 c 系，结果应等价于直接由 a 系变换至 c 系，即 $\boldsymbol{R}_a^c$，即存在角标相消现象。

SSR 测得的姿态角是以 n 系为初始姿态所得且可以由传感器（IMU 以外的待配准传感器）采集并输出，对应的方向余弦矩阵为 $\boldsymbol{R}_{\text{SSR}}^{n}$，转换到 IMU 系中的姿态角也是以 n 系为初始姿态所得，对应的方向余弦矩阵为 $\boldsymbol{R}_{\text{SSR2IMU}}^{n}$。SSR 与 IMU 之间存在的安装误差角度是未知量，对应的方向余弦矩阵为 $\boldsymbol{R}_{\text{IMU}}^{\text{SSR}}$，也即 SSR 与 IMU 之间的坐标系变换。根据前述方向余弦矩阵表示旋转变换，连乘时存在角标相消现象，将 SSR 测得的姿态角对应的方向余弦矩阵乘上 SSR 与 IMU 之间安装误差角度对应的方向余弦矩阵，可得 SSR 姿态角在空间基准 IMU 处的数值：

$$\boldsymbol{R}_{\text{SSR2IMU}}^{n} = \boldsymbol{R}_{\text{SSR}}^{n} \cdot \boldsymbol{R}_{\text{IMU}}^{\text{SSR}} \qquad (3.2.16)$$

由于 SSR 和 IMU 是对同一载体的姿态进行测量的，在配准到统一基准坐标系的情况下，理论上应有 $\boldsymbol{R}_{\text{SSR2IMU}}^{n} = \boldsymbol{R}_{\text{IMU}}^{n}$，所以上式又可写为

$$\boldsymbol{R}_{\text{SSR}}^{n} \cdot \boldsymbol{R}_{\text{IMU}}^{\text{SSR}} = \boldsymbol{R}_{\text{IMU}}^{n} \qquad (3.2.17)$$

式中，认为 $\boldsymbol{R}_{\text{IMU}}^{\text{SSR}}$ 为系数矩阵，$\boldsymbol{R}_{\text{IMU}}^{n}$ 为观测矩阵，$\boldsymbol{R}_{\text{IMU}}^{\text{SSR}}$ 为待求参数 $\boldsymbol{x}$。参考 IMU 在标定阶段的多位置旋转法[17]，考虑将 IMU 和传感器在固连情况下进行多次旋转，为了使车体右前上三轴都能获取非零的姿态信息，采集 IMU 系指向多个不同方向（东、南、西、西北、北、东北、上坡、下坡）并选取 6 组静态数据 att_{SSR}，att_{IMU} 作为测量数据，记测量次数 $r = 6$。将 6 组测量数据重新整合成矩阵形式：

$$\boldsymbol{A}\boldsymbol{x} = \boldsymbol{b} \qquad (3.2.18)$$

式中，$\boldsymbol{A}$ 为 18×3 维系数矩阵；$\boldsymbol{b}$ 为 18×3 维观测矩阵；记 $\boldsymbol{b}$ 的行数 $m = 3r = 18$，$\boldsymbol{x}$ 的行数 $n = 3$。$\boldsymbol{R}_{\text{IMU}}^{\text{SSR}}$ 包含 9 个元素，即方程有 9 个未知数，显然上式为一个超定方程。

$$\boldsymbol{A} = \begin{bmatrix} \boldsymbol{R}_{\text{SSR}}^{n}(1) \\ \vdots \\ \boldsymbol{R}_{\text{SSR}}^{n}(r) \end{bmatrix}, \quad \boldsymbol{b} = \begin{bmatrix} \boldsymbol{R}_{\text{IMU}}^{n}(1) \\ \vdots \\ \boldsymbol{R}_{\text{IMU}}^{n}(r) \end{bmatrix} \qquad (3.2.19)$$

通过参数估计的方法求解出 $\boldsymbol{x}$，即 $\boldsymbol{R}_{\text{IMU}}^{\text{SSR}}$，通过反解得到相对姿态误差角。

3.2.5.2　相对姿态误差参数估计

从子空间的角度分析，总体最小二乘解可以表示为 $\boldsymbol{x}_{\text{TLS}} = (\boldsymbol{A}^{\text{T}}\boldsymbol{A} - \sigma_{\text{min}}^{2}\boldsymbol{I})^{-1}\boldsymbol{A}^{\text{T}}\boldsymbol{B}$。然而，在无人平台多源导航系统中，随机测量误差和由系统安装等因素决

定的传感器相对姿态误差同时存在，造成组成扰动矩阵 D 的噪声元素并不是相互独立的随机误差。此外，基于奇异值分解的总体最小二乘法在求解时会破坏矩阵的原有结构。为了得到更精确的 x 估计值，De Moor 提出结构总体最小二乘（Structured Total Least Square，STLS）法，它是对总体最小二乘法的一种推广[18]。

依然同时考虑系数矩阵 A 和观测矩阵 b 的扰动 E 和 e，使用结构总体最小二乘法求解的问题可以描述为：寻找 $r \in R^m$，$E \in R^{m \times n}$，使 $\|[r \quad E]\|_F = \min$。其中，A 与 E 具有相同的矩阵结构，r 称为残量，有

$$r = b - (A + E)x \qquad (3.2.20)$$

若 A 中 $q(q \leq mn)$ 个元素存在误差，由 E 的 q 个元素构成的向量记为 $\boldsymbol{\alpha} = [\alpha_1, \cdots, \alpha_q]^T \in R^q$，则 $\boldsymbol{\alpha}$ 与 E 等价，已知 $\boldsymbol{\alpha}$ 和 A 的结构特点即可唯一确定 E。残量 r 可视为 $\boldsymbol{\alpha}$ 与 x 的函数，即 $r = r(\boldsymbol{\alpha}, x)$。用加权对角矩阵 W 表示 $\boldsymbol{\alpha}$ 各元素在 E 中的重复次数。使用结构总体最小二乘法求解的问题可改述为

$$\min_{\boldsymbol{\alpha}, x} \|[r(\boldsymbol{\alpha}, x) \quad W\boldsymbol{\alpha}]\|_p \boldsymbol{\alpha} \qquad (3.2.21)$$

式中，$\|\cdot\|_p$ 表示 p–范数，$p = 1, 2, \infty$，而当 $p = 2$ 时使用结构总体最小二乘法求解的两种描述等价。构造一个 X，使用迭代法求解上述结构的总体最小二乘问题。

1. 构造 X

定义 $X \in R^{m \times q}$，其组成元素为 x 的元素，令 $X\boldsymbol{\alpha} = Ex$。构造 X 的方法如下。定义 m 个矩阵 $P_i(i = 1, \ldots, m) \in R^{q \times n}$，若 α_k 位于 E 的 (i, j) 处，则 P_i 的 (k, j) 处元素为 1，其余元素为 0。由定义，E 和 X 可由如下公式计算：

$$E = \begin{bmatrix} \boldsymbol{\alpha}^T P_1 \\ \vdots \\ \boldsymbol{\alpha}^T P_m \end{bmatrix}, \quad X = \begin{bmatrix} \boldsymbol{\alpha}^T P_1^T \\ \vdots \\ \boldsymbol{\alpha}^T P_m^T \end{bmatrix} \qquad (3.2.22)$$

2. 迭代过程分析

考虑每轮迭代过程中 E 的微小增量分别为 ΔE，对应的 $\boldsymbol{\alpha}$ 的微小增量记为 $\Delta \boldsymbol{\alpha}$，则 $X \cdot \Delta \boldsymbol{\alpha} = \Delta E \cdot x$。对每轮迭代的残量 $r(\boldsymbol{\alpha} + \Delta \boldsymbol{\alpha}, x + \Delta x)$ 采用线性逼近的方法并忽略 $\Delta \boldsymbol{\alpha}$ 和 Δx 的二阶项，得到

$$
\begin{aligned}
r(\alpha + \Delta\alpha, x + \Delta x) &= b - (A + E + \Delta E)(x + \Delta x) \\
&= b - (A + E)x - \Delta E \cdot x - (A + E)\Delta x - \Delta E \cdot \Delta x \\
&\approx [b - (A + E)x] - \Delta E \cdot x - (A + E)\Delta x \\
&= r(\alpha, x) - X \cdot \Delta\alpha - (A + E)\Delta x
\end{aligned}
$$

$$(3.2.23)$$

对式（3.2.21）考虑 $\Delta\alpha$ 和 Δx 后的描述为

$$
\min_{\alpha, x} \left\| \begin{matrix} r(\alpha + \Delta\alpha, x + \Delta x) \\ W(\alpha + \Delta\alpha) \end{matrix} \right\|_p
$$

$$(3.2.24)$$

写成间接平差的形式为

$$
\min_{\Delta\alpha, \Delta x} \left\| \begin{bmatrix} X & A + E \\ W & 0 \end{bmatrix} \begin{bmatrix} \Delta\alpha \\ \Delta x \end{bmatrix} - \begin{bmatrix} r(\alpha, x) \\ -W\alpha \end{bmatrix} \right\|_p
$$

$$(3.2.25)$$

根据间接平差公式，计算微小增量 $\Delta\alpha$ 和 Δx 为

$$
\begin{bmatrix} \Delta\alpha \\ \Delta x \end{bmatrix} = \left(\begin{bmatrix} X & A + E \\ W & 0 \end{bmatrix}^{\mathrm{T}} \begin{bmatrix} X & A + E \\ W & 0 \end{bmatrix} \right)^{-1} \begin{bmatrix} X & A + E \\ W & 0 \end{bmatrix}^{\mathrm{T}} \begin{bmatrix} r(\alpha, x) \\ -W\alpha \end{bmatrix}
$$

$$(3.2.26)$$

同样的，上述对于结构总体最小二乘法的分析均基于 x 是一维向量。同样对结构总体最小二乘法进行推广，考虑对 $R_{\mathrm{IMU}}^{\mathrm{SSR}}$ 按每一列 $x_{\mathrm{col}j}(j = 1, 2, 3)$ 计算结构总体最小二乘解，则系数矩阵保持不变，x 只取第 j 列的元素，构造的与 x 第 j 列对应的 E，X 记为 $E_{\mathrm{col}j}$，$X_{\mathrm{col}j}$，b 也只取对应的第 j 列元素，记为 $b_{\mathrm{col}j}$；最后将 3 个结构总体最小二乘解的列向量组合，还原为 3×3 的矩阵 $R_{\mathrm{SSR}}^{\mathrm{IMU}}$。将上述结构总体最小二乘问题［式（3.2.24）］及其平差形式［式（3.2.25）］改写为按每一列求解结构总体最小二乘解的形式：

$$
\min_{\alpha, x_{\mathrm{col}j}} \left\| \begin{matrix} r(\alpha + \Delta\alpha, x_{\mathrm{col}j} + \Delta x_{\mathrm{col}j}) \\ W(\alpha + \Delta\alpha) \end{matrix} \right\|_p
$$

$$(3.2.27)$$

$$
\min_{\Delta\alpha, \Delta x} \left\| \begin{bmatrix} X_{\mathrm{col}j} & A + E_{\mathrm{col}j} \\ W & 0 \end{bmatrix} \begin{bmatrix} \Delta\alpha \\ \Delta x_{\mathrm{col}j} \end{bmatrix} - \begin{bmatrix} r(\alpha, x_{\mathrm{col}j}) \\ -W\alpha \end{bmatrix} \right\|_p
$$

则微小增量 $\Delta\alpha$ 和 $\Delta x_{\mathrm{col}j}$ 计算公式为

$$
\begin{cases}
\begin{bmatrix} \Delta\boldsymbol{\alpha} \\ \Delta\boldsymbol{x} \end{bmatrix} = \left(\begin{bmatrix} \boldsymbol{X}_{\mathrm{colj}} & \boldsymbol{A}+\boldsymbol{E}_{\mathrm{colj}} \\ \boldsymbol{W} & \boldsymbol{0} \end{bmatrix}^{\mathrm{T}} \begin{bmatrix} \boldsymbol{X}_{\mathrm{colj}} & \boldsymbol{A}+\boldsymbol{E}_{\mathrm{colj}} \\ \boldsymbol{W} & \boldsymbol{0} \end{bmatrix} \right)^{-1} \\
\qquad \cdot \begin{bmatrix} \boldsymbol{X}_{\mathrm{colj}} & \boldsymbol{A}+\boldsymbol{E}_{\mathrm{colj}} \\ \boldsymbol{W} & \boldsymbol{0} \end{bmatrix}^{\mathrm{T}} \begin{bmatrix} \boldsymbol{r}(\boldsymbol{\alpha},\boldsymbol{x}_{\mathrm{colj}}) \\ -\boldsymbol{W}\boldsymbol{\alpha} \end{bmatrix} \\
\boldsymbol{r}(\boldsymbol{\alpha},\boldsymbol{x}_{\mathrm{colj}}) = \boldsymbol{b}_{\mathrm{colj}} - (\boldsymbol{A}+\boldsymbol{E}_{\mathrm{colj}})\boldsymbol{x}_{\mathrm{colj}}
\end{cases}
\tag{3.2.28}
$$

3. 完整迭代过程

（1）由采集的姿态信息 $\mathrm{att}_{\mathrm{SSR}}$，$\mathrm{att}_{\mathrm{IMU}}$ 计算 $\boldsymbol{A}$，$\boldsymbol{b}$，加权对角矩阵 $\boldsymbol{W}$ 及允许误差 ε 根据实际情况确定。

（2）迭代初始值 $\boldsymbol{E}=\boldsymbol{0}$，$\boldsymbol{\alpha}=\boldsymbol{0}$，$\boldsymbol{x}$ 初值为最小二乘解，则 $\boldsymbol{x}_{\mathrm{colj}}$ 为 $\boldsymbol{x}_{\mathrm{LS}}$ 的第 j 列。

（3）构造与 $\boldsymbol{x}_{\mathrm{colj}}$ 对应的 $\boldsymbol{X}_{\mathrm{colj}}$ 和 $\boldsymbol{E}_{\mathrm{colj}}$。

（4）计算残量 $\boldsymbol{r}(\boldsymbol{\alpha},\boldsymbol{x}_{\mathrm{colj}})$，根据平差公式［式（3.2.28）］计算本轮迭代的微小增量 $\Delta\boldsymbol{\alpha}$ 和 $\Delta\boldsymbol{x}_{\mathrm{colj}}$。

（5）更新：$\boldsymbol{\alpha}=\boldsymbol{\alpha}+\Delta\boldsymbol{\alpha}$，$\boldsymbol{x}_{\mathrm{colj}}=\boldsymbol{x}_{\mathrm{colj}}+\Delta\boldsymbol{x}_{\mathrm{colj}}$。

（6）判断条件：若满足 $\max\{\parallel\Delta\boldsymbol{\alpha}\parallel,\parallel\Delta\boldsymbol{x}_{\mathrm{colj}}\parallel\}\leqslant\varepsilon$ 时，则停止迭代；若不满足，则转到步骤（3）开始新一轮迭代，直至满足条件为止。

其中，每轮迭代的步骤（3）~（6）需要分别计算 3 次，因 $\boldsymbol{x}_{\mathrm{colj}}$ 只表示 $\boldsymbol{R}_{\mathrm{IMU}}^{\mathrm{SSR}}$ 中的第 i 列元素，最后将 $\boldsymbol{x}_{\mathrm{colj}}$ 重新组成 3×3 矩阵，将 3 列总体最小二乘解列向量按原顺序组合：

$$
\boldsymbol{R}_{\mathrm{IMU}}^{\mathrm{SSR}} = \begin{bmatrix} \boldsymbol{x}_{\mathrm{col1}} & \boldsymbol{x}_{\mathrm{col2}} & \boldsymbol{x}_{\mathrm{col3}} \end{bmatrix}
\tag{3.2.29}
$$

3.2.5.3　相对姿态误差补偿

前述章内容通过离线的方式完整求解出传感器相对姿态误差角度（常量误差），采集的数据均为估计误差所使用的数据，但还未对实际的数据进行误差补偿。

使用安装误差对姿态信息进行补偿的过程同样使用方向余弦矩阵。计算待配准的姿态信息 $\mathrm{att}_{\mathrm{SSR}}$（此处表示的不是离线配准的姿态信息，而是系统实际导航过程中采集的姿态信息）对应方向余弦矩阵 $\boldsymbol{R}_{\mathrm{SSR}}^{n}$，同时使用上述求得的 $\boldsymbol{R}_{\mathrm{IMU}}^{\mathrm{SSR}}$，利用式（3.2.16）得到的 $\boldsymbol{R}_{\mathrm{SSR2IMU}}^{n}$ 即配准到 IMU 基准系的姿态信息所对应的方向余弦矩阵。

使用参数估计方法，选择结构总体最小二乘法，计算相对姿态误差，

并使用该相对姿态误差对姿态信息进行补偿的完整过程如图 3.2.5
所示。

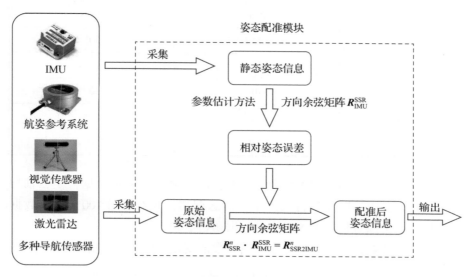

图 3.2.5　姿态信息补偿过程示意

在 MATLAB R2020a 中进行仿真试验。仿真试验中 IMU 采用 Allan 方差分析误差模型，参数设置为：陀螺仪零偏为 $0.5°/h$，角度随机游走 $0.15°/h$，加速度计零偏为 0.05 mg，速度随机游走 0.06 m/$(s \cdot h)$。

仿真过程运动状态如表 3.2.1 所示。

表 3.2.1　仿真过程运动状态

次序	运动状态	参数
1	静止	100 s
2	滚转角右转	30°
3	静止	100 s
4	航向角右转	90°
5	静止	100 s
6	航向角右转	30°

续表

次序	运动状态	参数
7	静止	100 s
8	航向角左转	30°
9	静止	100 s
10	俯仰角向下	30°
11	滚转角左转	60°
12	静止	100 s

在 3.2.5.1 节的模型建立中已说明，需要取 6 组测量数据，使三轴均有输出值。按上述顺序进行无人车的姿态调整，并对每组 100 s 静止数据取平均值作为参数估计的 6 组测量数据初始值。

仿真生成数据过程中的姿态角精确数值变化如图 3.2.6 所示。

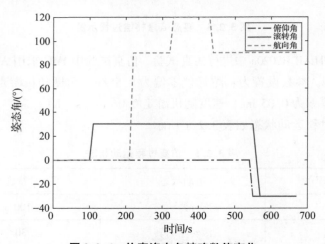

图 3.2.6　仿真姿态角精确数值变化

仿真试验结果如表 3.2.2 所示，可以看出，传感器 3 个姿态角的测量值在配准后与精确值的误差均值减小 50% 以上，误差 RMS 值减小 40% 以上，这证明了该方法的有效性。

表 3.2.2　配准前后姿态信息误差

误差	俯仰角误差/(°)			滚转角误差/(°)			航向角误差/(°)		
	配准前	配准后	减小	配准前	配准后	减小	配准前	配准后	减小
均值	1.019 3	0.422 5	58.55%	0.408 2	−0.126 6	68.99%	2.052 1	0.154 0	92.50%
RMS	1.694 3	0.538 1	68.24%	0.895 5	0.485 2	45.82%	2.527 3	1.505 9	40.41%

3.2.6　基于杆臂补偿的空间配准算法

各传感器由于各自属性不同，其安装要求也不相同。例如，在载人客机中，其 GNSS 天线通常安装在飞机顶部，而 IMU 一般安装在机舱内部，两者存在较大的距离，具体安装位置如图 3.2.7 所示。GNSS 天线与 IMU 的安装距离通常为数米，会明显降低导航精度。此外，由于 IMU 中的加速度计存在一定的尺寸和体积，且或多或少地存在非正交安装误差，所以会导致加速度计在测量时产生误差。上述情况均可统称为"杆臂效应"[19]，在实际应用中，必须考虑"杆臂效应"并对其进行相应补偿。

在典型的 GNSS/INS 组合导航系统中，"杆臂效应"可分为两大类：内杆臂效应和外杆臂效应。内杆臂效应指的是 IMU 中的加速度计自身存在一

图 3.2.7　机载导航系统安装位置示意（载人客机）

定尺寸和大小，在测量时会产生测量误差；外杆臂效应指的是 GNSS 天线与 IMU 安装位置不一致，造成 GNSS 和捷联 SINS 测量信息不匹配并产生融合误差。两者本质上都是杆臂距离的存在所导致的。

如图 3.2.8 所示，$O^i X^i Y^i Z^i$ 为惯性坐标系（i 系），$O^b X^b Y^b Z^b$ 为载体坐标系（b 系），其中 O^i，O^b 分别为惯性坐标系和载体坐标系的原点，两原点相距 L_0，设空间中存在两点 P，Q，其在坐标系中的向量投影分别为 L_P，L_Q，P，Q 两点之间的距离向量为 r_q，设 b 系与 i 系之间的相对转动角速度为 ω，则 L_P，L_Q，r_q 三者有如下关系：

$$L_Q = L_P + r_q \tag{3.2.30}$$

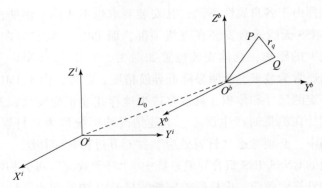

图 3.2.8　杆臂效应原理

在惯性坐标系（i 系）中，式（3.2.30）两边同时对时间 t 求导，有

$$\frac{\mathrm{d}}{\mathrm{d}t} L_Q \mid_i = \frac{\mathrm{d}}{\mathrm{d}t} L_P \mid_i + \frac{\mathrm{d}}{\mathrm{d}t} r_q \mid_i \tag{3.2.31}$$

再求二阶导数，得

$$\frac{\mathrm{d}^2}{\mathrm{d}t^2} L_Q \mid_i = \frac{\mathrm{d}^2}{\mathrm{d}t^2} L_P \mid_i + \frac{\mathrm{d}^2}{\mathrm{d}t^2} r_q \mid_i \tag{3.2.32}$$

由于载体坐标系与惯性坐标系之间的相对转动角速度为 ω，可得

$$\frac{\mathrm{d}}{\mathrm{d}t} r_q \mid_i = \frac{\mathrm{d}}{\mathrm{d}t} r_q \mid_b + \omega \times r_q^b \tag{3.2.33}$$

对式（3.2.33）求二阶导数，得

$$\frac{\mathrm{d}^2}{\mathrm{d}t^2} r_q \mid_i = \frac{\mathrm{d}^2}{\mathrm{d}t^2} r_q \mid_b + \omega \times \frac{\mathrm{d}}{\mathrm{d}t} r_q \mid_b + \frac{\mathrm{d}}{\mathrm{d}t}(\omega \times r_q^b) \mid_i \tag{3.2.34}$$

$$\frac{\mathrm{d}}{\mathrm{d}t}(\boldsymbol{\omega} \times \boldsymbol{r}_q^b)\mid_i = \dot{\boldsymbol{\omega}} \times \boldsymbol{r}_q^b + \boldsymbol{\omega} \times \frac{\mathrm{d}}{\mathrm{d}t}\boldsymbol{r}_q^b\mid_i \tag{3.2.35}$$

将式（3.2.34）带入式（3.2.32），可得

$$\frac{\mathrm{d}^2}{\mathrm{d}t^2}\boldsymbol{L}_Q\mid_i = \frac{\mathrm{d}^2}{\mathrm{d}t^2}\boldsymbol{L}_P\mid_i + \frac{\mathrm{d}^2}{\mathrm{d}t^2}\boldsymbol{r}_q\mid_b + 2\boldsymbol{\omega} \times \frac{\mathrm{d}}{\mathrm{d}t}\boldsymbol{r}_q\mid_b + \boldsymbol{\omega} \times (\boldsymbol{\omega} \times \boldsymbol{r}_q^b) + \dot{\boldsymbol{\omega}} \times \boldsymbol{r}_q^b$$

$$\tag{3.2.36}$$

再将式（3.2.30）、式（3.2.32）、式（3.2.34）稍做变形，可得

$$\begin{cases} \Delta\boldsymbol{L} = \boldsymbol{r}_q = \boldsymbol{L}_Q - \boldsymbol{L}_P \\ \Delta\boldsymbol{v} = \dfrac{\mathrm{d}}{\mathrm{d}t}\boldsymbol{r}_q\mid_i = \dfrac{\mathrm{d}}{\mathrm{d}t}\boldsymbol{L}_Q\mid_i - \dfrac{\mathrm{d}}{\mathrm{d}t}\boldsymbol{L}_P\mid_i = \dfrac{\mathrm{d}}{\mathrm{d}t}\boldsymbol{r}_q\mid_b + \boldsymbol{\omega} \times \boldsymbol{r}_q^b \\ \Delta\boldsymbol{a} = \dfrac{\mathrm{d}^2}{\mathrm{d}t^2}\boldsymbol{r}_q\mid_i = \dfrac{\mathrm{d}^2}{\mathrm{d}t^2}\boldsymbol{L}_Q\mid_i - \dfrac{\mathrm{d}^2}{\mathrm{d}t^2}\boldsymbol{L}_P\mid_i \\ \quad = \dfrac{\mathrm{d}^2}{\mathrm{d}t^2}\boldsymbol{r}_q\mid_b + 2\boldsymbol{\omega} \times \dfrac{\mathrm{d}}{\mathrm{d}t}\boldsymbol{r}_q\mid_b + \boldsymbol{\omega} \times (\boldsymbol{\omega} \times \boldsymbol{r}_q^b) + \dot{\boldsymbol{\omega}} \times \boldsymbol{r}_q^b \end{cases} \tag{3.2.37}$$

式中，$\Delta\boldsymbol{L}$，$\Delta\boldsymbol{v}$，$\Delta\boldsymbol{a}$ 为由杆臂效应造成的位置、速度、加速度误差在载体坐标系（b 系）中的投影。

假定 P，Q 两点的距离固定不变，即两点之间的杆臂距离 $\boldsymbol{r}_q$ 不随时间改变，有如下公式：

$$\begin{cases} \dfrac{\mathrm{d}^2}{\mathrm{d}t^2}\boldsymbol{r}_q\mid_b = 0 \\ \dfrac{\mathrm{d}}{\mathrm{d}t}\boldsymbol{r}_q\mid_b = 0 \end{cases} \tag{3.2.38}$$

将式（3.2.38）带入式（3.2.37），可得

$$\begin{cases} \Delta\boldsymbol{L} = \boldsymbol{r}_q = \boldsymbol{L}_Q - \boldsymbol{L}_P \\ \Delta\boldsymbol{v} = \dfrac{\mathrm{d}}{\mathrm{d}t}\boldsymbol{r}_q\mid_i = \dfrac{\mathrm{d}}{\mathrm{d}t}\boldsymbol{L}_Q\mid_i - \dfrac{\mathrm{d}}{\mathrm{d}t}\boldsymbol{L}_P\mid_i = \boldsymbol{\omega} \times \boldsymbol{r}_q^b \\ \Delta\boldsymbol{a} = \dfrac{\mathrm{d}^2}{\mathrm{d}t^2}\boldsymbol{r}_q\mid_i = \dfrac{\mathrm{d}^2}{\mathrm{d}t^2}\boldsymbol{L}_Q\mid_i - \dfrac{\mathrm{d}^2}{\mathrm{d}t^2}\boldsymbol{L}_P\mid_i = \boldsymbol{\omega} \times (\boldsymbol{\omega} \times \boldsymbol{r}_q^b) + \dot{\boldsymbol{\omega}} \times \boldsymbol{r}_q^b \end{cases}$$

$$\tag{3.2.39}$$

在 GNSS/INS 组合导航系统中，INS 通常以 IMU 的几何中心为定位基准点，而 GNSS 的定位基准点一般是 GNSS 天线的相位中心，两个导航系统的定位基准点不一致所造成的导航误差就是"外杆臂效应误差"。若想

提高导航精度，则需对该误差进行补偿。

由式（3.2.39）可以看出，外杆臂效应会使 GNSS 产生较大的测量误差。在实际场景中，载体的运动状态包括角运动和线运动，为了研究具体的外杆臂效应误差影响，分别对载体的角运动和线运动进行仿真，观察测量误差变化。

1. 角运动状态

设载体在运动过程中其姿态变化呈正弦变化，具体变化形式为：航向角 $\varphi = 20\cos(0.246t)$，滚转角 $r = 35\sin(0.347t)$，俯仰角 $\theta = 0$，外杆臂距离 $r^b = \begin{bmatrix} 1 & 2 & 3 \end{bmatrix}^T$，运动时长为 6 min。该情况下由外杆臂效应导致的测量误差如图 3.2.9 所示。

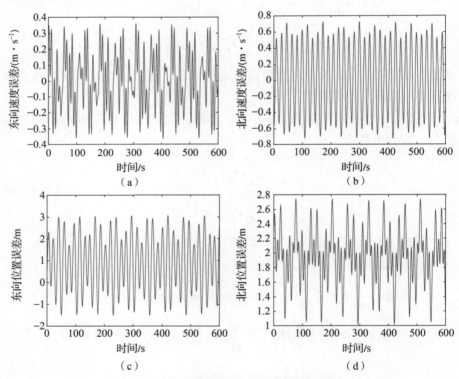

图 3.2.9 由外杆臂效应导致的测量误差（角运动）

（a）东向测速误差；（b）北向测速误差；（c）东向测位误差；（d）北向测位误差

2. 线运动状态

设载体在运动过程中仅包含线运动且姿态角保持不变（航向角 φ = 30°，滚转角 r = 0°，俯仰角 θ = 0°），外杆臂距离 $\boldsymbol{r}^b$ = $\begin{bmatrix} 1 & 2 & 3 \end{bmatrix}^\mathrm{T}$，载体保持稳定运动。该情况下由外杆臂效应导致的测量误差如图 3.2.10 所示。

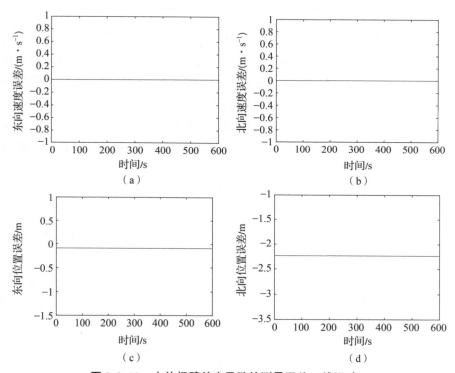

图 3.2.10　由外杆臂效应导致的测量误差（线运动）

（a）东向测速误差；（b）北向测速误差；（c）东向测位误差；（d）北向测位误差

为了直观定量显示由外杆臂效应导致的测量误差，将上述结果用表 3.2.3 给予具体说明。

表 3.2.3　由外杆臂效应测量误差

运动状态		最大速度误差/(m·s⁻¹)	最大位置误差/m
角运动	东向	0.366 2	3.068 7
	北向	0.726 9	2.745 5

运动状态		最大速度误差/(m·s⁻¹)	最大位置误差/m
线运动	东向	0	0.092 6
	北向	0	2.234 1

由表 3.2.3、图 3.2.9、图 3.2.10 分析可得，在载体做角运动时，由外杆臂效应引起的测量误差远远大于其测量精度（目前卫星一般的测速精度为 0.2 m/s），其误差影响不可忽略；当载体做线运动时，外杆臂效应不会引起测速误差，但引起的测位误差影响同样不可忽略。相较而言，由外杆臂效应引起的测量误差在载体处于角运动状态下表现得更为明显。在实际工程场景中，载体运动不仅包含线运动，还包含角运动，故必须考虑由外杆臂距离 r^b 带来的测量误差影响。

针对外杆臂效应，考虑基于杆臂补偿和插值时间配准的位置配准方法[20]。

首先，对外杆臂模型增加相对姿态误差角的补偿，在 ECEF 坐标系中，外杆臂的模型可表示为

$$\delta \boldsymbol{p}_{\mathrm{L}}^e = \boldsymbol{C}_n^e \boldsymbol{C}_b^n \boldsymbol{R}_{\mathrm{IMU}}^{\mathrm{SSR}} \boldsymbol{l}^b \tag{3.2.40}$$

无人平台为 e 系中的某一点，传感器测得位置坐标点可与地心 O_e 构成一个 e 系中的向量，在 e 系中对传感器测量位置信息进行外杆臂效应误差补偿的矩阵代数表达式为

$$
\begin{aligned}
\boldsymbol{p}_{\mathrm{SSR2IMU}}^e &= \boldsymbol{p}_{\mathrm{SSR}}^e + \delta \boldsymbol{p}_{\mathrm{L}}^e \\
&= \boldsymbol{C}_n^e \boldsymbol{p}_{\mathrm{SSR}}^n + \boldsymbol{C}_n^e \boldsymbol{C}_b^n \boldsymbol{R}_{\mathrm{IMU}}^{\mathrm{SSR}} \boldsymbol{l}^b
\end{aligned}
\tag{3.2.41}
$$

其次，考虑传感器采样频率不一致的时间异步问题，考虑使用基于 3 次 B 样条的插值方法，对传感器采样时刻进行统一。由高采样频率传感器（一般为 IMU）向低采样频率传感器进行配准，即需要推算 IMU 测量数据在 t_{Bk} 时刻的值。传感器采样时刻示意如图 3.2.11 所示。

由 3 次 B 样条插值函数可得传感器时间配准在 t_{Bk} 的配准结果为

$$Y(t_{Bk}) = S(t) \big|_{t = t_{Bk}} = \sum_{j=0}^{4} b_j B_3 \left(\frac{t_{Bk} - \tau_j}{h} \right) \tag{3.2.42}$$

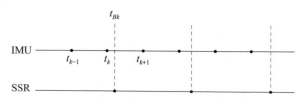

图 3.2.11　传感器采样时刻示意

式中，$h = t_k - t_{k-1} = t_{k+1} - t_k$ 为传感器采样周期；$Y(\cdot)$ 为传感器采样量测值；$\tau_1 = t_{k-1} < \tau_2 = t_k < \tau_3 = t_{k+1}$，取 $\tau_0 = t_{k-1} - h$，$\tau_4 = t_{k+1} + h$，则 $(t_{Bk} - \tau_j)/h$ 为一组节点向量。根据插值条件和第一类边界条件，b_j 满足

$$
\begin{cases}
\displaystyle\sum \frac{b_j}{h} B'\left(\frac{\tau_1 - \tau_j}{h}\right) = Y'(t_{k-1}) = \frac{Y(t_k) - Y(t_{k-1})}{h} \\[3mm]
\displaystyle\sum b_i B\left(\frac{\tau_i - \tau_j}{h}\right) = Y(\tau_i) \\[3mm]
\displaystyle\sum \frac{b_j}{h} B'\left(\frac{\tau_3 - \tau_j}{h}\right) = Y'(t_{k+1}) = \frac{Y(t_{k+1}) - Y(t_k)}{h}
\end{cases}
\tag{3.2.43}
$$

展开上式得到

$$
\begin{bmatrix}
\dfrac{1}{h}B'\left(\dfrac{\tau_1 - \tau_0}{h}\right) & \cdots & \dfrac{1}{h}B'\left(\dfrac{\tau_1 - \tau_4}{h}\right) \\[3mm]
B\left(\dfrac{\tau_1 - \tau_0}{h}\right) & \cdots & B\left(\dfrac{\tau_1 - \tau_4}{h}\right) \\[3mm]
B\left(\dfrac{\tau_2 - \tau_0}{h}\right) & \cdots & B\left(\dfrac{\tau_2 - \tau_4}{h}\right) \\[3mm]
B\left(\dfrac{\tau_3 - \tau_0}{h}\right) & \cdots & B\left(\dfrac{\tau_3 - \tau_4}{h}\right) \\[3mm]
\dfrac{1}{h}B'\left(\dfrac{\tau_3 - \tau_0}{h}\right) & \cdots & \dfrac{1}{h}B'\left(\dfrac{\tau_3 - \tau_4}{h}\right)
\end{bmatrix}
\begin{bmatrix}
b_0 \\ b_1 \\ b_2 \\ b_3 \\ b_4
\end{bmatrix}
=
\begin{bmatrix}
\dfrac{Y(t_k) - Y(t_{k-1})}{h} \\[3mm]
Y(t_{k-1}) \\[2mm]
Y(t_k) \\[2mm]
Y(t_{k+1}) \\[2mm]
\dfrac{Y(t_{k+1}) - Y(t_k)}{h}
\end{bmatrix}
$$

（3.2.44）

写成矩阵形式为

$$
\boldsymbol{Lb} = \boldsymbol{Y} \tag{3.2.45}
$$

根据 3 次 B 样条标准函数的公式 ［式（3.2.45）］，将具体数值代入，可以得到

$$
\boldsymbol{L} = \begin{bmatrix}
-\dfrac{1}{2h} & \dfrac{1}{2h} & & & \\[2mm]
\dfrac{1}{6} & \dfrac{2}{3} & \dfrac{1}{6} & & \\[2mm]
& \dfrac{1}{6} & \dfrac{2}{3} & \dfrac{1}{6} & \\[2mm]
& & \dfrac{1}{6} & \dfrac{2}{3} & \dfrac{1}{6} \\[2mm]
& & & -\dfrac{1}{2h} & \dfrac{1}{2h}
\end{bmatrix}
\tag{3.2.46}
$$

$$
\boldsymbol{b} = \boldsymbol{L}^{-1}\boldsymbol{Y} =
\begin{bmatrix}
-\dfrac{13h}{6} & -\dfrac{1}{2} & 2 & -\dfrac{1}{2} & \dfrac{h}{6} \\[2mm]
\dfrac{7h}{12} & \dfrac{7}{4} & -1 & \dfrac{1}{4} & -\dfrac{h}{12} \\[2mm]
-\dfrac{h}{6} & -\dfrac{1}{2} & 2 & -\dfrac{1}{2} & \dfrac{h}{6} \\[2mm]
\dfrac{h}{12} & \dfrac{1}{4} & -1 & \dfrac{7}{4} & -\dfrac{7h}{12} \\[2mm]
-\dfrac{h}{6} & -\dfrac{1}{2} & 2 & -\dfrac{1}{2} & \dfrac{13h}{6}
\end{bmatrix}
\begin{bmatrix}
\dfrac{Y(t_k) - Y(t_{k-1})}{h} \\[2mm]
Y(t_{k-1}) \\[2mm]
Y(t_k) \\[2mm]
Y(t_{k+1}) \\[2mm]
\dfrac{Y(t_{k+1}) - Y(t_k)}{h}
\end{bmatrix}
$$

$$
=
\begin{bmatrix}
\dfrac{5}{3}Y(t_{k-1}) - \dfrac{1}{3}Y(t_k) - \dfrac{1}{3}Y(t_{k+1}) \\[2mm]
\dfrac{7}{6}Y(t_{k-1}) - \dfrac{1}{3}Y(t_k) + \dfrac{1}{6}Y(t_{k+1}) \\[2mm]
-\dfrac{1}{3}Y(t_{k-1}) + \dfrac{5}{3}Y(t_k) - \dfrac{1}{3}Y(t_{k+1}) \\[2mm]
\dfrac{1}{6}Y(t_{k-1}) - \dfrac{1}{3}Y(t_k) + \dfrac{7}{6}Y(t_{k+1}) \\[2mm]
-\dfrac{1}{3}Y(t_{k-1}) - \dfrac{1}{3}Y(t_k) + \dfrac{5}{3}Y(t_{k+1})
\end{bmatrix}
\tag{3.2.47}
$$

将 $\boldsymbol{b}$ 代入传感器在 t_{Bk} 的配准结果 [式 (3.2.47)]，得到

$$Y(t_{Bk}) = \sum_{j=0}^{4} b_j B_3\left(\frac{t_{Bk} - \tau_j}{h}\right) = \lambda_1 Y(t_{k-1}) + \lambda_2 Y(t_k) + \lambda_3 Y(t_{k+1})$$

$$(3.2.48)$$

$\lambda_i (i = 1, 2, 3)$ 为 3 次 B 样条插值基函数的加权系数：

$$
\begin{cases}
\lambda_1 = \dfrac{5}{3}B\left(\dfrac{t_{Bk} - \tau_0}{h}\right) + \dfrac{7}{6}B\left(\dfrac{t_{Bk} - \tau_1}{h}\right) - \dfrac{1}{3}B\left(\dfrac{t_{Bk} - \tau_2}{h}\right) + \\
\qquad \dfrac{1}{6}B\left(\dfrac{t_{Bk} - \tau_3}{h}\right) - \dfrac{1}{3}B\left(\dfrac{t_{Bk} - \tau_4}{h}\right) \\
\lambda_2 = -\dfrac{1}{3}B\left(\dfrac{t_{Bk} - \tau_0}{h}\right) - \dfrac{1}{3}B\left(\dfrac{t_{Bk} - \tau_1}{h}\right) + \dfrac{5}{3}B\left(\dfrac{t_{Bk} - \tau_2}{h}\right) - \\
\qquad \dfrac{1}{3}B\left(\dfrac{t_{Bk} - \tau_3}{h}\right) - \dfrac{1}{3}B\left(\dfrac{t_{Bk} - \tau_4}{h}\right) \\
\lambda_3 = -\dfrac{1}{3}B\left(\dfrac{t_{Bk} - \tau_0}{h}\right) + \dfrac{1}{6}B\left(\dfrac{t_{Bk} - \tau_1}{h}\right) - \dfrac{1}{3}B\left(\dfrac{t_{Bk} - \tau_2}{h}\right) + \\
\qquad \dfrac{7}{6}B\left(\dfrac{t_{Bk} - \tau_3}{h}\right) - \dfrac{1}{3}B\left(\dfrac{t_{Bk} - \tau_4}{h}\right)
\end{cases}
\quad (3.2.49)
$$

3 次 B 样条插值示意如图 3.2.12 所示。

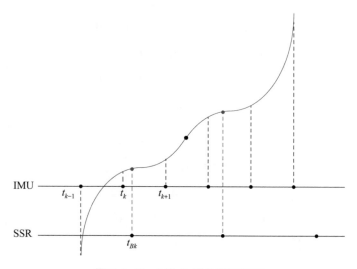

图 3.2.12　3 次 B 样条插值示意

最后，建立基于杆臂补偿和插值时间配准的位置配准方法状态空间模型，位置差值作为观测量的状态空间表达式为

$$\begin{cases} \dot{X} = FX + GW \\ Z = [p_{\text{SSR2IMU}} - p_{\text{IMU}}] = HX + V \end{cases} \tag{3.2.50}$$

式中，观测量 Z 为杆臂补偿和时间配准后的位置信息与基准传感器位置信息的差值。

X 为 15 维状态向量，由三轴姿态（俯仰角、滚转角、航向角）误差、速度（东向、北向、天向）误差、位置（纬度、经度、高度）误差、陀螺仪零偏、加速度计零偏组成：

$$X = \left[(\delta a)^{\text{T}} \quad (\delta v)^{\text{T}} \quad (\delta p)^{\text{T}} \quad (\varepsilon^b)^{\text{T}} \quad (\nabla^b)^{\text{T}} \right]^{\text{T}} \tag{3.2.51}$$

由于可以确定较为准确的杆臂长度，并在观测量中对异步传感器进行插值时间配准，所不再将杆臂误差、位置的时间异步误差纳入滤波状态量，以减小滤波器的计算量，以及杆臂和时间异步估计不准确造成的对其他状态量的影响。

F，G，H 分别为转移矩阵、噪声矩阵、量测矩阵：

$$F = \begin{bmatrix} M_{aa} & M_{av} & M_{ap} & -C_b^n & 0_{3\times3} \\ M_{va} & M_{vv} & M_{vp} & 0_{3\times3} & C_b^n \\ 0_{3\times3} & M_{pv} & M_{pp} & 0_{3\times3} & 0_{3\times3} \\ & & 0_{3\times3} & & \end{bmatrix} \tag{3.2.52}$$

$$G = \begin{bmatrix} -C_b^n & 0_{3\times3} \\ 0_{3\times3} & C_b^n \\ 0_{9\times6} & \end{bmatrix} \tag{3.2.53}$$

$$H = \begin{bmatrix} 0_{3\times3} & 0_{3\times3} & I_{3\times3} & 0_{3\times6} \end{bmatrix} \tag{3.2.54}$$

B，L，h 为纬度、经度、高度，上式中

$$
\left\{
\begin{aligned}
&\boldsymbol{M}_{aa} = -(\omega_{in}^n \times), \boldsymbol{M}_{av} =
\begin{bmatrix}
0 & -\dfrac{1}{R_M + h} & 0 \\[2mm]
\dfrac{1}{R_N + h} & 0 & 0 \\[2mm]
\dfrac{\tan B}{R_N + h} & 0 & 0
\end{bmatrix} \\[4mm]
&\boldsymbol{M}_{ap} =
\begin{bmatrix}
0 & 0 & \dfrac{v_N}{(R_M + h)^2} \\[3mm]
-\omega_{ie}\sin B & 0 & -\dfrac{v_E}{(R_N + h)^2} \\[3mm]
\omega_{ie}\cos B + \dfrac{v_E \sec^2 B}{R_N + h} & 0 & -\dfrac{v_E \tan B}{(R_N + h)^2}
\end{bmatrix} \\[4mm]
&\boldsymbol{M}_{va} = (f^n \times), \boldsymbol{M}_{vv} = (v^n \times)\boldsymbol{M}_{av} - \left[(2\omega_{ie}^n + \omega_{en}^n) \times\right] \\[3mm]
&\boldsymbol{M}_{vp} = (v^n \times)
\begin{bmatrix}
0 & 0 & \dfrac{v_N}{(R_M + h)^2} \\[3mm]
-2\omega_{ie}\sin B & 0 & -\dfrac{v_E}{(R_N + h)^2} \\[3mm]
2\omega_{ie}\cos B + \dfrac{v_E \sec^2 B}{R_N + h} & 0 & -\dfrac{v_E \tan B}{(R_N + h)^2}
\end{bmatrix} \\[4mm]
&\boldsymbol{M}_{pv} =
\begin{bmatrix}
0 & \dfrac{1}{R_M + h} & 0 \\[2mm]
\dfrac{\sec B}{R_N + h} & 0 & 0 \\[2mm]
0 & 0 & 1
\end{bmatrix}, \boldsymbol{M}_{pp} =
\begin{bmatrix}
0 & 0 & -\dfrac{v_N}{(R_M + h)^2} \\[3mm]
\dfrac{v_E \sec B \tan B}{R_N + h} & 0 & -\dfrac{v_E \sec B}{(R_N + h)^2} \\[3mm]
0 & 0 & 0
\end{bmatrix}
\end{aligned}
\right.
$$

$$(3.2.55)$$

式中，

$$\begin{cases} \boldsymbol{\omega}_{ie}^n = \begin{bmatrix} 0 & \omega_{ie}\cos B & \omega_{ie}\sin B \end{bmatrix}^T \\ \boldsymbol{\omega}_{en}^n = \begin{bmatrix} \dfrac{v_N^n}{R_M + h} & \dfrac{v_E^n}{R_N + h} & \dfrac{v_E^n\tan B}{R_N + h} \end{bmatrix}^T, \boldsymbol{f}^n = \boldsymbol{C}_b^n\begin{bmatrix} f_x^b & f_y^b & f_z^b \end{bmatrix}^T \\ \boldsymbol{\omega}_{in}^n = \boldsymbol{\omega}_{ie}^n + \boldsymbol{\omega}_{en}^n \end{cases}$$

$$(3.2.56)$$

测量噪声 $\boldsymbol{V}$ 为待配准传感器的位置测量白噪声，系统噪声 $\boldsymbol{W}$ 由陀螺仪的角速度测量白噪声和加速度计的比力测量白噪声组成

$$\boldsymbol{W} = \begin{bmatrix} \boldsymbol{W}_g \\ \boldsymbol{W}_a \end{bmatrix}$$

$$(3.2.57)$$

使用卡尔曼滤波方法，将状态空间模型改写为 k 时刻的表达式：

$$\begin{cases} \dot{\boldsymbol{X}}_k = \boldsymbol{F}_{k/k-1}\boldsymbol{X}_{k-1} + \boldsymbol{G}_{k/k-1}\boldsymbol{W}_{k-1} \\ \boldsymbol{Z}_k = \begin{bmatrix} \boldsymbol{p}_{\text{SSR2IMU}}(t_{Bk}) - \boldsymbol{p}_{\text{IMU}}(t_{Bk}) \end{bmatrix} = \boldsymbol{H}_k\boldsymbol{X}_k + \boldsymbol{V}_k \end{cases}$$

$$(3.2.58)$$

式中，模型观测量同时考虑相对姿态误差、杆臂效应误差和异步传感器造成的误差。$\boldsymbol{p}_{\text{SSR2IMU}}(t_{Bk})$ 根据杆臂误差补偿模型 [式（3.2.41）] 计算，对考虑了相对姿态误差的杆臂效应误差进行补偿；$\boldsymbol{p}_{\text{IMU}}(t_{Bk})$ 根据插值法进行计算，以进行时间对齐。

由于杆臂误差根据无人车姿态处于实时变化中，采用卡尔曼滤波方法[21]可以很好地对状态量进行实时补偿。卡尔曼滤波基于最优估计，通过时间更新和测量更新完成滤波过程。

3.2.7 空间配准的评价准则

3.2.7.1 空间配准精度

以下是一些常见的空间配准评价准则。

（1）重叠度：计算两个或多个配准后的图像之间的重叠度。重叠度可以通过计算重叠区域的面积或体积与总区域的比例来衡量。较高的重叠度表示较好的空间配准结果。

（2）相似性度量：使用各种相似性度量方法来比较配准后的图像之间的相似程度。常见的相似性度量方法包括互信息、相对熵、结构相似性指数等。

（3）均方差：计算配准后的图像像素值之间的均方差。较小的均方差表示较好的空间配准结果。

（4）像素匹配误差：计算配准后的图像像素之间的匹配误差。可以通过计算配准变换下的像素位置偏差或像素灰度值差异来衡量。

（5）空间一致性：评估配准后的图像在空间中的一致性。可以通过检查配准后的特征点、边缘或纹理在图像中的分布情况来评估空间一致性。

需要根据具体的空间配准任务和应用需求选择合适的评价准则，并结合实际情况进行评估和分析。不同的评价准则可以综合使用，以获得更全面的空间配准性能评估

3.2.7.2　空间配准实时性

空间配准实时性是指空间配准方法在实时场景中的执行效率和速度。在实时应用中，空间配准方法需要能够在短时间内完成计算和处理，以满足实时性要求。

评价空间配准实时性的准则通常包括以下方面。

（1）计算时间：衡量空间配准方法完成一次配准所需的时间。较短的计算时间表示较高的实时性。

（2）实时性要求：考虑特定应用场景的实时性要求，例如实时导航、实时目标跟踪等，判断空间配准方法是否能够在给定的时间限制内完成。

（3）方法复杂度：分析空间配准方法的复杂度，包括时间复杂度和空间复杂度。较低的复杂度通常与较高的实时性相关。

（4）硬件资源需求：考虑空间配准方法对硬件资源的需求，包括计算能力、内存、存储空间等。合理利用硬件资源可以提升实时性。

综合考虑以上准则，可以选择适合实时应用的空间配准方法，使其在保证精度的同时具备较高的实时性能。

参 考 文 献

[1]李教. 多平台多传感器多源信息融合系统时空配准及性能评估研究　[D]. 西安:西北工业大学,2003.

[2]吴涛,朱建良,周维. 基于补偿 GNSS 滞后的实时外推时间配准方法[J].

淮阴工学院学报,2022,31(1):54-59.

[3]邓志红,汪进文,尚剑宇,等.基于 Hermite 插值的制导炮弹姿态旋转矢量优化方法[J].兵工学报,2018,39(10):2056-2065.

[4]程然,贺丰收,缪礼锋.基于期望最大化与容积卡尔曼平滑器的机载多平台多传感器系统误差配准算法[J].控制理论与应用,2020,37(6):1232-1240.

[5]张睿,奔粤阳,刘利强,等.捷联惯导系统全状态量现场标定方法[J].系统工程与电子技术,2023,45(8):2521-2532.

[6]曹洁,刘光军,高伟,等.捷联惯导初始对准中杆臂效应误差的补偿[J].中国惯性技术学报,2003(3):40-45.

[7]高伟,张亚,孙骞,等.传递对准中杆臂效应的误差分析与补偿[J].仪器仪表学报,2013,34(3):559-565.

[8]王融,曾庆化,赖际舟,等.导航系统理论与应用[M].北京:航空工业出版社,2022.

[9]严恭敏,翁浚.捷联惯导算法与组合导航原理[M].西安:西北工业大学出版社,2019.

[10]王松涛.基于视觉的 AGV 路径识别和跟踪控制研究[D].兰州:兰州理工大学,2018.

[11]贺席兵,李教,敬忠良.多传感器中传感器配准技术发展综述[J].空军工程大学学报(自然科学版),2001,2:11-14.

[12]宗文鹏,李广云,李明磊,等.激光扫描匹配方法研究综述[J].中国光学,2018,11(6):914-930.

[13]曲天伟,安波,陈桂兰.改进的 RANSAC 算法在图像配准中的应用[J].计算机应用,2010,30(7):1849-1851+1872.

[14]王佳婧,王晓南,郑顺义,等.三维点云初始配准方法的比较分析[J].测绘科学,2018,43(2):16-23.

[15]戴静兰,陈志杨,叶修梓.ICP 算法在点云配准中的应用[J].中国图象图形学报,2007(3):517-521.

[16]张晓,张爱武,王致华.基于改进正态分布变换算法的点云配准[J].激光与光电子学进展,2014,51(4):100-109.

[17]曹通.光纤陀螺捷联惯导系统在线对准及标定技术研究[D].哈尔滨:

哈尔滨工程大学,2013.

[18]陶武勇,鲁铁定,吴飞,等.罗德里格矩阵坐标转换模型的结构总体最小
二乘估计[J].工程勘察,2015,43(4):56－59＋65.

[19]李蓓,高伟,王嘉男,等.传递对准中杆臂效应误差的补偿研究[J].弹箭
与制导学报,2008,28(6):49－52.

[20]杜佳新.组合导航系统时空配准技术研究[D].哈尔滨:哈尔滨工程大
学,2019.

[21]崔潇,秦永元,严恭敏,等.基于矩阵卡尔曼滤波的捷联惯导初始对准算
法[J].中国惯性技术学报,2018,26(5):585－590.

第 4 章　多源信息提取与建模

无人平台多源导航通常需要处理不同来源的数据，这些数据呈现不同的模态。多源多模态数据能比单一数据提供更多信息。多传感器数据融合通过相互之间支持、补充、修正，在数据的准确性和实际应用方面比单一数据更有优势。此外，在信息呈现和表达上，多源多模态数据还增加了鲁棒性。因此，在对信息质量要求较高时，多源数据的预处理、特征提取与建模是提高无人平台多源导航质量的重要基础。

4.1　传感器信息预处理

滤波是对多源数据信息进行信号处理的基础，也是提高导航质量的重要环节。通过滤波器的工作，可以极大衰减作用较小的其他频率成分，从而筛选出信号中的特定频率，以此达到滤除干扰噪声的目的。

滤波方法多种多样，每一种滤波方法都有各自的特点和适用场合。一般来说，滤波方法可分为经典滤波方法和现代滤波方法。经典滤波方法理论较为成熟，且其应用场合较多；部分现代滤波方法在理论层面还有较大进步空间，且其应用场合也有待进一步开发。本节介绍几种常用的滤波及信号处理方法。

4.1.1　经典滤波器

1. 低通滤波器

低通滤波器是一种常见的信号处理滤波器，它可以滤除高频信号。低通滤波器的特性是使低于设定临界频率的信号能正常通过，而高于设定临界频率（f_c）的信号则被阻隔和衰减。可以简单地认为：设定一个频率点，当信号频率高于这个频率点时不能通过。低通滤波器输出的信号只包含低频信号。低通滤波器在音频、图像和视频等领域有着广泛的应用，例如去除噪声、平滑图像或视频等。将输入信号通过一个带通滤波器，只保留低频信号，则带通滤波器的输出信号即低通滤波器的输出信号。常见的低通滤波器包括 Butterworth 滤波器、Chebyshev 滤波器和 Bessel 滤波器。

截止频率：当保持输入信号的幅度不变，改变频率使输出信号频率降至最高值的 0.707，用频响特性来表述即 -3 dB 点处为截止频率，它是用来说明频率特性指标的一个特殊频率（图 4.1.1）。

截止频率计算公式为

$$f_c = \frac{1}{2\pi RC} \tag{4.1.1}$$

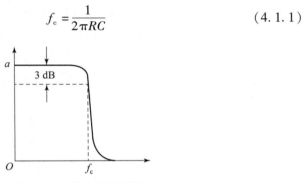

图 4.1.1　截止频率示意

2. 高通滤波器

高通滤波器是一种让某一频率以上的信号分量通过，而对该频率以下的信号分量大大抑制的电容、电感与电阻等器件的组合装置。其特性在时域及频域中可分别用冲激响应及频率响应描述。后者是用以频率为自变量的函数表示，一般情况下它是一个以复变量 $j\omega$ 为自变量的复变函数，用 $H(j\omega)$ 表示。它的模 $H(\omega)$ 和幅角 $\varphi(\omega)$ 为角频率 ω 的函数，分别称为系统的"幅频响应"和"相频响应"，它们分别代表激励源中不同频率的信号成分通过该系统时所发生的幅度变化和相位变化。可以证明，系统的"频率响应"就是该系统"冲激响应"的傅里叶变换。当线性无源系统可以用一个 N 阶线性微分方程表示时，频率响应 $H(j\omega)$ 为一个有理分式。

　　高通滤波器按照所采用的器件不同类型分为有源高通滤波器、无源高通滤波器。

　　1）无源高通滤波器

　　无源高通滤波器是仅由无源元件（R，L 和 C）组成的滤波器，它是利用电容和电感元件的电抗随频率的变化而变化的原理构成的。无源高通滤波器的优点是：电路比较简单，不需要直流电源供电，可靠性高；其缺点是：通带内的信号有能量损耗，负载效应比较明显，使用电感元件时容易引起电磁感应，当电感 L 较大时滤波器的体积和质量都比较大，在低频域不适用。

　　2）有源高通滤波器

　　有源高通滤波器由无源元件（一般用 R 和 C）和有源器件（如集成运算放大器）组成。有源高通滤波器的优点是：通带内的信号不仅没有能量损耗，而且可以放大，负载效应不明显，多级相联时相互影响很小，利用级联的简单方法很容易构成高阶滤波器，并且滤波器的体积小、质量小，不需要磁屏蔽（由于不使用电感元件）；其缺点是：通带范围受有源器件（如集成运算放大器）的带宽限制，需要直流电源供电，可靠性不如无源高滤波器高，在高压、高频、大功率的场合不适用。

　　高通滤波器按照其数学特性分为一阶高通滤波器、二阶高通滤波器等。

　　以上两种分类方法相互独立。有源高通滤波器更为常见，如一阶有源高通滤波器、二阶有源高通滤波器等。其中，一阶有源高通滤波器较为简单。

　　传递函数为

$$G(s) = \frac{U_o(s)}{U_i(s)} = -\frac{Z_f(s) I_f}{Z_1(s) I_1} = -\frac{R_f}{R_1 + \dfrac{1}{sC_1}} \tag{4.1.2}$$

　　频率特性为

$$G(j\omega) = \frac{G_0}{1 - j\dfrac{\omega_c}{\omega}} \tag{4.1.3}$$

　　幅频特性为

$$G(\omega) = \frac{|G_0|}{\sqrt{1 + \left(\dfrac{\omega_0}{\omega}\right)^2}} \qquad\qquad (4.1.4)$$

相频特性为

$$\varphi(\omega) = -\pi + \arctan\left(\frac{\omega_0}{\omega}\right) \qquad\qquad (4.1.5)$$

3. 带通滤波器

带通滤波器是指能通过某一频率范围内的频率分量，但将其他范围的频率分量衰减到极低水平的滤波器，与带阻滤波器（简称 BSF）的概念相对。一个模拟带通滤波器的例子是电阻 - 电感 - 电容电路（RLC circuit）。带通滤波器也可以用低通滤波器与高通滤波器组合实现。

一个理想的带通滤波器应该有一个完全平坦的通带，在通带内没有放大或者衰减，并且在通带之外所有频率都被完全衰减，另外，通带外的转换在极小的频率范围内完成。实际上并不存在理想的带通滤波器。带通滤波器并不能够将期望频率范围外的所有频率完全衰减，尤其在所要的通带外还有一个被衰减但是没有被隔离的范围。这通常称为带通滤波器的滚降现象，并且使用每 10 倍频的衰减幅度的 dB 数来表示。通常，带通滤波器的设计尽量保证滚降范围越小越好，这样带通滤波器的性能就与设计更加接近。然而，随着滚降范围越来越小，通带变得不再平坦，开始出现"波纹"。这种现象在通带的边缘处尤其明显，这种效应称为吉布斯现象。

在较低的剪切频率 f_1 和较高的剪切频率 f_2 之间是共振频率，在这里带通滤波器的增益最大，带通滤波器的带宽就是 f_2 和 f_1 的差值。

4. 带阻滤波器

带阻滤波器是指能通过大多数频率分量，但将某些范围的频率分量衰减到极低水平的滤波器，与带通滤波器的概念相对。其中，点阻滤波器（notch filter）是一种特殊的带阻滤波器，它的阻带范围极小，有着很大的 Q 值。

将输入电压同时作用于低通滤波器和高通滤波器，再将两个电路的输出电压求和，就可以得到带阻滤波器。其中，低通滤波器的截止频率应低于高通滤波器的截止频率。带阻滤波器分为腔体带阻滤波器、LC 带阻滤波器和有源带阻滤波电路。实用电路常利用无源低通滤波器和高通滤波器并联构成无源带阻滤波电路，然后接同相比例运算电路，从而得到有源带阻滤波电路。

1964 年，B. M. Schiffman 详细解释了带阻滤波器的一般设计原理，并给出了适用于所有频率的带阻滤波器设计公式[1]。1967 年，E. G. Cristal 给出了基于窄带设计的带阻滤波器设计的一般近似公式，简化了使用精确设计公式的计算量，便于进行窄带带阻滤波器的设计。至此，带阻滤波器的设计理论已经较为完备[2]。

到了 20 世纪 70 年代，Atia 和 Williams 最早提出了交叉耦合滤波器的通用理论，并提供了一些常用的理论公式。在此基础上，许多人经过不懈的努力，逐步发展出了交叉耦合带阻滤波器的方法[3]。1983 年，Jian - Ren. Qian 和 Wei - Chen. Zhuang 首先提出对带通滤波器的耦合谐振腔模型进行修改，并应用于带阻滤波器的设计，以得到高性能的带阻滤波器[4]。但是，该带阻滤波器的结构比较复杂，它将一个含有孔缝耦合的谐振腔耦合到主波导上，在实际设计中加工难度较高，不利于批量生产。1999 年，Richard J. Cameron 提出了用循环递归的方法构成交叉耦合的传输函数和反射函数多项式，由导纳矩阵和局部分式展开方法给出了耦合矩阵的综合过程。2000 年，J. R. Motejo - Garai 将耦合矩阵从 N 维扩展到了 N 阶 $N+2$ 维，即传输零点的个数等于交叉耦合滤波器的阶数，但是所综合出来的滤波器的耦合矩阵在物理结构上不一定是可实现的，或不是最简的。目前国际上主要采用矩阵旋转技术和优化技术进行消零，实现给定传输零点位置的耦合矩阵的简化。带阻滤波器的可调性也是研究的重要方向，对滤波器的成品率有重要影响。

带阻滤波器一般分为腔体带阻滤波器和 LC 带阻滤波器。

理想带阻滤波器在阻带内的增益为零。带阻滤波器的中心频率 f_0 和抑制带宽 BW 之间的关系如式 (4.1.6) 所示，式中，Q 为品质因数，f_H 为带阻滤波器的上限频率，f_L 为带阻滤波器的下限频率，其中 $f_H > f_L$。带宽 BW 越小，品质因数 Q 越大[5]。

$$Q = \frac{f_0}{\mathrm{BW}} = \frac{f_0}{f_H - f_L}$$

$$f_0 = \sqrt{f_H f_L}$$

(4.1.6)

4.1.2　卡尔曼滤波器

1. 卡尔曼滤波的背景

信号在传输与检测过程中不可避免地要受到外来干扰与设备内部噪声的影响，这使接收端收到的信号具有随机性。为了获取所需信号，排除干扰，就需要对信号进行滤波。所谓滤波，是指从混合在一起的诸多信号中提取所需信号的过程。信号的性质不同，其获取方法就不同，即滤波的手段不同。对于确定性信号，由于其具有确定的频谱特性，所以可根据各信号所处频带的不同，设置具有相应频率特性的滤波器，如低通滤波器、高通滤波器、带通滤波器及带阻滤波器等，使有用信号无衰减地通过，而干扰信号受到抑制。这类滤波器可用物理的方法实现，即模拟滤波器，亦可用计算机通过算法实现，即数字滤波器。对确定性信号的滤波处理通常称为常规滤波[6]。

卡尔曼滤波是卡尔曼（R. E. kalman）于 1960 年提出的从与被提取信号有关的观测量中通过算法估计所需信号的一种滤波算法。他把状态空间的概念引入随机估计理论，把信号过程视为白噪声作用下的一个线性系统的输出，用状态方程来描述这种输入 – 输出关系，在估计过程中利用系统状态方程、观测方程和白噪声激励（系统噪声和观测噪声）的统计特性形成滤波算法。由于所用的信息都是时域内的量，所以不但可以对平稳的一维随机过程进行估计，也可以对非平稳的、多维随机过程进行估计[7]。

实际上，卡尔曼滤波是一套由计算机实现的实时递推算法。它所处理的对象是随机信号，利用系统噪声和观测噪声的统计特性，以系统的观测量作为滤波器的输入，以需要的估计值（系统的状态或参数）作为滤波器的输出，滤波器的输入与输出是由时间更新和观测更新算法联系在一起的，根据系统方程和观测方程估计出所有需要处理的信号。因此，这里所说的卡尔曼滤波与常规滤波的含义与方法完全不同，实质上是一种最优估计方法。

在工程系统随机控制和信息处理问题上，通常所得到的观测信号不仅包含所用信号，还包含随机观测噪声和干扰信号。通过对一系列带有观测噪声和干扰信号的实际观测数据的处理，得到所需要的各种参量的估计值，这就是估计问题。在工程实践中，经常遇到的估计问题分为两类：①系统的结构参数部分或全部未知、有待确定；②实施最优控制需要随时了解系统的状态，而由于种种限制，系统中的一部分或全部状态变量不能直接测得。这就形成了估计的两类问题——参数估计和状态估计[8]。

一般估计问题都是由估计先验信息、估计约束条件和估计准则三部分构成。为了衡量估计的好坏，必须有一个估计准则。在应用中，人们总是希望估计出来的参数或状态越接近实际值越好，即得到状态或参数的最优估计。很显然，估计准则可能是各式各样的，最优估计不是唯一的，它随着估计准则的不同而不同。因此，在估计时要恰当选择估计准则。

如前所述，估计准则以某种方式度量了估计的精确性，它体现了估计是否最优的含义。估计准则应用函数来表达，估计中称这个函数为指标函数或损失函数。一般来说，损失函数是根据先验信息选定的，然后通过损失函数的极小化或极大化导出；不同的损失函数，导致不同的估计方法。原则上任何具有一定性质的函数都能作为损失函数[9]。

选取不同的估计准则，就有不同的估计方法，估计方法与估计准则是紧密相关的。常用的估计方法有最小二乘估计、线性最小方差估计、最小方差估计、极大似然估计及极大验后估计。

在估计问题中，常常考虑如下随机线性离散系统模型：

$$X(k+1) = \boldsymbol{\Phi}X(k) + \boldsymbol{\Gamma}w(k) \tag{4.1.7}$$

$$Y(k) = \boldsymbol{H}X(k) + v(k) \tag{4.1.8}$$

式中，$X(k)$ 是系统的 n 维状态向量；$Y(k)$ 是系统的 m 维观测向量；$w(k)$ 是系统的 p 维随机干扰向量；$v(k)$ 是系统的 r 维观测噪声向量；$\boldsymbol{\Phi}$ 是系统的 $n \times n$ 维状态转移矩阵。

2. 卡尔曼滤波原理

随着计算机技术的发展，卡尔曼滤波的计算要求与复杂性已不再成为其应用的障碍，并且越来越受到人们的青睐。目前卡尔曼滤波理论已经广泛应用在国防、军事、跟踪、制导等许多高科技领域。

下面介绍射影定理。

卡尔曼滤波器是线性最小方差估值器，也叫作最优滤波器，在几何上卡尔曼滤波器可看作状态变量在由观测生成的线性空间中的射影。因此，射影定理是卡尔曼滤波推导的基本工具。

定义 1：$x - \hat{x}$ 与 y 不相关即 $x - \hat{x}$ 与 y 正交（垂直），记为 $x - \hat{x} \perp y$，

并称 $\hat{\boldsymbol{x}}$ 为 $\boldsymbol{x}$ 在 $\boldsymbol{y}$ 上的射影，记为 $\hat{\boldsymbol{x}}=\mathrm{proj}(\boldsymbol{x}\,|\,\boldsymbol{y})$。

定义 1 射影示意如图 4.1.2 所示。

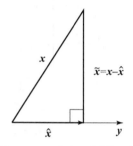

图 4.1.2 定义 1 射影示意

定义 2：基于随机变量 $\boldsymbol{y}(1),\boldsymbol{y}(2),\cdots,\boldsymbol{y}(k)\in\boldsymbol{R}^{m}$，对随机变量 $\boldsymbol{x}\in\boldsymbol{R}^{m}$ 的线性最小方差估计 $\hat{\boldsymbol{x}}$ 的定义为

$$\hat{\boldsymbol{x}}=\mathrm{proj}(\boldsymbol{x}\,|\,\boldsymbol{w})\triangleq\mathrm{proj}(\boldsymbol{x}\,|\,\boldsymbol{y}(1),\boldsymbol{y}(1),\cdots,\boldsymbol{y}(k)) \tag{4.1.9}$$

也称为 $\boldsymbol{x}$ 在线性流型 $L(w)$ 或 $L(\boldsymbol{y}(1),\cdots,\boldsymbol{y}(k))$ 上的射影。

定义 3：$\boldsymbol{y}(1),\boldsymbol{y}(2),\cdots,\boldsymbol{y}(k)\in\boldsymbol{R}^{m}$ 是存在二阶矩（方差）的随机序列，新息序列（新息过程）定义为

$$\boldsymbol{\varepsilon}(k)=\boldsymbol{y}(k)-\mathrm{proj}(\boldsymbol{y}(k)\,|\,\boldsymbol{y}(1),\cdots,\boldsymbol{y}(k-1)),k=1,2,3,\cdots \tag{4.1.10}$$

并定义 $\boldsymbol{y}(k)$ 的一步最优预报估值为

$$\hat{\boldsymbol{y}}(k\,|\,k-1)=\mathrm{proj}(\boldsymbol{y}(k)\,|\,\boldsymbol{y}(1),\cdots,\boldsymbol{y}(k-1)) \tag{4.1.11}$$

因此，新息序列可定义为

$$\boldsymbol{\varepsilon}(k)=\boldsymbol{y}(k)-\hat{\boldsymbol{y}}(k\,|\,k-1),k=1,2,3,\cdots \tag{4.1.12}$$

其中规定 $\hat{\boldsymbol{y}}(1\,|\,0)=E[\boldsymbol{y}(1)]$，这保证了 $E[\boldsymbol{\varepsilon}(1)]=0$。其几何意义如图 4.1.3 所示。

定义 4：设随机变量 $\boldsymbol{x}\in\boldsymbol{R}^{m}$，则有

$$\mathrm{proj}(\boldsymbol{x}\,|\,\boldsymbol{y}(1),\cdots,\boldsymbol{y}(k))=\mathrm{proj}(\boldsymbol{x}\,|\,\boldsymbol{\varepsilon}(1),\cdots,\boldsymbol{\varepsilon}(k)) \tag{4.1.13}$$

由于新息序列的正交性，这一定义将大大简化射影的计算。

递推射影定理：设随机变量 $\boldsymbol{x}\in\boldsymbol{R}^{m}$，随机序列 $\boldsymbol{y}(1),\boldsymbol{y}(2),\cdots,\boldsymbol{y}(k)\in\boldsymbol{R}^{m}$，且它们存在二阶矩，则有递推射影公式

$$\mathrm{proj}(\boldsymbol{x}\,|\,\boldsymbol{y}(1),\cdots,\boldsymbol{y}(k))$$

$$=\mathrm{proj}(\boldsymbol{x}\,|\,\boldsymbol{y}(1),\cdots,\boldsymbol{y}(k))+E[\boldsymbol{x}\boldsymbol{\varepsilon}^{\mathrm{T}}(k)][E(\boldsymbol{\varepsilon}(k)\boldsymbol{\varepsilon}^{\mathrm{T}}(k))]^{-1}\boldsymbol{\varepsilon}(k)$$

$$\tag{4.1.14}$$

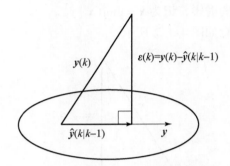

图 4.1.3   定义 3 射影示意

递推射影定理是推导卡尔曼滤波器的递推算法的出发点。

3. 卡尔曼滤波原理推导

考虑用如下状态空间模型描述动态线性系统：

$$X(k+1) = \boldsymbol{\Phi} X(k) + \boldsymbol{\Gamma} w(k) \tag{4.1.15}$$

$$Y(k) = \boldsymbol{H} X(k) + v(k) \tag{4.1.16}$$

式中，k 为离散时间，系统在时刻 k 的状态为 $X(k) \in \boldsymbol{R}^m$；$Y(k) \in \boldsymbol{R}^m$ 为对状态的观测信号；$w(k) \in \boldsymbol{R}^m$ 为输入的白噪声；$v(k) \in \boldsymbol{R}^m$ 为观测噪声，称式（4.1.15）为状态方程，称式（4.1.16）为观测方程；$\boldsymbol{\Phi}$ 为状态转移矩阵；$\boldsymbol{\Gamma}$ 为噪声驱动矩阵；$\boldsymbol{H}$ 为观测矩阵。

$w(k)$ 和 $v(k)$ 是均值为零、方差矩阵各为 $\boldsymbol{Q}$ 和 $\boldsymbol{R}$ 的不相关白噪声，有以下概率特征：$E[w(k)] = 0$，$E[v(k)] = 0$，$E[w(k)w^{\mathrm{T}}(j)] = \boldsymbol{Q}\delta_{kj}$，$E[v(k)v^{\mathrm{T}}(j)] = \boldsymbol{R}\delta_{kj}$；$w(k)$ 和 $v(k)$ 互不相关，因此有 $E[w(k)v^{\mathrm{T}}(j)] = 0$，$\forall k,j$。

特别规定初始状态 $X(0)$ 不相关于 $w(k)$ 和 $v(k)$，$E[X(0)] = \boldsymbol{\mu}_0$，初始协方差表示为 $\boldsymbol{P}_0 = E[(X(0) - \boldsymbol{\mu}_0)(X(0) - \boldsymbol{\mu}_0)^{\mathrm{T}}]$。卡尔曼滤波问题是：基于观测信号 $\{Y(1), \cdots, Y(k)\}$，求状态 $X(j)$ 的线性最小方差估计值 $\hat{X}(j|k)$，它的极小化性能指标函数为

$$J = E[(X(j) - \hat{X}(j|k))^{\mathrm{T}}(X(j) - \hat{X}(j|k))] \tag{4.1.17}$$

对于 $j=k$，$j>k$，$j<k$，分别称 $\hat{X}(j|k)$ 为卡尔曼滤波器、预报器和平滑器。滤波器一般用于对当前状态噪声的处理；预报器用于状态预测，通

常在导弹拦截、卫星回收等问题上涉及导弹和卫星轨道预测；平滑器主要解决卫星入轨初速度估计或卫星轨道重构问题[10]。

在性能指标［式（4.1.17）］下，问题归结为求射影如下：

$$\hat{X}(j \mid k) = \text{proj}(X(j) \mid Y(1), \cdots, Y(k)) \qquad (4.1.18)$$

由递推射影定理得到递推关系如下：

$$\hat{X}(k+1 \mid k+1) = \hat{X}(k+1 \mid k) + K(k+1)\varepsilon(k+1) \qquad (4.1.19)$$

$$K(k+1) = E[X(k+1)\varepsilon^{\mathrm{T}}(k+1)]\{E[\varepsilon(k+1)\varepsilon^{\mathrm{T}}(k+1)]\}^{-1} \qquad (4.1.20)$$

式中，$K(k+1)$ 为卡尔曼增益。

对状态方程式（4.1.15）两边取射影有

$$\hat{X}(k+1 \mid k) = \boldsymbol{\Phi}\hat{X}(k \mid k) + \boldsymbol{\Gamma}\text{proj}(w(t) \mid Y(1), \cdots, Y(k)) \qquad (4.1.21)$$

因 $w(k) \perp L(Y(1), \cdots, Y(k)), Ew(k) = 0$，可得

$$\text{proj}(w(k) \mid Y(1), Y(k)) = 0 \qquad (4.1.22)$$

于是有

$$\hat{X}(k+1 \mid k) = \boldsymbol{\Phi}\hat{X}(k \mid k) \qquad (4.1.23)$$

同理，对观测方程式（4.1.16）两边取射影有

$$\hat{Y}(k+1 \mid k) = H\hat{X}(k+1 \mid k) + \text{proj}(v(k+1) \mid Y(1), \cdots, Y(k)) \qquad (4.1.24)$$

因为 $v(k+1) \perp L(Y(1), \cdots, Y(k))$，故有 $\text{proj}(v(k+1) \mid Y(1), \cdots, Y(k)) = 0$，于是有

$$\hat{Y}(k+1 \mid k) = H\hat{X}(k+1 \mid k) \qquad (4.1.25)$$

在这里引出新息的表达式：

$$\varepsilon(k+1) = Y(k+1) - \hat{Y}(k+1 \mid k) \qquad (4.1.26)$$

记滤波器和预报估值误差及方差矩阵为

$$\tilde{X}(k \mid k) = X(k) - \hat{X}(k \mid k) \qquad (4.1.27)$$

$$\tilde{X}(k+1 \mid k) = X(k+1) - \hat{X}(k+1 \mid k) \qquad (4.1.28)$$

$$P(k \mid k) = E[\widetilde{\boldsymbol{X}}(k \mid k)\widetilde{\boldsymbol{X}}^{\mathrm{T}}(k \mid k)] \qquad (4.1.29)$$

$$P(k+1 \mid k) = E[\widetilde{\boldsymbol{X}}(k+1 \mid k)\widetilde{\boldsymbol{X}}^{\mathrm{T}}(k+1 \mid k)] \qquad (4.1.30)$$

则由状态 [式 (4.1.16)] 和新息 [式 (4.1.25) 和式 (4.1.26)] 有

$$\boldsymbol{\varepsilon}(t+1) = \boldsymbol{H}\widetilde{\boldsymbol{X}}(k+1 \mid t) + \boldsymbol{v}(k+1) \qquad (4.1.31)$$

由状态方程式 (4.1.15) 和式 (4.1.25) 有

$$\widetilde{\boldsymbol{X}}(k+1 \mid k) = \boldsymbol{\Phi}\widetilde{\boldsymbol{X}}(k \mid k) + \boldsymbol{\Gamma}\boldsymbol{w}(k) \qquad (4.1.32)$$

由式 (4.1.19) 得

$$\widetilde{\boldsymbol{X}}(t+1 \mid k+1) = \widetilde{\boldsymbol{X}}(k+1 \mid k) - \boldsymbol{K}(k+1)\boldsymbol{\varepsilon}(k+1) \qquad (4.1.33)$$

将式 (4.1.31) 代入式 (4.1.33) 得到

$$\widetilde{\boldsymbol{X}}(t+1 \mid k+1) = [\boldsymbol{I}_n - \boldsymbol{K}(k+1)\boldsymbol{H}]\widetilde{\boldsymbol{X}}(k+1 \mid k) - \boldsymbol{K}(k+1)\boldsymbol{\varepsilon}(k+1)$$
$$(4.1.34)$$

因为 $\boldsymbol{w}(k) \perp \widetilde{\boldsymbol{X}}(k \mid k)$，则 $E[\boldsymbol{w}(k)\widetilde{\boldsymbol{X}}^{\mathrm{T}}(k \mid k)] = 0$，于是由式 (4.1.32) 得到

$$P(k+1 \mid k) = \boldsymbol{\Phi}P(k \mid k)\boldsymbol{\Phi}^{\mathrm{T}} + \boldsymbol{\Gamma}\boldsymbol{Q}\boldsymbol{\Gamma}^{\mathrm{T}} \qquad (4.1.35)$$

由式 (4.1.31) 得到新息方差矩阵为

$$E[\boldsymbol{\varepsilon}(k+1)\boldsymbol{\varepsilon}^{\mathrm{T}}(k+1)] = \boldsymbol{H}P(k+1 \mid k)\boldsymbol{H}^{\mathrm{T}} + \boldsymbol{R} \qquad (4.1.36)$$

由式 (4.1.34) 可得

$$P(k+1 \mid k+1) = E[\boldsymbol{\varepsilon}(k+1)\boldsymbol{\varepsilon}^{\mathrm{T}}(k+1)]$$
$$= [\boldsymbol{I}_n - \boldsymbol{K}(t+1)\boldsymbol{H}]P(k+1 \mid k)[\boldsymbol{I}_n - \boldsymbol{K}(t+1)\boldsymbol{H}]^{\mathrm{T}} +$$
$$\boldsymbol{K}(k+1)\boldsymbol{R}\boldsymbol{K}^{\mathrm{T}}(k+1)$$
$$(4.1.37)$$

下面需要求卡尔曼滤波器的增益 $\boldsymbol{K}(k+1)$，为此求 $E[\boldsymbol{X}(k+1)\boldsymbol{\varepsilon}^{\mathrm{T}}(k+1)]$，即

$$E[\boldsymbol{X}(k+1)\boldsymbol{\varepsilon}^{\mathrm{T}}(k+1)]$$
$$= E[(\hat{\boldsymbol{X}}(k+1 \mid k) + \widetilde{\boldsymbol{X}}(k+1 \mid k))(\boldsymbol{H}\widetilde{\boldsymbol{X}}(k+1 \mid k) + \boldsymbol{v}(k+1))^{\mathrm{T}}]$$
$$(4.1.38)$$

由射影的正交性，得

$$\hat{X}(k+1\mid k)\perp\tilde{X}(k+1\mid k)$$

且注意 $v(k+1)\perp\tilde{X}(k+1\mid k)$，$v(k+1)\perp\hat{X}(k+1\mid k)$，于是

$$E[X(k+1)\boldsymbol{\varepsilon}^{\mathrm{T}}(k+1)]=P(k+1\mid k)H^{\mathrm{T}} \qquad (4.1.39)$$

将式（4.1.39）和式（4.1.36）代入式（4.1.20），有增益

$$K(k+1)=P(k+1\mid k)H^{\mathrm{T}}[HP(k+1\mid k)H^{\mathrm{T}}+R]^{-1} \qquad (4.1.40)$$

现在用 $K(k+1)$ 的表达式简化式（4.1.37），有

$$P(k+1\mid k+1)=[I_n-K(k+1)H]P(k+1\mid k) \qquad (4.1.41)$$

至此，卡尔曼滤波公式推导完毕。

4. 卡尔曼滤波过程描述

卡尔曼滤波器的 5 个核心公式如下。

（1）$X(k\mid k-1)=\boldsymbol{\Phi}X(k-1\mid k-1)+BU(k)$　　　　状态预测

（2）$P(k\mid k-1)=\boldsymbol{\Phi}P(k-1\mid k-1)\boldsymbol{\Phi}^{\mathrm{T}}+Q$　　　　协方差预测

（3）$K=P(k\mid k-1)H^{\mathrm{T}}/(HP(k\mid k-1)H^{\mathrm{T}}+R)$　　卡尔曼增益

（4）$X(k\mid k)=X(k\mid k-1)+K(Z(k)-HX(k\mid k-1))$　状态更新

（5）$P(k\mid k)=(I-KH)P(k\mid k-1)$　　　　　　　　协方差更新

下面详细介绍卡尔曼滤波的过程。首先，引入一个离散控制过程的系统。该系统可用一个线性随机微分方程来描述：

$$X(k)=\boldsymbol{\Phi}X(k-1)+BU(k)+W(k) \qquad (4.1.42)$$

再加上系统的测量噪声：

$$Z(k)=HK(k)+V(k) \qquad (4.1.43)$$

式中，$X(k)$ 是 k 时刻的系统状态；$U(k)$ 是 k 时刻对系统的控制量；$\boldsymbol{\Phi}$ 和 B 是系统参数，对于多模型系统，它们为矩阵；$Z(k)$ 是 k 时刻的测量值；H 是测量系统的参数，对于多测量系统，H 为观测矩阵；$W(k)$ 和 $V(k)$ 分别表示过程噪声和测量噪声，它们被假设成高斯白噪声（White Gaussian Noise），它们的协方差分别是 Q，R（这里假设它们不随系统状态的变化而变化）。

对于上面的条件（线性随机微分系统，过程噪声和测量噪声都是高斯白噪声），卡尔曼滤波器是最优的信息处理器。

下面结合它们的协方差来估算系统的最优化输出。

　　首先要利用系统的过程模型来预测下一状态的系统。假设现在的系统状态是 k，根据系统的过程模型，可以基于系统的上一状态预测现在的状态：

$$X(k) = \boldsymbol{\Phi}X(k-1) + \boldsymbol{B}U(k) \tag{4.1.44}$$

　　在核心公式（1）中，$X(k|k-1)$ 是利用上一状态所预测的结果，$X(k-1|k-1)$ 是上一状态最优的结果，$U(k)$ 为现在状态的控制量，如果没有控制量，它可为 0。

　　到现在为止，系统结果已经更新了，可是，对应 $X(k|k-1)$ 的协方差还没有更新。用 $\boldsymbol{P}$ 表示协方差，有

$$P(k|k-1) = \boldsymbol{\Phi}P(k-1|k-1)\boldsymbol{\Phi}^{\mathrm{T}} + \boldsymbol{Q} \tag{4.1.45}$$

　　在核心公式（2）中，$P(k|k-1)$ 是 $X(k|k-1)$ 对应的协方差，$P(k-1|k-1)$ 是 $X(k-1|k-1)$ 对应的协方差，$\boldsymbol{\Phi}^{\mathrm{T}}$ 表示 $\boldsymbol{\Phi}$ 的转置矩阵，$\boldsymbol{Q}$ 是系统过程的协方差。式（4.1.44）、式（4.1.45）就是卡尔曼滤波器 5 个核心公式中的前两个，也就是对系统的预测。

　　有了现在状态的预测结果，再收集现在状态的测量值。结合预测值和测量值，可以得到现在状态 $X(k)$ 的最优化估算值 $X(k|k)$：

$$X(k|k) = X(k|k-1) + \mathbf{Kg}(k)(Z(k) - \boldsymbol{H}X(k|k-1)) \tag{4.1.46}$$

式中，$\mathbf{Kg}$ 为增益（Kalman Gain）：

$$\mathbf{Kg}(k) = P(k|k-1)\boldsymbol{H}^{\mathrm{T}} / (\boldsymbol{H}P(k|k-1)\boldsymbol{H}^{\mathrm{T}} + \boldsymbol{R}) \tag{4.1.47}$$

　　到现在为止，已经得到了 k 状态下最优的估算值 $X(k|k)$，但是为了要令卡尔曼滤波器不断地运行下去，直到系统过程结束，还要更新 k 状态下 $X(k|k)$ 的协方差：

$$P(k|k) = (\boldsymbol{I} - \mathbf{Kg}(k)\boldsymbol{H})P(k|k-1) \tag{4.1.48}$$

式中，$\boldsymbol{I}$ 为单位矩阵，对于单模型单测量，$\boldsymbol{I}=1$。当系统进入 $k+1$ 状态时，$P(k|k)$ 就是核心公式（2）的 $P(k-1|k-1)$。这样，算法就可以自回归地运算下去[11]。

4.1.3　扩展卡尔曼滤波

1. 扩展卡尔曼滤波原理

卡尔曼滤波能够在线性高斯模型的条件下，对目标的状态做出最优的

估计，得到较好的跟踪效果。对非线性滤波问题常用的处理方法是利用线性化技巧将其转化为一个近似的线性滤波问题。因此，可以利用非线性函数的局部线性特性，将非线性模型局部化，再利用卡尔曼滤波算法完成滤波跟踪。扩展卡尔曼滤波就是基于这样的思想，将系统的非线性函数做一阶泰勒展开，得到线性化的系统方程，从而完成对目标的滤波估计[12]。

非线性系统离散动态方程可以表示为

$$X(k+1) = f[k, X(k)] + G(k)W(k) \tag{4.1.49}$$

$$Z(k) = h[k, X(k)] + V(k) \tag{4.1.50}$$

为了便于数学处理，假设没有控制量的输入，并假设过程噪声是均值为零的高斯白噪声，且噪声分布矩阵 $G(k)$ 是已知的。其中，观测噪声 $V(k)$ 也是加性均值为零的高斯白噪声。假设过程噪声和观测噪声序列是彼此独立的，并且有初始状态估计 $\hat{X}(0|0)$ 和协方差矩阵 $P(0|0)$。和线性系统的情况一样，可以得到扩展卡尔曼滤波算法如下：

$$\hat{X}(k|k+1) = f(\hat{X}(k|k+1)) \tag{4.1.51}$$

$$P(k+1|k) = \boldsymbol{\Phi}(k+1|k)P(k|k)\boldsymbol{\Phi}^{\mathrm{T}}(k+1|k) + Q(k+1) \tag{4.1.52}$$

$$K(k+1) = P(k+1|k)H^{\mathrm{T}}(k+1)[H(k+1)P(k+1|k)H^{\mathrm{T}}(k+1) + R(k+1)]^{-1} \tag{4.1.53}$$

$$\hat{X}(K+1|k+1) = \hat{X}(k+1|k) + K(k+1)[Z(k+1) - h(\hat{X}(k+1|k)] \tag{4.1.54}$$

$$P(k+1) = [I - K(k+1)H(k+1)]P(k+1|k) \tag{4.1.55}$$

这里需要重点说明的是，状态转移矩阵 $\boldsymbol{\Phi}(k+1|k)$ 和量测矩阵 $H(k+1)$ 是由 f 和 h 的雅克比矩阵代替的。其雅克比矩阵的求法如下。

假如状态变量有 n 维，即 $X = [x_1 \quad x_2 \quad \cdots \quad x_n]$，则对状态方程各维求偏导，有

$$\boldsymbol{\Phi}(k+1) = \frac{\partial f}{\partial X} = \left[\frac{\partial f}{\partial x_1} \frac{\partial f}{\partial x_2} \frac{\partial f}{\partial x_3} \cdots \frac{\partial f}{\partial x_n}\right] \tag{4.1.56}$$

$$H(k+1) = \frac{\partial h}{\partial X} = \left[\frac{\partial h}{\partial x_1} \frac{\partial h}{\partial x_2} \frac{\partial h}{\partial x_3} \cdots \frac{\partial h}{\partial x_n}\right] \tag{4.1.57}$$

2. 扩展卡尔曼滤波在一维非线性系统中的应用

所谓非线性方程，就是因变量与自变量的关系不是线性的，这类方程

很多，例如平凡关系、对数关系、指数关系、三角函数关系等。这些方程可分为两类，一类是多项式方程，另一类是非多项式方程。为了便于说明非线性卡尔曼滤波——扩展卡尔曼滤波的原理，选用以下系统。系统状态为 $X(k)$，它仅包含一维变量，即 $X(k) = [x(k)]$，系统状态方程为

$$X(k) = 0.5X(k-1) + \frac{2.5X(k-1)}{1 + X^2(k-1)} + 8\cos(1.2k) + w(k)$$

(4.1.58)

观测方程为

$$Y(k) = \frac{X^2(k)}{20} + v(k) \qquad (4.1.59)$$

式中，式（4.1.58）是包含分式、平方、三角函数在内的严重非线性方程；$w(k)$ 为过程噪声，其均值为 0，方差为 Q；观测方程中，观测信号 $Y(k)$ 与状态 $X(k)$ 的关系也是非线性的，$v(k)$ 也是均值为 0，方差为 R 的高斯白噪声。因此，关于式（4.1.58）和式（4.1.59）是一个状态和观测都为非线性的一维系统。以此为通用的非线性方程的代表，接下来讲述如何用扩展卡尔曼滤波来处理噪声问题。

第一步：初始化初始状态 $X(0)$，$Y(0)$，协方差矩阵 P_0。

第二步：状态预测。

$$X(k|k-1) = 0.5X(k-1) + \frac{2.5X(k-1)}{1 + X^2(k-1)} + 8\cos(1.2k) \quad (4.1.60)$$

第三步：观测预测。

$$Y(k|k-1) = \frac{X^2(k|k-1)}{20} \qquad (4.1.61)$$

第四步：一阶线性化状态方程，求解状态转移矩阵 $\boldsymbol{\Phi}(k)$。

$$\boldsymbol{\Phi}(k) = \frac{\partial f}{\partial \boldsymbol{X}} = 0.5 + \frac{2.5[1 - X^2(k|k-1)]}{[1 + X^2(k|k-1)]^2} \qquad (4.1.62)$$

第五步：一阶线性化观测方程，求解观测矩阵 $\boldsymbol{H}(k)$。

$$\boldsymbol{H}(k) = \frac{\partial h}{\partial \boldsymbol{X}} = \frac{X(k|k-1)}{10} \qquad (4.1.63)$$

第六步：求协方差矩阵 $P(k|k-1)$。

$$P(k|k-1) = \boldsymbol{\Phi}(k)P(k-1|k-1)\boldsymbol{\Phi}^{\mathrm{T}}(k) + \boldsymbol{\Gamma}\boldsymbol{Q}\boldsymbol{\Gamma}^{\mathrm{T}} \qquad (4.1.64)$$

这里需要说明的是，当噪声驱动矩阵不存在，或系统状态方程中在

$w(k)$ 前没有任何驱动矩阵时，$\boldsymbol{Q}$ 必然是和状态维数相同的方阵，可将式（4.1.64）直接写为 $\boldsymbol{P}(k\,|\,k-1)=\boldsymbol{\Phi}(k)\boldsymbol{P}(k-1\,|\,k-1)\boldsymbol{\Phi}^{\mathrm{T}}(k)+\boldsymbol{Q}$。

第七步：求卡尔曼增益。

$$\boldsymbol{K}(k)=\boldsymbol{P}(k\,|\,k-1)\boldsymbol{H}^{\mathrm{T}}(k)(\boldsymbol{H}(k)\boldsymbol{P}(k\,|\,k-1)\boldsymbol{H}^{\mathrm{T}}(k)+\boldsymbol{R})$$

$$(4.1.65)$$

第八步：求状态更新。

$$\boldsymbol{X}(k)=\boldsymbol{X}(k\,|\,k-1)+\boldsymbol{K}(\boldsymbol{Y}(k)-\boldsymbol{Y}(k\,|\,k-1)) \qquad (4.1.66)$$

第九步：协方差更新。

$$\boldsymbol{P}(k)=(\boldsymbol{I}_n-\boldsymbol{K}(k)\boldsymbol{H}(k))\boldsymbol{P}(k\,|\,k-1) \qquad (4.1.67)$$

以上九步为扩展卡尔曼滤波的一个计算周期，如此循环下去就是各个时刻扩展卡尔曼滤波对非线性系统的处理过程。

4.1.4　无迹卡尔曼滤波

无迹卡尔曼滤波（Unscented Kalman Filter，UKF）是 S. Julier 等人提出的一种非线性滤波方法。与扩展卡尔曼滤波不同的是，它并不对非线性方程 f 和 h 在估计点处做线性化逼近，而是利用无迹变换（Unscented Transform，UT）在估计点附近确定采样，用这些样本点表示的高斯密度近似状态的概率密度函数[13]。

无迹卡尔曼滤波算法的关键步骤是无迹变换，无迹变换是一种计算非线性变换中随机变量数字特征的方法，其实现原理为：在原先状态分布中按某一规则取一些点，使这些点的均值和协方差等于原状态分布的均值和协方差；将这些点代入非线性函数，相应得到非线性函数值点集，通过这些点集求取变换后的均值和协方差。其采样点的选择是基于先验均值和先验协方差矩阵的平方根的相关列实现的[14]。具体计算方法如下。

第一步，计算 $2n+1$ 个 sigma 点（即采样点，这里的 n 指的是状态的维数，这里取值为 9）。

$$\begin{cases} \boldsymbol{X}^{(0)}=\bar{\boldsymbol{X}} \\ \boldsymbol{X}^{(i)}=\bar{\boldsymbol{X}}+\sqrt{(n+\lambda)\boldsymbol{P}}, i=1:n \\ \boldsymbol{X}^{(i)}=\bar{\boldsymbol{X}}-\sqrt{(n+\lambda)\boldsymbol{P}}, i=n+1:2n \end{cases} \qquad (4.1.68)$$

第二步，计算这些采样点相应的权重。

$$W_m^{(0)} = \frac{\lambda}{n+\lambda}$$

$$W_c^{(0)} = \frac{\lambda}{n+\lambda} + (1 - a^2 + \beta) \qquad (4.1.69)$$

$$W_m^{(0)} = W_c^{(i)} = \frac{\lambda}{2(n+\lambda)}, \quad i = 1:2n$$

式中，参数 $\lambda = a^2(n+k) - n$，是一个缩放比例参数，a 的选取控制了采样点的分布状态，k 为待选参数，其具体取值虽然没有界限，但通常应确保矩阵 $(n+\lambda)\boldsymbol{P}$ 为半正定矩阵；待选参数 $\beta \geqslant 0$ 是一个非负的权系数，它可以合并方程中高阶项的动差，这样就可以把高阶项的影响包括在内。这里 $a = 0.01$，$k = 0$，$\beta = 2$，维数 $n = 9$，代入 $\lambda = a^2(n+k) - n$ 即可以得到 λ 的值。

无迹变换的矩阵可以写成如下形式：

$$\boldsymbol{X} = [\bar{\boldsymbol{X}} \quad \bar{\boldsymbol{X}} \quad \bar{\boldsymbol{X}} \quad \bar{\boldsymbol{X}} \quad \bar{\boldsymbol{X}} \quad \bar{\boldsymbol{X}} \quad \bar{\boldsymbol{X}} \quad \bar{\boldsymbol{X}} \quad \bar{\boldsymbol{X}}] + \sqrt{n+\lambda}[0 \quad \sqrt{\boldsymbol{P}} \quad \sqrt{\boldsymbol{P}}]$$

$$(4.1.70)$$

无迹卡尔曼滤波算法可以归纳为以下几步。

首先，计算 sigma 点的状态一步预测：

$$\boldsymbol{X}^{(i)}(k+1 \mid k) = f[k, \boldsymbol{X}^{(i)}(k \mid k)] \qquad (4.1.71)$$

系统状态一步预测及协方差矩阵为

$$\hat{\boldsymbol{X}}(k+1 \mid k) = \sum_{i=0}^{2n} \omega^{(i)} \boldsymbol{X}^{(i)}(k+1 \mid k) \qquad (4.1.72)$$

$$\boldsymbol{P}(k+1 \mid k)$$

$$= \sum_{i=0}^{2n} \omega^{(i)} [\hat{\boldsymbol{X}}(k+1 \mid k) - \boldsymbol{X}^{(i)}(k+1 \mid k)][\hat{\boldsymbol{X}}(k+1 \mid k) - \boldsymbol{X}^{(i)}(k+1 \mid k)]^{\mathrm{T}}$$

$$(4.1.73)$$

sigma 点的观测预测为

$$\boldsymbol{Z}^{(i)}(k+1 \mid k) = h[\boldsymbol{X}^{(i)}(k+1 \mid k)] \qquad (4.1.74)$$

观测预测均值及协方差为

$$\bar{\boldsymbol{Z}}(k+1 \mid k) = \sum_{i=0}^{2n} \omega^{(i)} \boldsymbol{Z}^{(i)}(k+1 \mid k) \qquad (4.1.75)$$

$$S(k + 1 \mid k)$$

$$= \sum_{i=0}^{2n} \omega^{(i)} \big[\hat{\boldsymbol{Z}}(k + 1 \mid k) - \boldsymbol{Z}^{(i)}(k + 1 \mid k) \big] \big[\hat{\boldsymbol{Z}}(k + 1 \mid k) -$$

$$\boldsymbol{Z}^{(i)}(k + 1 \mid k) \big]^{\mathrm{T}}$$

$$(4.1.76)$$

增益矩阵为

$$\boldsymbol{K}(k + 1)$$

$$= \left\{ \begin{array}{l} \displaystyle\sum_{i=0}^{2n} \omega^{(i)} \big[\hat{\boldsymbol{X}}(k + 1 \mid k) - \boldsymbol{X}^{(i)}(k + 1 \mid k) \big] \\[2mm] \big[\hat{\boldsymbol{Z}}(k + 1 \mid k) - \boldsymbol{Z}^{(i)}(k + 1 \mid k) \big]^{\mathrm{T}} \end{array} \right\} \boldsymbol{S}^{-1}(k + 1)$$

$$(4.1.77)$$

更新后系统状态估计及协方差矩阵为

$$\hat{\boldsymbol{X}}(k + 1 \mid k + 1) = \hat{\boldsymbol{X}}(k + 1 \mid k) + \boldsymbol{K}(k + 1) \big[\boldsymbol{Z}(k + 1) - \hat{\boldsymbol{Z}}(k + 1 \mid k) \big]$$

$$(4.1.78)$$

$$\boldsymbol{P}(k + 1 \mid k + 1) = \boldsymbol{P}(k + 1 \mid k) - \boldsymbol{K}(k + 1) \boldsymbol{S}(k + 1) \boldsymbol{K}^{\mathrm{T}}(k + 1)$$

$$(4.1.79)$$

由此可以看出，无迹卡尔曼滤波在处理非线性滤波问题时并不需要在估计点处做泰勒级数展开，然后进行前 n 阶近似，而是在估计点附近进行无迹变换，使获得的 sigma 点集的均值和协方差与原统计特性匹配，再直接对这些 sigma 点集进行非线性映射，近似状态概率密度函数，这种近似的实质是一种统计近似而非解[15]。

4.1.5　希尔伯特 – 黄变换（Hilbert – Huang Transform，HHT）

1. 希尔伯特变换

现代信号处理定义实值函数的希尔伯特变换（Hilbert Transform）是将信号 $x(t)$ 与 $\dfrac{1}{\pi t}$ 做卷积得到 $\hat{x}(t)$。希尔伯特变换定义的公式为

$$\hat{x}(t) = H\{x\} = h(t) * x(t) = \int_{-\infty}^{\infty} x(\tau) h(t - \tau) \mathrm{d}\tau = \frac{1}{\pi} \int_{-\infty}^{\infty} \frac{x(\tau)}{t - \tau} \mathrm{d}\tau$$

$$(4.1.80)$$

式中，$H\{x\}$ 表示对 $x(t)$ 的希尔伯特变换；$h(t) = \dfrac{1}{\pi t}$。

希尔伯特变换的频率响应是依据傅里叶变换得出的，其频率响应公式为

$$H(\omega) = F\{h(t)\} = F\left(\frac{1}{\pi t}\right) = -\mathrm{j} \cdot \mathrm{sgn}(\omega) \qquad (4.1.81)$$

式中，F 表示傅里叶变换；j 是虚数单位；$\mathrm{sgn}(\omega) = \begin{cases} 1, & \omega > 0 \\ 0, & \omega = 0 \\ -1, & \omega < 0 \end{cases}$。

对式（4.1.81）进行分析，希尔伯特变换在频域里频率分量的幅度不变，但相位出现了 90° 相移，即当频率高于 0 Hz 时，相位向左移 90°，反之向右移 90°。通常把原始信号 $x(t)$ 与其希尔伯特变换后的信号写成复信号形式[16]。

2. EMD 算法

1998 年，美籍华人科学家黄锷（Norden E. Huang）教授针对非平稳、非线性信号的分析提出了经验模式分解（Empirical Mode Decomposition，EMD）算法，并得到了希尔伯特谱的概念，这一算法被称作希尔伯特－黄变换（Hilbert – Huang Transform，HHT）[17]。这一算法为非平稳、非线性信号的分析提供了一个全新且高效的数据分析方法。

HHT 的主要内容包含两部分，一部分是 EMD，另一部分是希尔伯特谱分析（Hilbert Spectrum Analysis，HSA）。EMD 过程是把复杂信号分解出一系列简单信号，这一分解过程不需要按照固定的频带做子带分解。EMD 分解完全由原信号本身决定，因此这一过程是自适应并且是高效率的。EMD 过程符合解析信号对瞬时频率的要求，分解得到的简单信号有许多特点，主要概括如下。

（1）分解出的简单信号的个数是有限的，且数量不多。

（2）分解出的简单信号适于做希尔伯特变换，能方便地得到瞬时频率。

（3）该分解依据信号的局部特性，特别适合对非平稳和非线性信号做分析处理。

EMD 被称为一个"筛选（sifting）"过程。经 EMD 自适应地分解出的

每一个简单分量称为固有模态函数（Intrinsic Mode Function，IMF）。对每一个 IMF 进行希尔伯特变换，得到相位函数，进一步得出瞬时频率。每个 IMF 需满足如下两个条件。

（1）信号极值点的数量与零点数量相等或相差 1。

（2）由信号的极大值定义的上包络和由极小值定义的下包络的局部均值为零。

显然，条件（1）要求的 IMF 是窄带信号；条件（2）要求重点满足信号局部特性，防止信号不对称引起瞬时频率振荡。EMD 过程如下。

（1）对输入信号 $x(t)$ 求取其局部极大值点、极小值点，对这些极值点采用 3 次样条函数分别插值求得 $x(t)$ 的上包络 $u(t)$、下包络 $l(t)$。令 $m_1(t) = \dfrac{u(t) + l(t)}{2}$，则 $m_1(t)$ 为上、下包络的均值，再令

$$h_1(t) = x(t) - m_1(t) \tag{4.1.82}$$

从而完成一次迭代。由于插值过程中会出现新极值点，且在信号端点处出现较大扰动，所以第一次迭代时 $h_1(t)$ 一般不会符合 IMF 要求，需要继续下一步迭代运算。

（2）找 $h_1(t)$ 的局部最大、最小值点。同上述步骤，用 3 次样条函数对插值得到的上、下包络 $u_{11}(t)$，$l_{11}(t)$ 和其均值 $m_{11}(t)$ 进行插值，得到 $h_{11}(t) = h_1(t) - m_{11}(t)$。考察 $h_{11}(t)$ 是否符合 IMF 的要求，如不符合，继续上述迭代步骤，直到

$$h_{1k}(t) = h_{1(k-1)}(t) - m_{1k}(t) \tag{4.1.83}$$

符合 IMF 的条件。令 $c_1(t) = h_{1k}(t)$。得到第一个 IMF 分量 $c_1(t)$，由此完成了第一步筛选。对于 $h_{1k}(t)$ 的求取提供一个停止准则：

$$\mathrm{SD}_k = \sum_{t=0}^{T} \left[\frac{\left| h_{1(k-1)}(t) - h_{1k}(t) \right|^2}{h_{1(k-1)}^2(t)} \right] \tag{4.1.84}$$

式中，T 表示数据长度；SD_k 是两迭代过程的标准差，参考范围为 0.2 ~ 0.3，当小于此范围时迭代停止，得到 $c_1(t)$。

（3）基于以上两步，整个迭代过程的公式表示如下：

$$
\begin{aligned}
r_1(t) &= x(t) - c_1(t) \\
r_2(t) &= r_1(t) - c_2(t) \\
&\cdots \\
r_m(t) &= r_{m-1}(t) - c_m(t)
\end{aligned}
\tag{4.1.85}
$$

式中，$c_2(t)$，$\cdots$，$c_m(t)$是筛选出的各 IMF 分量。当 $r_m(t)$ 为一单调函数，即只有 1 个极值点时，迭代停止。此时原信号 $x(t)$ 分解工作完成，即可看作 m 个 IMF 分量与最后 1 个残余量 $r_m(t)$ 之和，公式如下：

$$x(t) = \sum_{k=1}^{m} c_k(t) + r_m(t) \qquad (4.1.86)$$

式中，$r_m(t)$ 的结果为简单趋势函数或常数。

与传统数据分析比较，HHT 有如下优点。

（1）HHT 适用于非线性、非平稳的信号。

（2）HHT 具有完全自适应性。HHT 可以自适应地产生基，即 IMF。这点不同于傅里叶变换和小波变换。

（3）HHT 不会被 Heisenberg 测不准原理束缚（适用于突变的信号）。HHT 能够使时间、频率同时具有很高的精度，因此适合用来处理突变的信号。

（4）HHT 的瞬时频率是采用求导得到的。HHT 通过希尔伯特变换得到相位曲线，再对相位曲线求导得到瞬时频率。通过此方法得到的瞬时频率属于局部性的，然而傅里叶变换所得频率属于全局性的，小波变换（Wavelet Transform，WT）的频率属于区域性的[18]。

4.2 数据特征的提取

4.2.1 常用的数据特征提取方法

数据特征提取是指将原始数据转换为有意义的特征向量的过程，它是机器学习、数据挖掘等领域中的重要一环。常见的数据特征提取方法有以下几种。

（1）统计特征法：通过对原始数据的统计分析，提取一些有代表性的特征，如均值、方差、最大值、最小值等。

（2）频域特征法：对于周期性的信号或波形数据，可以通过对其进行傅里叶变换，提取其频域特征，如频率、幅值、相位等。

（3）时域特征法：对于时域数据，可以提取其一些统计量、分布特征、自相关系数、互相关系数等时域特征。

（4）图像特征法：对于图像数据，可以提取其颜色、纹理、形状等特征，如灰度直方图、边缘检测、纹理分析等。

（5）文本特征法：对于文本数据，可以提取其词频、文本长度、文本结构、词性、情感等特征。

（6）嵌入式特征法：将特征选择和模型训练结合，通过迭代训练和特征选择，得到最优的特征组合。

（7）深度学习特征法：利用深度神经网络等深度学习模型，对原始数据进行特征提取，得到高层次的抽象特征，如卷积神经网络中的卷积核特征、循环神经网络中的时间序列特征等。

4.2.2　深度学习特征提取方法的优势

（1）自动学习特征表示：深度学习模型能够自动从原始数据中习得更具判别性的特征表示，避免了手工设计特征的烦琐过程。

（2）可扩展性：深度学习模型可以很容易地扩展到更大的数据集和更高维的特征空间，可以有效地应对大规模的数据分析任务。

（3）更好的泛化性能：深度学习模型通过训练大量数据可以习得更加鲁棒的特征表示，从而提高了模型的泛化性能。

（4）适应性强：深度学习模型能够自适应地调整特征表示，从而适应不同的任务和环境。

（5）可解释性：近年来，深度学习模型的可解释性逐渐提高，研究人员开发了各种可视化和解释方法，帮助人们理解模型的特征表示和决策过程。

4.2.3　循环神经网络

循环神经网络（Recurrent Neural Network，RNN）是一种深度学习算法，主要用于处理序列数据，例如时间序列、自然语言等。相比于传统的前馈神经网络，RNN 具有记忆能力，可以将之前的信息传递给下一个时间步，因此非常适合处理有时间依赖性的数据[19]。

RNN 主要由一个隐藏层和一个时刻 t 的输入层组成，其中隐藏层的输出会传递到下一个时间步的隐藏层，从而实现对序列信息的记忆。具体而言，RNN 的计算过程如下。

（1）时刻 t 的输入 x_t 与上一时刻的隐藏状态 h_{t-1} 进行计算得到当前时刻隐藏状态 h_t。

（2）根据当前时刻的隐藏状态 h_t 计算输出 y_t。

（3）将当前时刻的隐藏状态 h_t 传递到下一时刻，作为下一时刻的输入之一。

为了避免梯度消失和梯度爆炸的问题，RNN 还引入了一些变体，例如长短期记忆网络（Long Short – Term Memory，LSTM）和门控循环单元（Gated Recurrent Unit，GRU），这些算法通过引入门控机制和忘记机制来实现对记忆单元的精细控制[20]。

在自然语言处理领域，RNN 被广泛应用于机器翻译、语言建模、文本分类等任务中。同时，RNN 也可以与卷积神经网络（Convolutional Neural Network，CNN）结合，用于图像描述、视频分类等领域。

RNN 具有记忆功能，是进行短期时间序列分析的最优选择。RNN 结构如图 4.2.1 所示。

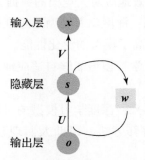

图 4.2.1　RNN 结构（1）

图中，x 表示输入层的值，s 表示隐藏层的值，o 表示输出层的值。输出层到隐藏层的权重矩阵由 U 表示，V 是隐藏层到输出层的权重矩阵，w 代表各时间点之间的权重矩阵。RNN 隐藏层的值 s 不仅取决于当前的输入 x，还与上一隐藏层的值 s 有关。将图 4.2.1 所示的 RNN 按时间线展开，如图 4.2.2 所示。

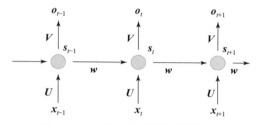

图 4.2.2　RNN 按时间线展开示意

随着模型深度不断增加，RNN 会面临梯度消失这一情况，处理长距离依赖的能力较弱，为此引入 LSTM。

4.2.4　长短期记忆网络

前馈神经网络（Feedforward Neural Network，FNN）上个时间点的输入与下个时间点的输入无法建立任何联系，其结构如图 4.2.3 所示。虽然像这样的数据定向传播网络构造使神经网络学习特征的效果得到空前的提高，却不足以解决包含上下依赖联系的时序问题，如人体运动数据。而 RNN 则是一类具备记忆能力的神经网络，其网络结构如图 4.2.4 所示。假设 x_t 是 t 时间点 RNN 的输入，h_t 是隐藏状态，可以看出，h_t 不但与此时间点的输入 x_t 相关，而且受过去时间点的隐藏层 h_{t-1} 影响，计算公式如式（4.2.1）所示。

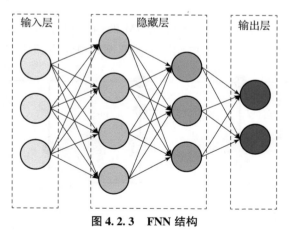

图 4.2.3　FNN 结构

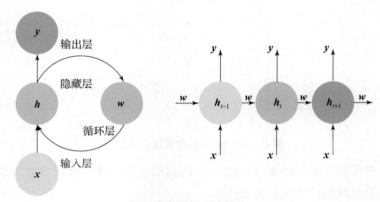

图 4.2.4　RNN 结构（2）

$$h_t = f(Uh_{t-1} + Wx_t + b) \tag{4.2.1}$$

$$y_t = wf(Wx_t + Uh_{t-1} + b) + c \tag{4.2.2}$$

式中，f 表示非线性激活函数；w，W，U，b 及 c 是参数。

　　尽管简单的 RNN 可以获取时序数据前后之间的相关联系，然而当序列很长时，梯度可能消失或者爆炸。LSTM 是一类为处理长期依赖问题而设计的 RNN 变体，其重点进行了两点改良。

　　（1）增加一个新的内部状态 c_t 来存储到当前时刻为止的历史信息。

　　（2）增加门控机制来操纵数据传递的路径，分别是输入门 i_t、遗忘门 f_t、输出门 o_t。门的取值范围为 $0 \sim 1$，表示数据以限定的比例进行传递[21]。

　　基于 LSTM 结构（图 4.2.5），LSTM 的门方程分别在式（4.2.3）~式（4.2.8）中给出，这些门控单元用于调节循环单元内部的信息流。

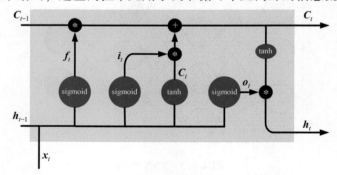

图 4.2.5　LSTM 结构

与 RNN 仅进行单纯的激活相比，LSTM 则具备相对复杂的激活、链接及乘法运算，并且由初始输入至最终输出的链接及变换形式更加丰富。LSTM 有两个关键状态，即细胞状态和隐藏状态。其中细胞状态贯穿整个 LSTM 并充当神经元之间的桥梁，还能够向其添加及丢弃信息；而隐藏状态则为细胞状态、输入和过去隐藏状态共同影响的结果。它传送需要留存的输入部分，当作后一时刻神经元的隐藏输入。在 LSTM 的 3 种门控结构中，输入门将 sigmoid 函数和 tanh 函数分别应用于两种输入的组合，然后乘以函数的输出并将其添加到细胞状态以更新细胞状态，且控制着新输入的信息 x_t 与 h_{t-1} 中哪些信息将被保留，哪些信息将被丢弃；遗忘门通过为每个细胞状态中的数生成（0,1）的值来确定保留原始信息的程度，控制着从细胞状态中舍弃的信息，其由一个 sigmoid 函数和一个按位乘运算构成；输出门将 tanh 函数作用于细胞状态而获得一组（−1,1）的张量，然后将该张量与 sigmoid 函数激活后的输入作乘法而控制输出的结果。在激活过程中，部分输入将被丢弃[22]。

遗忘门如图 4.2.6 所示。

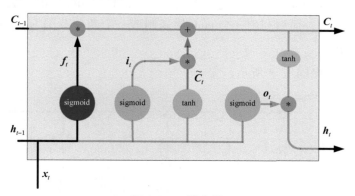

图 4.2.6　遗忘门

$$f_t = \sigma(W_f \cdot [h_{t-1}, x_t] + b_f) \qquad (4.2.3)$$

式中，W_f 是权值矩阵；h_{t-1} 是前一层循环的输出；x_t 是这一层的输入；b_f 是偏置；f_t 是一个 0~1 的值，并乘以 C_{t-1} 以确定 C_{t-1} 中的哪些信息被保留，哪些信息被丢弃。

输入门如图 4.2.7 所示。

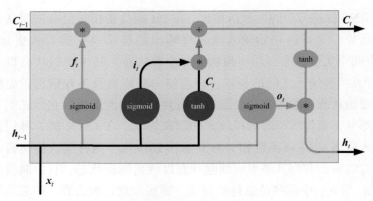

图 4. 2. 7　输入门

$$i_t = \sigma(W_i \cdot [h_{t-1}, x_t] + b_i) \tag{4.2.4}$$

$$\partial \hat{C}_t = \tanh(W_C \cdot [h_{t-1}, x_t] + b_C) \tag{4.2.5}$$

$$C_t = f_t * C_{t-1} + i_t * \hat{C}_t \tag{4.2.6}$$

式中，sigmoid 层的作用与遗忘门类似，其接收 x_t 与 h_{t-1} 作为输入，然后将其输出为 $0 \sim 1$ 的值 i_t，以确定需要更新哪些信息。tanh 层的功能是整合输入的 x_t 和 h_{t-1}，而后利用一个 tanh 层来制造一个新的范围为 $0 \sim 1$ 的状态候选向量 $\hat{C}_t$。

　　输出门如图 4. 2. 8 所示。

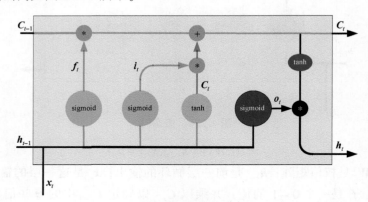

图 4. 2. 8　输出门

$$o_t = \sigma(W_o[h_{t-1}, x_t] + b_o) \tag{4.2.7}$$

$$h_t = o_t * \tanh(C_t) \tag{4.2.8}$$

式中，tanh (x) 公式如下

$$\tanh(x) = \frac{e^x - e^{-x}}{e^x + e^{-x}} \qquad (4.2.9)$$

σ 为激活函数，其公式如下：

$$\sigma(x) = \frac{1}{1 + e^{-x}} \qquad (4.2.10)$$

如图 4.2.8 所示，输出门就是将 $t-1$ 时刻传递出来并经过了前面遗忘门与输入门筛选后的细胞状态 C_{t-1} 与 $t-1$ 时刻的输出信号 h_{t-1} 和 t 时刻的输入信号 x_t 整合到一起作为当前时刻的输出信号。x_t 和 h_{t-1} 通过 sigmoid 层输出一个 $0 \sim 1$ 的数值 o_t（神经网络参数分别是 W_o，b_o）。C_t 通过一个 tanh 函数转换成一个 $-1 \sim 1$ 的值，并通过和 o_t 相乘获得输出信号 h_t，且 h_t 也作为下一时刻的输入信号传输到下一级[23]。

LSTM 可以操控全部神经元的细胞状态来确定每个时间点中丢掉及更新的信息。因此，其与 RNN 相比拥有更强的处理长期依赖及时间相关问题的能力。此外，LSTM 中长时间流动的梯度使其较 RNN 更加容易训练，故 LSTM 被普遍应用于语音识别、动作感知、机器翻译、语言建模和语义分析等与时间序列相关的学习工作中[24]。

4.2.5　卷积神经网络

CNN 是一种 FNN，通常用于分析视觉图像。CNN 在深度学习领域占有重要的地位，已被广泛应用于图像识别、目标检测、自然语言处理、语音识别等领域。CNN 以其卓越的性能和广泛的应用而被广泛关注和研究。CNN 的一个重要特点是它可以自动学习和提取输入数据的特征。在 CNN 中，特征提取是通过一系列卷积层、池化层和激活函数来实现的。下面分别介绍它们的作用。

1. 卷积层

卷积层是 CNN 的核心层，它通过卷积操作对输入数据进行特征提取。卷积操作是指将一个卷积核或过滤器应用于输入数据的每个位置，并生成一个新的特征图。卷积核可以视为一组可学习的过滤器，它可以识别输入数据的不同特征，例如边缘、纹理、形状等。在 CNN 中，通常有多个卷积核，每个卷积核可以学习不同的特征。例如，一个卷积核可以用于检测图像中的水平边缘，另一个卷积核可以用于检测图像中的垂直边缘。

2. 池化层

池化层是一种用于减小特征图的层。它通过将每个卷积核产生的特征图划分成不同的区域，并取每个区域的最大值或平均值来生成新的特征图。这可以有效地减小特征图，从而减小后续层级的计算量。

池化层通常有两种类型：最大池化层和平均池化层。最大池化层选择每个区域的最大值作为输出，而平均池化层选择每个区域的平均值作为输出。最大池化层更常用，因为它可以帮助保留更多的边缘和纹理信息[25]。

3. 激活函数

激活函数是 CNN 中的一个关键组件，它可以将卷积层和池化层的输出转换为非线性响应[26]。CNN 中最常用的激活函数是 ReLU（Rectified Linear Unit）函数，它的公式如下：

$$f(x) = \max(0, x) \tag{4.2.11}$$

ReLU 函数在输入为负数时输出 0，而在输入为正数时输出输入值本身。这种非线性响应可以帮助 CNN 学习更复杂的特征。除了 ReLU 函数之外，还有一些其他激活函数，如 sigmoid 和 tanh 函数，但它们在 CNN 中的应用较少。通过卷积层、池化层和激活函数的组合，CNN 可以逐渐学习和提取输入数据的更高级别的特征。例如，在一个人脸识别的 CNN 中，早期的卷积层可能学习检测边缘和角落，中期的卷积层可能学习检测眼睛和鼻子等特征，而后期的卷积层可能学习检测整个人脸的特征。

CNN 在此前的岁月里获得了持续地发展。各类变体的卷积网络结构经过调整及转移均显示出优越的性能，且现今各种深度学习平台大都构造了这些典型的网络结构，并提供事先迭代的版本使建模更加便利，因此 CNN 得到了普遍的应用[27]。CNN 的成功归功于感受野和权重共享的存在。感受野就是此刻神经元可以感觉的上个神经元的区域面积。例如，一个单层卷积的感受野大小是 3×3，运算操作完成后，相应地点的输出为输入的某一 3×3 区域的值与卷积核相互影响的结果。这个输出值可以反映输入中的 3×3 区域的特征，而且，如果许多卷积相互叠加，则结尾那层神经元是前几层神经元感受野的相互重叠。例如，一个 3×3 的卷积，假设其步长是

1，那么 $N+3$ 层相较于第 N 层来说，其感受野的大小是 7×7。由于卷积包含感受野这一结构以及池化层将数据特征进行融合，所以 CNN 不断地叠加，其最终结果为输入地不断提取，初始数据慢慢从低级的泛化特征抽象成高级的语义特征。CNN 的权重共享则减小了网络的权重参数。卷积核可以从数据中抽象出某种特征，利用相同的卷积核在数据的不同区域进行卷积操作则能够抽象出数据的总体特征。这个特性使卷积的参数不受输入大小的影响。

在卷积运算操作流程中，有一些显著的参数设置。例如，卷积核的设定支配了卷积运算的范围，步长的设定支配了各卷积核在输入数据上的挪移，而零填充的设定则左右了输入数据周围用零补充的行列数，这些参数的设置均可作用于卷积操作完成之后的输出。假设一个卷积核大小是 $k \times k$，输入大小是 $N \times N$，步长是 l，零填充为 p 的卷积运算，如果卷积后的输出大小为 $s \times s$，则 s 的计算公式如式（4.2.12）所示。

$$s = \left[\frac{(N+2p) - k + 1}{l} \right] \qquad (4.2.12)$$

式中，"[ ]" 表示对数值进行下舍入。通过观察上式不难得出，如果人工地确定这些参数的具体数值，那么卷积后的输出维数能够维持恒定且卷积后的输出大小也可以维持不变，即使在实际使用中可能需要改变输出的维度和大小；并且，一般地，在 CNN 中，池化层通常用于缩小图像以得到特征融合及过滤的目的。

运算也有各式各样的变换，以满足差异化的要求。例如，反卷积是一种与卷积完全相反的操作，它从卷积的输出结果中重建输入；扩张卷积的感受野不再是一个连续的矩形区域。本书仅使用常规的卷积运算。假设在一个二维 CNN 中，第一层的输入是 $C^l \times H^l \times W^l$ 的向量，其中 l 是输入通道数，卷积核大小是 $C^l \times h^l \times w^l$，因此对应具有 C^{l+1} 个隐藏层神经元，输出如式（4.2.13）所示。

$$y_{d,i^l,j^l} = \sigma \left(\sum_{c^l=0}^{C^l} \sum_{i=0}^{h^l} \sum_{j=0}^{w^l} P_{d,c^l,i,j} \times x_{c^l,i^l+i,j^l+j} + b_d \right) \qquad (4.2.13)$$

式中，d 是第 l 层神经元的编号；i^l，j^l 是位置信息且有式（4.2.14）和式（4.2.15）。

$$0 \leq i^l \leq H^l - h^l + 1 \qquad (4.2.14)$$

$$0 \leqslant j^l \leqslant W^l - w^l + 1 \qquad (4.2.15)$$

另外，p 是卷积核参数；b 是偏置；σ 是激活函数。

在人体非规则运动状态感知中，本书主要应用 CNN 和 LSTM 结合的混合深度网络算法进行识别。CNN 能够提取时序序列的空间关系，其基本原理示意如图 4.2.9 所示。

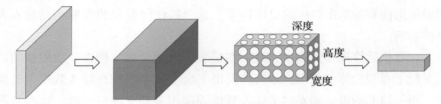

图 4.2.9 CNN 提取时序序列的空间关系的基本原理示意

若 $x_j^o = x_i \cdots x_n$ 代表来自加速度计的输入，n 是每个窗口的输入的数量，则卷积层可以表示为

$$c_j^{1.k} = \sigma \left(\sum_{f=1}^{M} w_f^{1.k} x_{j+f-1}^{0.k} + b_k^1 \right) \qquad (4.2.16)$$

式中，σ 表示激活函数；b_k 表示第 k 个要素图的偏置项；M 为内核过滤器的大小；w_f 表示第 f 个过滤器的 k 个特征映射权重值。

4.3 模型构建与参数优化

4.3.1 模型网络设计

神经网络建模在层级结构设计时需要综合分析。首先，加速度计、陀螺仪这类运动传感器数据在时间序列上包含运动行为的相关性，同时隐含空间信息。为了有效提取传感器数据的空间特征和时间特征，网络结构需要包含 CNN 层和 LSTM 层。其次，卷积过程增加了特征图谱的数量，需要在网络层中连接池化层进行特征降维。再次，为了防止网络过拟合，在构建网络层级时，适当地连接一些丢弃层可以使网络具有更强的泛化能力。最后，在网络层之间插入适当的 Reshape 层和 Flatten 层来调节网络层之间的数据维度[28]。CNN – LSTM 网络基本结构如图 4.3.1 所示。

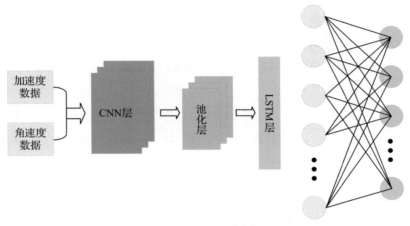

图 4.3.1　CNN - LSTM 网络基本结构

4.3.2　模型参数优化

1. 优化器

Adagrad 优化器可以自适应地为各个参数分配不同的学习率（learning rate），即对于出现频率较低的参数采用较大的学习率更新，对出现频率较高的参数采用较小的学习率更新，其更新公式为

$$E[g^2]_t = E[g^2]_{t-1} + g_t^2 \tag{4.3.1}$$

$$\Delta\theta_t = -\frac{\eta}{\sqrt{E[g^2]t + \epsilon}} * g_t \tag{4.3.2}$$

式中，η，ϵ 是参数；$E[\ ]$ 是期望；g 是 t 时刻参数 θ_i 的梯度，有

$$g_{t,i} = \nabla_\theta J(\theta_i) \tag{4.3.3}$$

RMSprop 算法是 Adagrad 算法的一种改进，其可以解决 Adagrad 分母不断积累导致学习率收缩并最终变得非常小的问题，更新公式为[29]

$$\Delta\theta_t = -\frac{\eta}{\sqrt{E[g^2]t + \epsilon}} * g_t \tag{4.3.4}$$

$$E[g^2]_t = \rho * E[g^2]_{t-1} + (1-\rho) * g_t^2 \tag{4.3.5}$$

使用均方根（RMS）简化上式，有

$$\Delta\theta_t = -\frac{\eta}{\text{RMS}[g]_t} * g_t \tag{4.3.6}$$

$$\text{RMS}\left[\,g\,\right]_t = \sqrt{E\left[\,g^2\,\right]_t + \epsilon} \qquad (4.3.7)$$

Adadelta 算法是对 RMSprop 算法的进一步优化，其使用 RMS$[\Delta x]_t$ 替换 RMSprop 中的学习率参数 η，使 Adadelta 优化器不用指定超参数 η，计算公式为

$$E\left[\,\Delta x^2\,\right]_{t-1} = \rho * E\left[\,\Delta x^2\,\right]_{t-2} + (1-\rho) * \Delta x_{t-2}^2 \qquad (4.3.8)$$

$$\text{RMS}\left[\,\Delta x\,\right]_{t-1} = \sqrt{E\left[\,\Delta x^2\,\right]_{t-1} + \epsilon} \qquad (4.3.9)$$

$$\Delta x_t = \frac{\text{RMS}\left[\,\Delta x\,\right]_{t-1}}{\text{RMS}\left[\,g\,\right]_t} \qquad (4.3.10)$$

$$\Delta \theta_t = -\,\Delta x_t * g_t \qquad (4.3.11)$$

Adam 优化器是研究者使用最多的一种自适应优化器，其可以适应稀疏梯度且能够缓解梯度振荡的问题，计算公式如下

$$\hat{m}_t = \frac{m_t}{1-\beta_1^t} \qquad (4.3.12)$$

$$\hat{v}_t = \frac{v_t}{1-\beta_2^t} \qquad (4.3.13)$$

$$\Delta \theta_t = -\frac{\eta}{\sqrt{\hat{v}_t} + \epsilon}\hat{m}_t \qquad (4.3.14)$$

2. 学习率

学习率是一种超参数，用于控制在优化算法中每一步更新模型参数的大小。学习率通常是一个非负数，表示模型参数在每次更新时的移动步长。学习率过大，可能导致模型在训练过程中发散而无法收敛；学习率过小，可能导致模型收敛缓慢或者停滞在局部最优解。

选择合适的学习率对于训练深度学习模型非常重要。通常情况下，初始的学习率可以设置为一个较小的值，然后在训练过程中逐渐减小，以提高模型的稳定性和收敛速度。常见的学习率调整方法包括：固定学习率、自适应学习率和动态学习率。

自适应学习率方法包括 Adagrad、RMSProp 和 Adam 等，它们能够自动调整学习率，适应不同的数据和模型结构，并且在许多实际应用中已经取得了很好的效果。动态学习率方法通过监控模型在训练过程中的表现和性能，调整学习率以获得更好的效果。

Adagrad 算法通过自适应地缩放每个参数的学习率，使更新频繁参数的学习率被缩小，而使更新稀疏参数的学习率被放大，从而使训练更加稳定。

RMSProp 算法引入了指数加权平均的概念，对历史梯度的平方进行加权平均，并将当前的梯度除以加权平均的若干次方根来得到自适应学习率。

Adam 算法综合了 Adagrad 和 RMSProp 算法的优点，同时引入了偏差修正，可以更准确地估计梯度的一阶和二阶矩，使学习率更加自适应和稳定[30]。

3. 神经元数量

神经元数量是深度学习中一个非常重要的超参数，它直接影响神经网络的表达能力和计算复杂度。在深度学习中，神经元数量对模型的性能和效率都有一定的影响。当神经元数量较少时，模型的表达能力会受到限制，难以拟合复杂的数据分布，因此模型的性能可能较差。此时，增加神经元数量可以提高模型的表达能力，从而提高模型的性能。但是，当神经元数量过多时，模型的计算复杂度会大大增加，可能导致过拟合、梯度消失等问题，同时会增加训练时间和内存占用。因此，需要在选择神经元数量时进行平衡和权衡。

一般来说，可以使用一些经验法则选择合适的神经元数量。例如，在浅层网络中，可以选择与输入特征数相同或稍微多一些的神经元数量；在深层网络中，可以逐层递增神经元数量，使每层的神经元数量适当增加。

此外，可以使用一些自动化工具来确定最优的神经元数量。例如，可以使用网格搜索、随机搜索等方法来搜索最优的神经元数量，或者使用一些自动调参的框架，例如 Keras Tuner、Hyperopt 等来搜索最优的超参数组合。

总之，神经元数量对深度学习模型的性能和效率有重要影响，需要根据具体问题和数据集特征来选择合适的神经元数量[31]。

4. 滑动窗口大小

滑动窗口大小是一种常用于时间序列数据处理和特征提取的方法，也被应用于 CNN 中。滑动窗口大小影响深度学习模型的表现，具体影响如下。

（1）特征提取。在使用滑动窗口进行特征提取时，滑动窗口大小会影响提取的特征。滑动窗口太小，可能无法捕获数据中的重要信息；滑动窗口太大，可能捕获到过多的噪声或者无关信息，导致特征提取效果降低。

（2）计算复杂度。在 CNN 中，滑动窗口大小会直接影响网络的计算复杂度。较大的滑动窗口需要更多的计算资源，可能导致训练时间和内存占用增加，而较小的滑动窗口可能导致特征提取不足。

（3）模型泛化。滑动窗口大小可能影响模型的泛化能力。较小的滑动窗口可能导致过拟合，而较大的滑动窗口可能导致模型无法泛化到其他数据[32]。

因此，在使用滑动窗口时，需要根据具体问题和数据集的特征来选择合适的滑动窗口大小。可以使用交叉验证等方法来选择最优的滑动窗口大小，也可以使用自动调参的框架来搜索最优的超参数组合。

总之，滑动窗口大小是深度学习中一个重要的超参数，需要根据具体问题进行权衡和平衡，以获得最佳的特征提取和模型表现。

5. 训练批量大小

神经网络的训练批量大小是指在每次迭代中使用的训练样本数量。在神经网络的训练过程中，通常会将训练数据集分为多个批次，每个批次包含若干个训练样本。神经网络会使用每个批次中的样本来更新模型参数，直到训练数据集中的所有样本都被使用过一次，称为一个 epoch。

选择合适的训练批量大小对于神经网络的训练非常重要。较小的训练批量可以提高模型参数的更新速度，但由于每个批次中的样本数较少，所以可能导致模型的更新方向不稳定，使训练过程变得不稳定。较大的训练批量可以提高模型的训练稳定性，但由于每次迭代需要处理的样本数较多，可能导致计算时间和内存消耗增加，降低训练效率。

一般而言，选择合适的训练批量大小需要考虑以下几个因素。

（1）训练数据集的大小。

（2）计算资源的限制。

（3）神经网络模型的复杂度。

在实际应用中，可以通过尝试不同的训练批量大小，并根据验证集上的表现来选择最合适的训练批量大小。同时，可以使用一些技术来提高训练批量大小的有效性，例如分布式训练、梯度累积等[33]。

4.4　车辆行为识别建模与优化

4.4.1　试验数据预处理

一般来说，通过传感器直接采集的原始运动数据不能直接用于模型输入，这是因为采集数据的过程中环境复杂多变，所以原始运动数据往往包含噪声或者有数据缺失的现象。通常，模型仅支持某种确定格式数据的处理，而不能混合处理不同格式的运动数据，并且直接使用这些数据进行模型训练，会产生较大的偏差，从而降低模型识别的精度和效率。因此，为了提取可靠、可用的数据特征，以便进一步进行数据处理，有必要在提取特征之前预先处理采集到的数据，如进行平滑、滤波和归一化等操作，减小高频噪声等对有效数据的影响，进而提高系统的检测效率，降低计算成本，方便后续使用这些特征进行运动的识别和分类。

4.4.2　数据分割

在进行混合深度模型训练时，为了满足混合模型的输入格式要求，需要创建时间序列数据的片段。数据分割是一种将较长的数据分割为较小的数据段进行处理的技术。数据分割的好坏将直接影响模型进行特征提取的质量和识别的精确度。同时，数据段的长度也决定了感知算法能否应用于实时系统。滑动窗口分割是国内外研究者经常使用的一种数据分割方法，该方法使用固定的窗口长度和特定的窗口重复率来分割原始数据，其主要参数有两个，即窗口长度和窗口重复率。

窗口长度是影响车辆运动识别效率和精确度的重要参数。如果窗口长度太小，则分割后的数据段可能仅包含某一运动行为的一部分，该数据段不能充分反映这一运动行为的所有特征，这将直接造成系统识别准确率降低；如果分割窗口太长，则会出现一个分割窗口包含多种运动状态的情况，还会直接导致每个运动状态识别的时间变长，这将影响整个系统的识别效果。合适的窗口长度需要经过分析测试确定。窗口重复率是指原始数据分割时相邻两个窗口之间的重叠情况。合适的窗口重复率可以减小运动状态转换引起的干扰。窗口重复率为 0%，表示两个相邻窗口之间没有重叠；窗口重复率为 50%，表示当前窗口包含前一个窗口的一半数据。在大多数情况下，使用了重复率为 50% 的窗口进行数据分割。

本试验采用滑动窗口分割方法进行数据分割，通过设定窗口长度，在数据上进行移动来提取数据片段，滑动窗口的长度选取 400（2 s），如图 4.4.1 所示。

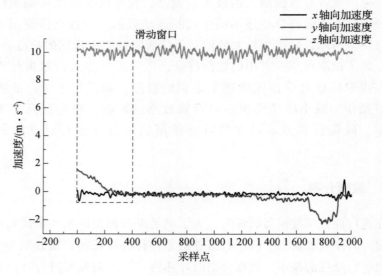

图 4.4.1 滑动窗口

4.4.3 数据平滑与降噪

在使用加速度计和陀螺仪采集车辆运动数据时，由于存在各种不可控原因，如人体的细微抖动和元器件的随机漂移等，采集到的原始加速度计和陀螺仪信号中混入了噪声。因此，在进行特征提取和状态识别前，必须对原始数据进行过滤。

Savitzky – Golay 滤波是一种数字信号处理技术，通常用于平滑曲线或去除噪声。该技术的主要思想是在信号上执行一个滑动窗口，用一个多项式拟合该滑动窗口中的数据[34,35]。

在滑动窗口上进行多项式拟合的过程可以通过一个矩阵运算来实现。该矩阵称为 Savitzky – Golay 矩阵，它在每个滑动窗口上计算多项式系数。这些系数可以用于对窗口中的数据进行加权平均，并用于平滑曲线或去除噪声。Savitzky – Golay 滤波的主要优点是可以去除噪声，同时保留原始数据的趋势信息[36]。加速度 Savitzky – Golay 滤波效果如图 4.4.2 所示。

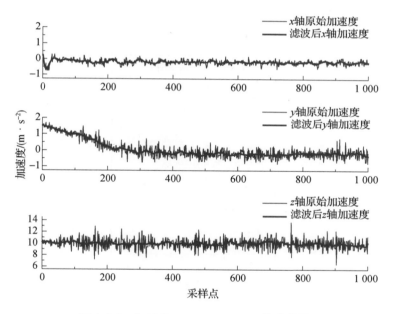

图 4.4.2　加速度 Savitzky – Golay 滤波效果

4.4.4　试验 CNN – LSTM 架构设计

试验基于多层神经网络模型进行构建，该模型按照以下步骤进行设计。

步骤 1：设计 CNN – LSTM 层级结构。采用 1 个卷积组件层对空间特征进行提取，如图 4.4.3 所示。卷积组件层后连接 1 层 Reshape 层进行特征重组，经由 1 层 LSTM 层提取时间特征。通过 Flatten 层把输入信息扁平化，将多维输入转变为 1 维输入，利用全连接层将输出向量转换成标签向量的维度。最后，在 LSTM 层的全连接层后分别连接一层 Dropout 层，并把最后一层全连接层设置为 Softmax 进行分类。网络结构如图 4.4.4 所示。

图 4.4.3　卷积组件层结果

图 4.4.4　CNN – LSTM 层级架构

步骤 2：卷积层的卷积核数量初始值选为 16 个，LSTM 层选用 64 个神经元进行训练。用 13 000 个样本数据作为训练集，3 696 个样本数据作为测试集，其中训练集 25% 的数据作为验证集。滑动窗口输入维度为 400 × 9。其中，需要调节的主要内容为网络层的神经元数量，网络层之间的结构、以及训练集滑动窗口输入维度。通过选取不同的值进行训练来监测模型的指标。

步骤 3：评估训练后的 CNN – LSTM 性能。通过训练集以及验证集的损失函数值以及准确率这两个指标判定模型的分类能力与泛化能力。训练集损失函数的值越小、准确率越高，说明模型的分类精度越高；验证集的损失函数值越小，准确率越高，说明模型的泛化能力越强[37,38]。

4.4.5　网络训练与参数优化

本试验的 CNN – LSTM 神经网络算法的分类准确性往往取决于数据的选择、数据量的大小、模型的结构与参数设定这几个方面。在初步完成神经网络模型搭建之后，需要测试模型的分类效果，根据验证集的测试评价指标对模型的参数进行调整，以达到满意结果。

神经网络的训练任务在很大程度上是求取到一系列合适的权重，使实际输出尽可能靠近预期输出，主要分为以下步骤。

步骤 1：随机选取权重 w 的初始值。

步骤 2：计算梯度 $\partial E/\partial w_i$。

$$\frac{\partial E}{\partial w_i} = \sum_{d \in D} (t_d - o_d) \frac{\partial}{\partial w_i} (t_d - w^T x) \qquad (4.4.1)$$

式中，E 表示训练样本中所有样本的误差总和，用其来度量模型的误差程度；d 为数据集 D 中的第 d 个样本；o_d 为实际输出；t_d 为预期输出；x 为输入特征向量。

步骤 3：更新权值。

$$w_i \leftarrow w_i - \eta \partial E/\partial w_i \qquad (4.4.2)$$

式中，η 为学习率，其决定了梯度递减搜索的步长。

本书中 CNN – LSTM 神经网络的训练主要按照以下 6 个步骤进行。

步骤 1：将加速度计、陀螺仪、地磁传感器的数据输入 CNN，其中卷积核的数量为 16，卷积核大小为 6×2，用于对加速度计、陀螺仪以及地磁传感器数据分别进行卷积，通过对卷积通道内的数据进行卷积求和，生成 16 个特征图谱，其中每个特征图谱的维度为 395×8。

步骤 2：接入维度为 2×2 的最大池化层，对卷积后的特征进行最大池化。选取特征中的最大值，从而降低特征维度。随后，将最大池化层的输出进行维度变换并连接到 LSTM 层。

步骤 3：求解每个神经元的正向传播参数，解算出输入门、遗忘门、记忆单元以及输出门的输出向量。

步骤 4：若输出值和预期值不一致，则计算每个神经元的误差，构造损失函数。

步骤 5：根据损失函数的梯度，更新网络权值参数。与传统 RNN 相似，LSTM 的反向传播也包括两个层面：一个是空间层面，将误差向上一层传播；另一个是时间层面，延时间反向传播，即从当前 t 时刻开始，计算每个时刻的误差。

步骤 6：计算每个权重的梯度，然后使用优化算法更新权重。

在优化函数中，Adam 是研究者使用最多的一种优化器，其可以适应稀疏梯度且能够缓解梯度振荡的问题。其参数 w 的计算公式如下：

$$w_t = w_{t-1} - \alpha \frac{\hat{m}_t}{\sqrt{\hat{v}_t} + \varepsilon} \qquad (4.4.3)$$

式中，t 为迭代次数；α 为学习率；ε 是一个常数；$\hat{m}_t$ 为 m 的修正；$\hat{v}_t$ 为 v 的修正。

$$\hat{m}_t = \frac{m_t}{1 - \beta_1^t} \qquad (4.4.4)$$

$$\hat{v}_t = \frac{v_t}{1 - \beta_2^t} \qquad (4.4.5)$$

式中，β_1，β_2 是常数，负责控制指数衰减；m_t 是由梯度的一阶矩阵求解的指数移动均值。m_t 和 v_t 的公式为

$$m_t = \beta_1 * m_{t-1} + (1 - \beta_1) * g_t \qquad (4.4.6)$$

$$v_t = \beta_2 * v_{t-1} + (1 - \beta_2) * g_t^2 \qquad (4.4.7)$$

式中，g_t 为一阶导数。

为了有效地提取特征，优化卷积核的数量是整个试验的重要环节。设置适当的卷积核可以提取内在空间特征的数量，提高模型的识别精度。过多的卷积核会增加模型的复杂性、内存需求和过拟合的可能性。卷积核的数量过少会导致特征提取不足，影响模型的识别精度。在本书中，通过配置不同数量的卷积核并分析模型指标来优化卷积核的数量。卷积核的数量被设置为 2，8，16 和 32，图 4.4.5 所示为模型的指标。

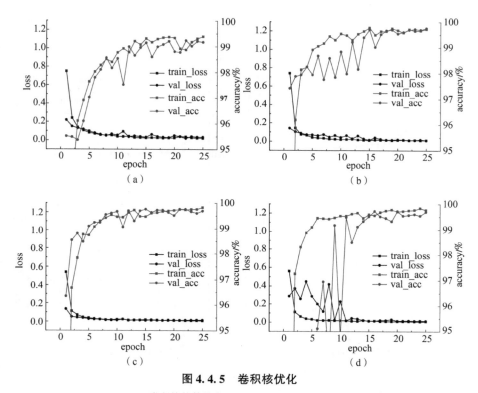

图 4.4.5 卷积核优化

（a）卷积核的数量为 2；（b）卷积核的数量为 8；
（c）卷积核的数量为 16；（d）卷积核的数量为 32

图 4.4.5 表明，当卷积核的数量被设置为 2 和 8 时，训练集的损失函数和准确率曲线都会收敛。相反，验证集的准确率曲线略有振荡，模型的识别准确率较低。当卷积核的数量被设置为 32 时，训练集的损失函数和准确率曲线收敛。相反，验证集的损失函数和准确率曲线突然振荡，表明模型过拟合，泛化能力差。当卷积核的数量被设置为 16 时，训练集和测试集的损失函数和准确率曲线都收敛了，结果大大优于其他设置的结果。基于上述详尽的比较，本试验选择 16 个卷积核。

试验模型训练使用 SGD、Adam、Adagrad、Adadelta 这 4 种优化器进行优化分析，通过分析模型训练的准确率曲线、损失函数曲线得出最优的优化器。不同优化器的优化效果如图 4.4.6 所示。

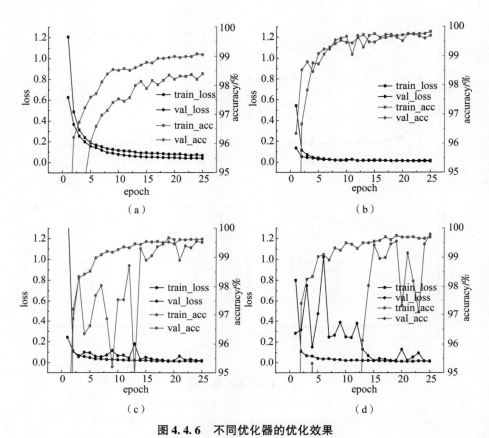

图 4. 4. 6　不同优化器的优化效果

（a）SGD；（b）Adam；（c）Adagrad；（d）Adadelta

　　由图 4.4.6 可知，当优化器选为 Adadelta 时，验证集的损失函数和准确率曲线均出现振荡，模型的泛化能力较低。当优化器选为 Adagrad 时，虽然验证集的损失函数逐渐收敛，但其准确率曲线依然振荡。当优化器选为 SGD 与 Adam 时，其训练集与验证集的损失函数与准确率曲线均收敛，但通过对比分析，Adam 优化过程中损失函数收敛速度高于 SGD，验证集准确率也高于 SGD。通过上述综合比较，本书优化器选用 Adam。

　　选定 Adam 优化器后，还需要对学习率这一超参数进行确定。下面分别对学习率为 0.1，0.01，0.001，0.000 1 的情况进行分析，以确定最优学习率，如图 4.4.7 所示。

由图 4.4.7 可知，学习率取 0.1 时，验证集的准确率曲线略微振荡，模型的泛化能力欠佳。当学习率取 0.01，0.001，0.000 1 时，损失函数与准确率几乎不变，考虑到训练时间这项因素，本书模型学习率选取 0.01。

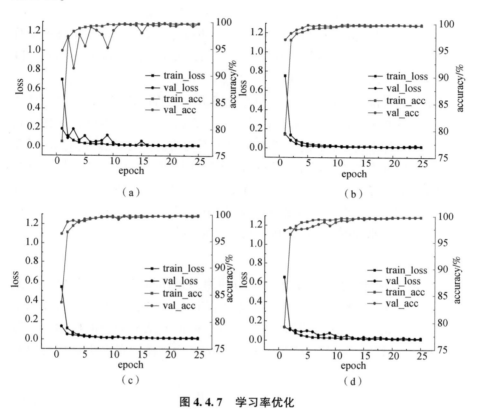

图 4.4.7　学习率优化

（a）学习率为 0.1；（b）学习率为 0.01；（c）学习率为 0.001；（d）学习率为 0.000 1

4.4.6　性能评价指标

为了了解模型的泛化能力，模型性能评价使用以下指标，即准确率（Accuracy）、精确率（Precision）、召回率（Recall）和 $F1$ 分数。

1. 准确率

准确率为正确的预测数与样本总数之比，其公式如式（4.4.8）所示。

准确率是对模型性能度量的最简单指标。如果一个模型具有较高的准确率，则可以推断该模型在大多数情况下做出了正确的预测。

$$Accuracy = \frac{TP + TN}{TP + TN + FP + FN}$$ (4.4.8)

式中，T（True）表示预测正确，F（False）表示预测错误，P（Positive）表示正样本，N（Negative）表示负样本；因此，TN 表示预测正确的负样本，FN 表示预测错误的负样本（漏报），TP 表示预测正确的正样本，FP 表示预测错误的正样本（误报）[39]。

虽然通过准确率可以判断模型在验证集上总的正确率，但是如果样本不平衡，则其不能很好地衡量预测结果。例如在一个样本中，正样本占95%，而负样本占5%，这个样本是严重不均衡的。对于这种情况，模型只需将全部样本预测为正样本即可得到95%的超高准确率，但实际上这是一种高度的误导，因为模型基本上无法检测负样本。因此，如果样本出现不均衡的问题，则模型很可能得到很高的准确率，但事实上这样的预测结果是含有很大水分的，此时准确率也就没有意义了[40]。

2. 精确率

精确率为预测正确的正样本数与预测为正样本的结果总数之比，其公式如式（4.4.9）所示。精确率又名查准率，它是针对模型的预测结果进行说明的一个参数，其含义是在所有被模型预测为正的样本中实际为正样本的概率，即在预测为正样本的结果中，模型有多少把握可以预测正确。

$$Precision = \frac{TP}{TP + FP}$$ (4.4.9)

精确率和准确率虽然十分相似，但其实是截然不同的。精确率反映模型对于正样本的预测正确程度，但准确率反映模型对样本整体的预测正确程度，其中不仅包含正样本，而且包含负样本。

3. 召回率

召回率为预测正确的正样本数与总样本数中的正样本数之比，其公式如式（4.4.10）所示。召回率又名查全率，它是针对输入样本而言的，其含义是实际为正的样本被模型预测为正样本的概率。

$$\text{Recall} = \frac{\text{TP}}{\text{TP} + \text{FN}} \qquad (4.4.10)$$

4. $F1$ **分数**

$F1$ 分数为召回率和精确率的加权调和平均数，其公式如式（4.4.11）所示。$F1$ 分数是一个模型性能优劣的综合衡量指标，$F1$ 值较大则能说明此种试验方法比较有效。

$$F1 = \frac{2 \times \text{Precision} \times \text{Recall}}{\text{Precision} + \text{Recall}} \qquad (4.4.11)$$

4.4.7 试验结果对比

CNN – LSTM 模型在测试集上取得的混淆矩阵如图 4.4.8 所示。其中，直行、左转、右转、静止行为识别率能达到 100%。在采集数据场景中有些桥梁的上坡、下坡坡度比较小，易识别错误，但识别的总体准确率仍然保持在 98.92%。

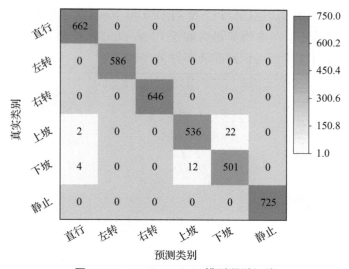

图 4.4.8 CNN – LSTM 模型混淆矩阵

CNN 模型在测试集上取得的混淆矩阵如图 4.4.9 所示，直行、左转、右转、静止行为识别率能达到 100%，总体识别准确率为 98.27%，略低于 CNN – LSTM 模型的识别准确率。

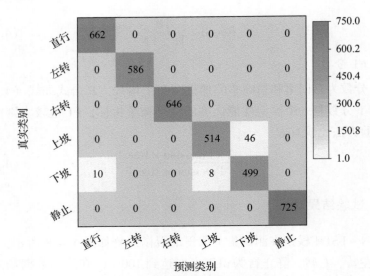

图 4.4.9 CNN 模型混淆矩阵

LSTM 模型在测试集上取得的混淆矩阵如图 4.4.10 所示，直行、左转、右转、静止行为识别率与 CNN – LSTM 模型和 CNN 模型相同，能达到 100%，但是总体识别准确率要略低于 CNN – LSTM 模型和 CNN 模型的识别准确率，LSTM 模型的识别准确率为 98.02%。

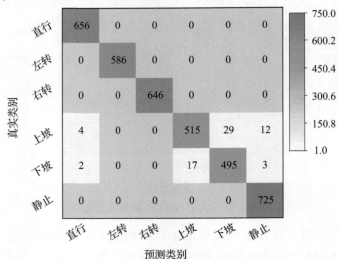

图 4.4.10 LSTM 模型混淆矩阵

　　以上 3 个模型的识别效果主要体现在上坡和下坡的识别精度上，对于上坡行为，模型的性能指标如图 4.4.11 所示，对于下坡行为，模型的指标如图 4.4.12 所示，对比准确率、召回率以及 $F1$ 分数，综合而言 CNN–LSTM 模型具有更好的结果[41,42]。

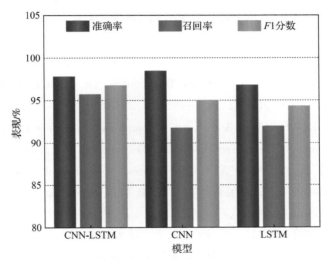

图 4.4.11　上坡行为模型性能对比

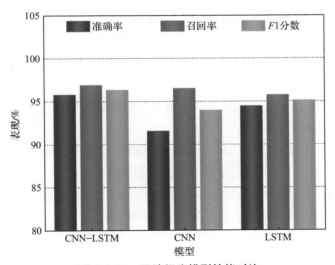

图 4.4.12　下坡行为模型性能对比

参 考 文 献

[1]SCHIFFMAN B M,MATTHAEI G L. Exact design of band – stop microwave filters[J]. IEEE Transitions on Microwave Theory and Techniques,1964,12 (1):0 – 15.

[2]CRISTAL E G,YOUNG L,SCHIFFMAN B M,et al. Bandstop filter formulas (correspondence) [J]. IEEE Transactions on Microwave Theory and Techniques,1967,15(3):195 – 195.

[3]ATIA A E,WILLIAMS A E. Narrow – bandpass waveguide filters[J]. IEEE Transactions on Microwave Theory and Techniques,1972,20(4):258 – 265.

[4]QIAN J R,ZHUANG W C. New narrow – band dual – mode bandstop waveguide filters(corrections)[J]. IEEE Transactions on Microwave Theory and Techniques,1984.

[5]王保新. 带阻滤波器[D]. 成都:电子科技大学,2009.

[6]余希木. 基于 Kalman 滤波的动态电能质量监测[D]. 成都:四川大学,2008.

[7]KALMAN R E. A New approach to linear filtering and prediction problems [J]. Journal of Fluids Engineering,1959,82D:35 – 45.

[8]汪秋婷. 自适应抗差 UKF 在卫星组合导航中的理论与应用研究[D]. 武汉:华中科技大学,2010.

[9]邱凤云. Kalman 滤波理论及其在通信与信号处理中的应用[D]. 济南:山东大学,2009.

[10]卓郡. 基于运动非合作目标激光测距精度提高方法研究[D]. 北京:中国科学院大学(中国科学院光电技术研究所),2017.

[11]黄小平,王岩. 卡尔曼滤波原理及应用:MATLAB 仿真[M]. 北京:电子工业出版社,2015.

[12]于成龙. 智能环境下基于传感器网络的定位跟踪系统研究[D]. 沈阳:沈阳工业大学,2014.

[13]石喜玲. 多旋翼飞行器姿态测量及控制技术研究[D]. 太原:中北大

学,2020.

[14]高照玲.基于嵌入式的车载导航定位系统的设计研究[D].哈尔滨:哈尔滨工程大学,2018.

[15]颜湘武,邓浩然,郭琪,等.基于自适应无迹卡尔曼滤波的动力电池健康状态检测及梯次利用研究[J].电工技术学报,2019,34(18):3937-3948.

[16]王欢.弹丸运动过程转速测试及瞬态信息数据处理方法研究[D].太原:中北大学,2019.

[17]HUANG N E,SHEN Z,LONG S R,et al. The empirical mode decomposition and the Hilbert spectrum for nonlinear and non-stationary time series analysis[J]. Proceedings of the Royal Society of London Series A,1998,454(1971):903-995.

[18]刘冰.基于EMD分解的全波形反演方法研究[D].青岛:中国石油大学(华东),2021.

[19]冯佳伟.基于深度学习的社区能耗分析与优化[D].杭州:浙江大学,2022.

[20]徐萍,吴超,胡峰俊,等.基于迁移学习的个性化循环神经网络语言模型[J].南京理工大学学报,2018,42(4):401-408.

[21]程冬梅.LSTM研究现状综述[J].信息系统工程,2022(1):149-152.

[22]李荣冰,鄢俊胜,刘刚,等.基于LSTM深度神经网络的MEMS-IMU误差模型及标定方法[J].中国惯性技术学报,2020,28(2):165-171.

[23]WANG Q,GU Y,et al. Deep speedometer:Vehicle speed estimation from accelerometer and gyroscope using LSTM model[C]. 2017 IEEE 20th International Conference on Intelligent Transportation Systems(ITSC),Japan,2017:1-6.

[24]王一周.基于深度学习的人体动作识别研究[D].郑州:郑州大学,2022.

[25]李怡颖.基于深度学习的视频人体动作识别研究[D].沈阳:辽宁大学,2021.

[26]王晨,王明江,陈嵩.一种基于修正激活函数的CNN车载毫米波雷达目标检测方法[J].信号处理,2023,39(1):116-127.

[27] 李松龄. 基于卷积神经网络的人体动作识别研究[D]. 成都：电子科技大学，2019.

[28] 吴军，肖克聪. 基于深度卷积神经网络的人体动作识别[J]. 华中科技大学学报：自然科学版，2016(S1)：5.

[29] 张天泽. 基于动量的粒子群算法改进研究[D]. 武汉：武汉大学，2021.

[30] 卜文锐. 基于 MNIST 数据集的参数最优化算法比较研究[J]. 电子技术与软件工程，2021(11)：187 - 188.

[31] 郑书新. 针对深度学习模型的优化问题研究[D]. 北京：中国科学技术大学，2019.

[32] 宁诗雯. 基于点线特征和滑动窗口的视觉惯性 SLAM 技术研究[D]. 武汉：武汉理工大学，2021.

[33] AVILÉS - CRUZ C, FERREYRA - RAMÍREZ A, ZÚÑIGA - LÓPEZ A, et al. Coarse - fine convolutional deep - learning strategy for human activity recognition[J]. Sensors，2019，19(7)：1556.

[34] 边金虎，李爱农，宋孟强，等. MODIS 植被指数时间序列 Savitzky - Golay 滤波算法重构[J]. 遥感学报，2010，14(4)：725 - 741.

[35] CAI T J，TANG H. A review of least - squares fitting principles for savitzky - golay smoothing filters[J]. Digital Communications，2011，38(1)：63 - 68 + 82.

[36] 赵志宏，杨绍普，申永军. 一种改进的 EMD 降噪方法[J]. 振动与冲击，2009，28(12)：35 - 37 + 62 + 200 - 201.

[37] TAN Z，PAN P. Network fault prediction based on CNN - LSTM Hybrid neural network[C]. 2019 International Conference on Communications, Information System and Computer Engineering (CISCE), Haikou, China, 2019：486 - 490.

[38] YANG W P，LI Q，MING M. Research on feature - level fusion LSTM - CNN method for human activity recognition[J]. Electronic Measurement Technology，2021，44(17)：173 - 180.

[39] 姜新誉. 基于神经网络的弱监督 PCB 碳油缺陷检测[D]. 杭州：浙江大学，2021.

[40] 代家起. 基于目标追踪与体态识别的小鼠行为分析系统研究与应用

［D］. 武汉:华中科技大学,2022.

［41］HONG L, LI D, GAO L. A novel CNN – TCN – TAM classification model based method for fault diagnosis of chiller sensors, 2022 41st Chinese Control Conference(CCC),Hefei,China,2022:5176 – 5181.

［42］LIAN Y, LIU Z, PENG B, et al. Influence of different data processing methods on error prediction of three – axis NC machine tool based on LSTM Neural Network,2022 41st Chinese Control Conference(CCC),Hefei,China,2022:2717 – 2722.

第 5 章　多源导航信息智能动态分析与决策

在进行信息融合之前，需要对各信息源的可信性和完备性进行判别，以便合理有效地优选和决策需要融合的信息，为多源导航信息的融合奠定基础。本章介绍几种分析与决策方法。信息可信性分析通过采用不同的方法和模型，可以对多个信息源的可信性进行评估和分析，有助于识别并排除不可靠的信息源，提高多源导航系统的可靠性；信息完备性分析旨在判断每个信息源的覆盖范围、数据质量和时效性等，以确定其对导航决策的贡献程度；智能动态分析和决策基于不同信息源和用户需求的导航目标，利用智能算法和决策模型，对可信且完备的信息进行有效的挑选和组合。

通过对多源导航信息的智能动态分析与决策，能够更好地利用各信息源的优势，减小信息误差和偏差，提高导航决策的准确性和鲁棒性。本章内容可为无人平台多源导航系统的设计和应用提供重要的理论和方法支持，有助于提升无人平台多源导航系统的性能和效果。

5.1　多源导航系统信息可信性分析

5.1.1　多源导航系统信息可信性的概念及内涵

1. 多源导航系统信息可信性的概念

多源导航系统有效地克服了运行环境的复杂性和单一传感器的局限性，使定位更加准确和可靠。根据以上特点，在进行传感器数据融合时，尤其是传感器数量与种类比较多的时候，不免产生一个问题：在这一时刻该如何选择合适的传感器子集进行信息融合？在选择合适的传感器子集选择策略之前，需要对各传感器当前时刻信号质量进行有效评估，这一评估结果称为可信度。多源导航传感器可信度评估的结果将成为传感器子集选择的重要基础依据与前提。多源导航系统信息可信性是基于多源导航系统的有限边界条件（包括资源配置和运行条件等），通过载体动力学机理等系统固有特征，描述多源导航系统功能及结果可信的内在属性，可以衡量多种信息源经过干扰及故障检测、故障识别、故障排除、系统重构后解算结果可信的能力[1]。多源导航系统信息可信性基本特征的描述如图 5.1.1 所示。

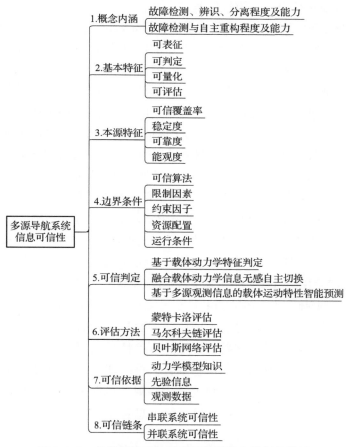

图 5.1.1　多源导航系统信息可信性基本特征的描述

多源导航系统信息可信性需要具有可表征、可判定、可量化、可评估等基本特征[2]，是利用动力学模型知识、先验信息、观测数据等信息进行定性和定量描述，并提供轻量级的、随时随地可用的安全、弹性的可信能力。面向多源导航系统决策需求，需要从载体动力学特征的学习、预测与更新着手，重点量化接入多源导航信号的可信度，保证信号通路与导航性能的无缝衔接和无感切换，研究基于复杂多源导航系统行为演化的动态调控策略，分析影响多源异构导航系统时空多尺度动态拓扑的进化机制，强化决策行为的动态迭代学习预测能力，发展精准的、可解释的、融合载体动力学特征与场景的多源导航系统可信决策理论，为构筑安全、可信、弹性的多源导航系统奠定决策理论基础。

多源导航系统面向广泛的载体系统，如无人机、无人车、无人船等。载体系统动力学特征与多源导航系统深度耦合，相互作用，使其面临复杂的决策任务。首先，多源导航系统中信息流动频繁，信息形式多样，信息来源冗杂，载体特征各异，决策场景复杂，实际应用中多源导航系统决策面临实时性、准确性、可信性等复合约束。其次，面向复杂的应用场景，尤其在危险、极端、特殊、恶劣等环境中，为了保证多源导航系统综合性能，基于载体的导航信息源的接入、切换、调度操作构成多源导航系统的决策基本面，决策效果直接影响多源导航系统性能。另外，多源导航系统决策行为复杂，在载体动力学和环境影响的作用下，决策行为难以实现智能优化。目前，针对多源导航系统，统一的可信决策度量方法缺失，无缝无感决策机制难以实现，决策行为的自主性和智能性较为低下，决策行为与载体动力学及应用场景融合度存在不足之处。综上所述，围绕基于载体动力学特征的多源导航系统信息可信决策等问题，主要归纳为如下科学技术问题。

1）基于载体动力学特征的多源导航系统信息决策可信性自主判定问题

复杂应用场景中多源导航系统信息将面临接入信息不安全、载体特征与接入信息匹配不充分等问题，导致其可信性难以评估。因此，如何将载体动力学特征与多源导航系统信息融合，提出基于载体动力学特征的多源导航系统信息智能决策可信性判定量化准则，实现多源导航系统信息可信性的智能自主判定，这是多源导航系统信息智能决策的可信性理论亟待解决的问题之一。

2）融合载体动力学信息的导航方式无感自主切换问题

多源导航系统的应用场景切换时，导航信号的切换时机通常难以准确预测，不恰当的切换时机和形式可造成导航性能波动或损失，载体的动力学特性变化也会对导航信号产生重要干扰。因此，如何将载体动力学特征与多源导航信号切换过程融合，提出考虑载体动力学特征的信息源切换时机判定方法，实现导航方式的智能无感切换，这是多源导航系统信息智能决策的可信性理论需要着重解决的另一个问题。

3）基于多源观测信息的载体运动特性知识动态更迭优化问题

在干扰欺骗等复杂环境中，多源导航系统决策支撑信息通常呈现时空数据不完备性，载体动力学特征以及环境特性难以充分认知，基于载体和环境特性的决策操作不够顺畅成熟，过程决策经验需要整合提升。因此，面向复杂场景中系统级决策任务，如何实现面向多源观测信息的载体动力学模型学习与决策行为动态迭代优化，这是导航信息智能决策的可信性理论需要重点关注的又一个问题。

2. 多源导航系统信息可信性的内涵

针对无人机、无人车、无人船等典型载体，多源导航系统智能决策的可信性理论主要涉及载体动力学建模与计算、融合载体动力学特征的导航方式智能无感切换、可信性自主判别与动态迭代优化，聚焦于建立导航方式无缝无感切换的可信性判定测量与量化表征准则，最终实现不同场景和任务下的导航信息智能决策可信性自主判定[3]。多源导航系统可信性理论的总体构建方案如图 5.1.2 所示。

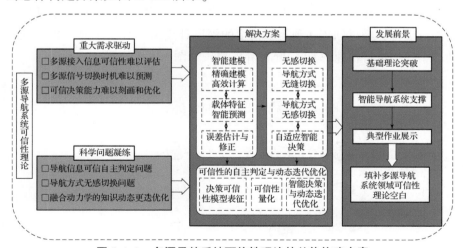

图 5.1.2　多源导航系统可信性理论的总体构建方案

1）面向多源导航的载体动力学智能建模与计算

（1）不同载体系统动力学模型构建与计算

面向无人机、无人车和无人船等典型载体，考虑不同载体机动运动过程所带来的影响，可根据经典理论构建结合物理特征的无人机、无人车和无人船系统动力学模型，其形式上的动力学方程可表达为如下形式：

$$\begin{cases} \dot{x} = F_d(x,u) + F_u(x,u) \\ x(t_0) = x_0 \end{cases} \tag{5.1.1}$$

式中，x 与 u 分别为动力学系统的状态量与控制量；x_0 为状态初值；F_d 为动力学系统中具有确定动力学特性的部分；F_u 为动力学系统中不确定特征的部分。考虑到上述载体系统动力学模型一般存在结构复杂、求解时间长等问题，故采用内嵌物理知识深度神经网络（PINN）对动力学模型进行快速解算。具体来说，首先建立用于模型解算的轻量级深度神经网络，选取合适的初始化条件设置初始参数，然后根据高精度动力学模型中用于描述物理系统的偏微分方程组，构建由初始条件、边界条件以及采样区域中选定点处偏微分方程的残差项组成的损失函数项，具体表达式为

$$L_{\text{all}}(\theta,\lambda) = L_{x0}(\theta,\lambda) + L_{xb}(\theta,\lambda) + L_F(\theta,\lambda) + L_x(\theta,\lambda) \tag{5.1.2}$$

式中，θ 与 λ 分别为深度神经网络与动力学模型的内部参数；L_{x0} 为初始条件残差；L_{xb} 为边界条件残差；L_F 为偏微分方程残差；L_x 为数据残差。结合上述损失函数，利用无约束优化方法中的梯度下降迭代法对深度神经网络进行训练，经过训练达到需求精度的深度神经网络可用于对物理系统的动力学模型进行快速解算。PINN 算法原理如图 5.1.3 所示。

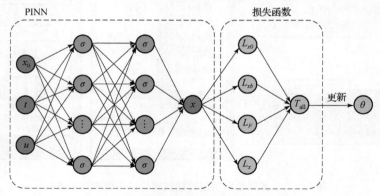

图 5.1.3 PINN 算法原理

（2）具有自适应能力的载体运动特性智能预测

考虑多源导航过程中常面临干扰、广义故障等不利因素以及随着场景切换环境与载体动力学特征可能发生突变的问题，结合域随机化思想，基于深度学习等人工智能技术[4]，研究基于观测信息的载体动力学模型修正更新方法，开展基于更新后模型的载体动力学特征分析。通过动力学模型动态更新迭代，实现载体运动特性智能预估。针对传统物理特征模型仅能精确描述确定性载荷的局限性，根据不同载体和任务场景的需求，融合深度学习、元学习等方法，描述难以精准建模的环境干扰力项。

（3）动力学模型辅助的组合导航系统误差估计与修正

在具有环境自适应能力的智能动力学建模的基础上，可以进一步将动力学模型输出信号与卫星导航、惯性导航等多种导航信息进行融合，开展动力学模型辅助的组合导航系统误差估计与修正，提升组合导航精度，为导航信息源的接入以及决策可信性判定提供参考依据。具体来说，动力学模型与多源导航系统的子系统状态模型可表示为

$$\begin{cases} \boldsymbol{x}_{i,k} = \boldsymbol{A}_{i,(k,k-1)} \boldsymbol{x}_{i,k-1} + \boldsymbol{B}_{i,k-1} \boldsymbol{w}_{i,k-1} \\ \boldsymbol{y}_{i,k} = \boldsymbol{C}_{i,k} \boldsymbol{x}_{i,k} + \boldsymbol{v}_{i,k} \end{cases} \tag{5.1.3}$$

式中，$\boldsymbol{x}_i$ 为待估计的第 i 个子系统状态量，$\boldsymbol{y}_i$ 为第 i 个子系统的测量输出；$\boldsymbol{w}_i$ 与 $\boldsymbol{v}_i$ 分别为子系统的动态噪声与测量噪声；$\boldsymbol{A}_i$，$\boldsymbol{B}_i$，$\boldsymbol{C}_i$ 分别为子系统的状态转移矩阵、噪声驱动矩阵以及观测矩阵。然后，利用联邦卡尔曼滤波方法，整体系统状态模型可表达为

$$\begin{cases} \boldsymbol{x}_k = \boldsymbol{A}_{k,k-1} \boldsymbol{x}_{k-1} + \boldsymbol{B}_{k-1} \boldsymbol{w}_{k-1} \\ \boldsymbol{y}_k = \boldsymbol{C}_k \boldsymbol{x}_k + \boldsymbol{v}_k \end{cases} \tag{5.1.4}$$

在联邦卡尔曼滤波方法中，动力学模型被用作公共参考系统，其输出的状态矩阵 $\boldsymbol{x}_k$，一方面作为虚拟测量值应用于每个子滤波器，另一方面直接应用于主滤波器。在整个信息融合过程中，首先分别得出其子滤波器的估计值：

$$\begin{cases} \hat{\boldsymbol{x}}_{i,k} = \boldsymbol{A}_{i,(k,k-1)} \hat{\boldsymbol{x}}_{i,k-1} \\ \boldsymbol{P}_{i,(k/k-1)} = \boldsymbol{A}_{i,(k,k-1)} \boldsymbol{P}_{i,k-1} \boldsymbol{A}_{i,(k,k-1)}^{\mathrm{T}} + \boldsymbol{B}_{i,k-1} \boldsymbol{P}_{i,k-1} \boldsymbol{B}_{i,k-1}^{\mathrm{T}} \end{cases} \tag{5.1.5}$$

式中，$\hat{\boldsymbol{x}}_i$，$\boldsymbol{P}_i$ 分别为系统状态在第 i 个子滤波器计算得到的局部最优估计值与协方差矩阵。得到所有子滤波器的估计值与协方差矩阵后，代入主滤波器进行信息融合，计算出系统状态的全局估计值：

$$P_g = \begin{cases} \hat{\pmb{x}}_g = \pmb{P}_g \left(\pmb{P}_m^{-1}\, \hat{\pmb{x}}_m + \displaystyle\sum_{i=1}^{N} \pmb{P}_i^{-1}\, \hat{\pmb{x}}_i \right) \\ \pmb{P}_g = \left(\pmb{P}_m^{-1} + \displaystyle\sum_{i=1}^{N} \right)^{-1} \end{cases} \quad (5.1.6)$$

式中，$\hat{\pmb{x}}_g$，$\pmb{P}_g$ 分别为全局最优估计值与相应的协方差矩阵；$\hat{\pmb{x}}_m$，$\pmb{P}_m^{-1}$ 分别为主滤波器对系统状态的估计值和协方差矩阵。

2）融合载体动力学特征的导航方式无感切换与智能决策

多源信号接入与融合过程具有复杂性，直接导致多源导航系统的整体行为难以理解、预期和调控。针对多源导航系统状态特征判定问题，人们提出了基于多源导航系统信息演化分析与动态调控的数学模型，发展了面向系统动态非线性行为的演化学习方法。针对多源导航系统信息演化行为稳定性问题，人们提出了基于网络拓扑熵和李雅普诺夫指数的临界阈值耦合分析方法。通过分析载体系统动力学行为的临界现象，探究干扰故障与不确定条件下载体导航数据的动态特性及演化规则，挖掘其中蕴含的数理规律。通过分析解耦后的简单行为在不同干扰及边界条件下的动力学分岔类型及特征，完善系统全局可控性定量度量指标体系，分析演化行为的临界现象与不同任务场景中导航信息演化模式，揭示系统突变与随机扰动下的跨尺度动态特性。根据复杂系统大多具有无穷多周期轨道而无穷多周期轨道中存在有限基本周期轨道集合的特点，可以通过求解有限"基本周期轨道"构成的代数方程，建立对系统动态行为与结构动态复杂性的智能可计算分析方法。

从动力学角度研究多源导航系统数据信息时空演化行为特征，本质上是研究系统基本要素所呈现的随机非线性关系在演化过程中所起的关键作用，揭示系统全局演化的固有规律，使系统动能更加高效、实时协同与可靠。通过量化评估系统信息演化过程的复杂性，得到逼近和调控方法，是进行多源导航系统动态行为分析、判断多源信号接入时机的重要突破口。以此为基础，针对无人机、无人车、无人船 3 种典型载体复杂工况、场景转换下的多源异构导航信号切换时机判定问题，可以进一步将载体动力学模型与基于事件驱动的导航方式融合，给出信号接入时机的判定准则，解决不同导航信号的无感切换问题。具体来说，首先以载体动力学模型为基础，展开场景转化过程中多源信号的时空演化规律分析，研究多源导航信息耦合演化与载体动力学相互作用转换条件下的系统非线性突变规律。然后，将多源导航信息演化规律、载体动力学特征与事件驱动方法结合，构建适用于不同载体、不同场景的多源导航信号接入模型，建立基于导航信息可信性判定方法与量化准则的事件驱动决策机制，通过研究具有随机进化和快速应激特性的导航方式动态调控策略，实现融合载体动力学特征的导航方式智能无感切换。通过事件驱动判断信号接入时机是否适用于场景切换条件明确、环境确定性较强的情况，当无人机、无人车、无人船受到干扰、阻碍等不利因素或者场景突变导致其环境信息未知、复杂、动态变化时，多源导航信息面临不可信的问题。此时，需要多源导航系统能够进行自主环境感知，利用环境信息实现多源导航信息的可信决策。为此，首先需要根据多源导航信息以及载体动力学模型对载体在空间中的位置、姿态以及环境信息进行精准的多源检测；然后，对其所获得的信息进行智能分析及环境模型进行自主建立，即环境感知和建模；在此基础上，将载体动力学模型、复杂系统相变机理以及知识库更迭结合，建立智能认知模型，实现具有知识记忆、学习及推理特性的导航信息认知融合以及智能规划导航路径。以智能认知模型为基础，可以进一步提出自主感知、可信判断与动态决策的多源自主导航方法，实现具有环境自适应能力的导航方式智能决策与无感切换。导航方式无感切换与智能决策框架如图 5.1.4 所示。

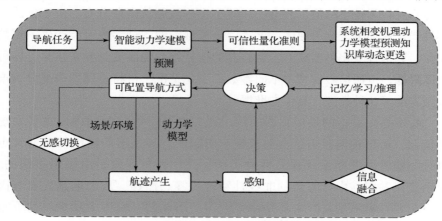

图 5.1.4　导航方式无感切换与智能决策框架

5.1.2　单传感器可信性自评估分析

传感器能够感知环境变化并将其转换为数字信号。通过感知信息，传感器可以为系统提供关键的输入数据，如温度、湿度、压力、光线、声音、运动等物理量。在传感器的设计中，一个理想的传感器应该能够实时、精确、无噪声地采集信息。然而，在实际应用中，传感器的工作状态往往受到一定的限制和影响。首先，传感器存在一定的线性工作量程、延时、有限精度和测量噪声等问题。线性工作量程指的是传感器可以测量的最小和最大值范围。延时则是指从传感器感知环境变化到产生数字信号的时间间隔，这个时间间隔越短，传感器的实时性越好。有限精度表示传感器输出的数字信号的精度和分辨率存在一定的限制。同时，传感器的测量噪声也会对信号质量产生影响。其次，传感器敏感器件容易受到自然老化、环境湿度、盐分、电磁干扰等因素的影响，这些因素可能导致传感器节点故障。

对于某种传感器，可按下式对信息真值与传感器采集到的信号之间的关系建立模型：

$$M(t) = \alpha G(t - t_0) + n(t) + \beta \qquad (5.1.7)$$

式中，α 为传感器增益；t_0 为传感器测量延时；$n(t)$ 为传感器的测量噪声；β 为传感器测量偏置。

在传感器无故障正常采集信息的状况下，传感器增益为 1，传感器偏置与延时均为较小的值，测量噪声较小且一般服从高斯分布。由于传感器器件老化或环境干扰等原因，上述信号模型中的各种参数可能产生一定的变化，若这种变化不断放大，传感器的信号则会逐渐变为异常信号，即可信度降低。按照信号模型中不同参数的变化情况，可将传感器失准分为增益型失准等 5 种类型。具体失准情况如下所述。

噪声型失准指的是传感器的输出误差在某个特定时间内出现了系统性偏差，而这种偏差不是由随机噪声引起的。传感器的输出误差通常可以分为随机误差和系统误差两种类型，其中随机误差是由噪声引起的，而系统误差则是由传感器的非线性特性、零点漂移、放大电路失真等因素引起的。噪声型失准主要是由系统误差引起的。模型中噪声项的分布发生改变或噪声方差变大可能导致噪声型失准。噪声型失准通常会导致传感器输出值的偏差在一定时间内保持不变或者发生系统性的变化，从而使传感器的输出值与实际测量值存在较大的误差。造成噪声型失准的原因有很多，例如传感器的电源供应不稳定，纹波电压变大，这可能导致传感器输出值的偏差增加；外部电磁辐射或电离辐射等造成的干扰也会引起传感器的输出误差；另外，放大电路出现虚焊等不稳定因素也可能导致噪声型失准。

离群型失准是指测试结果中存在与环境真值显著偏离的数据点，这些数据点可能是传感器本身的故障或者外界环境的影响导致的。与噪声型失准不同的是，离群点在测试结果中是明显的偏离正常值的数据点，而且这些数据点并不会对后续测试结果造成影响。离群型失准的出现可能是传感器发生故障或者外界环境突变产生干扰导致的，例如传感器本身的线性工作范围被超出、传感器产生电源波动或电磁辐射等。

增益型失准是指在传感器测量过程中，传感器的放大倍数出现漂移，导致传感器输出值与真实值之间的比例发生改变，从而导致系统测量误差的变化。增益型失准通常由传感器中电子元器件电阻变化、灵敏度变化、参考电压发生变化引起。

偏置型失准是指传感器输出值与真值之间存在一个固定或变化的偏差。偏置型失准的出现通常与传感器内部电路的参数变化或环境因素有关。例如，温度的变化可能导致传感器内部电路中的元器件参数发生变化，从而导致输出偏差。同样地，传感器在长时间的工作后也可能出现偏置漂移。此外，偏置型失准还可能受到机械振动、冲击等因素的影响。

延迟型失准是指模型中时延的改变，当传感器响应速度降低，产生信号的时刻与采集时刻的差值变大时即产生延迟型失准。

在上述失准出现的情况下，传感器信号质量降低，数据可信度下降，但与环境真实信息仍具有一定的关联，但若失准项不断扩大，传感器的测量值与环境真实数据的偏差也会不断放大，达到一定程度后将与真实数据失去联系，此时可视为传感器信号不可用。

在使用滑动窗口模型之前，要根据数据方差，设置时间窗大小。时间窗的选择准则是方差稳定，一般利用先验知识，在载体稳定时确定时间窗大小。同种传感器间的时间窗应一致。如图 5.1.5 所示，以 KITTI 数据集中的 IMU 数据为例，当时间窗大小定为 200 个时，样本方差基本稳定，在最终方差的 3σ 以内，可将时间窗大小定为 200 个。其他类型导航传感器的时间窗大小选择方法也与本例类似。

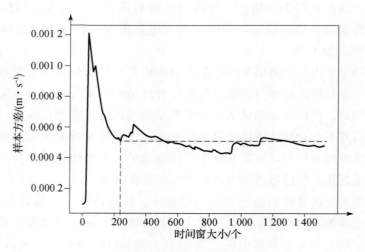

图 5.1.5　时间窗大小选择

传感器输出的信号旨在反映环境真实数据，考虑真实数据的波动情况，传感器某一时刻的输出值 $r_j(t_i)$ 通常有一定程度的浮动，通常当数据异常时它会与前后时刻的数据产生明显的偏差，如果 $r_j(t_i)$ 满足下式，那么表明此刻传感器数据为异常数据的可能性较大。

$$|r_j(t_i) - \mathrm{med}(r_j)| > \alpha \cdot \delta \qquad (5.1.8)$$

式中，$r_j(t_i)$ 为 t_i 时刻 r_j 的输出量；α 为常数参数，不同的传感器具有不同的 α；$\mathrm{med}(r_j)$ 为时间窗内输出量 r_j 的中位数。

同时，若某一时刻传感器自身无法持续正常的信号采集工作，例如超宽带通信距离超过阈值，可能持续输出失效前的信号数值，如下式所示：

$$r_j(t_i) = r_j(t_{i-1}) \qquad (5.1.9)$$

利用上述两种数据特点来判断此时传感器输出的信号是否正常，并通过下式计算当前时刻传感器数值的异常概率 $P_j(t_i)$：

$$P_j(t_i) = P_j(t_{i-1}) + c_1 \cdot k_1^2 + c_2 \cdot k_2^2 \qquad (5.1.10)$$

式中，$P_j(t_i)$ 为采样时刻 t_i 出现异常的概率；$P_j(t_{i-1})$ 为前一采样 t_{i-1} 时刻出现异常的概率；c_1，c_2 为常数参数；k_1 为出现 $|r_j(t_i) - \mathrm{med}(r_j)| > \alpha \cdot \delta$ 的次数；k_2 为出现 $r_j(t_i) = r_j(t_{i-1})$ 的次数。

如果传感器的输出值持续满足上两式的异常判定条件，k_1 或 k_2 从 0 开始不断递增，则此时 $P_j(t_i)$ 将呈指数形式增加；若某一时刻 $r_j(t_i)$ 不满足异常判定条件，则 k_1，k_2，$P_j(t_i)$ 清零，直至重新满足条件后再次累积。

以 IMU 为例，IMU 在同一时刻将输出三轴的加速度值与三轴的角速度值，在这种情况下将产生多组 $P_j(t_i)$ 值，每一组数据均可作为随时间变化的数据流。当有多组 $P_j(t_i)$ 时，多模数据的异常概率如下式所示：

$$P_T(t_i) = \sum_{j=1}^{m} \lambda_j \cdot P_j(t_i)\left(\sum_{j=1}^{m} \lambda_j = 1\right) \tag{5.1.11}$$

式中，λ_j 为权重系数；λ_j 与数据的波动幅度有关，不同组数据流的 λ_j 的比值与各组数据的标准差之比相同，如下式所示：

$$\lambda_1 : \lambda_2 : \cdots : \lambda_n = \delta_1 : \delta_2 : \cdots : \delta_n \tag{5.1.12}$$

式中，权重系数用 δ_1 表示第 i 组数据的标准差；根据 $P_j(t_i)$ 的值，将传感器可信度量化指标 P 定义为

$$P = \begin{cases} 1 - P_T(t_v), & P_T(t_v) < 1 \\ 0, & P_T(t_v) \geqslant 1 \end{cases} \tag{5.1.13}$$

5.1.3　多传感器可信性互评估分析

以上情况为同种传感器数量为 1 时的信息可信度计算方式，当传感器数量大于 1 时，考虑到同种传感器节点的数据通常在相邻的时间段相似，一般情况下，距离越近，数据相关度越高；距离越远，数据相关度越低。本书利用皮尔森系数[5]来度量同种传感器间的相关系数，如下式所示：

$$R(s,t) = \frac{E[(x_s - \mu_s)(x_t - \mu_t)]}{\sigma_s \sigma_t} \tag{5.1.14}$$

式中，x_s，x_t 为 2 组同质传感器输出的时间序列；μ_s 为时间序列 x_s 的均值；μ_t 为时间序列 x_t 的均值；σ_s 为时间序列 x_s 的标准差；σ_t 为时间序列 x_t 的标准差。

在多于 2 个同种传感器进行导航解算时，分别计算传感器之间的皮尔森系数和相容系数，并将二者归一化为 [0，1] 范围内，加权计算出最终的相容性系数，可以得到同种传感器间可信度互评估结果。

根据传感器可信度自评估与互评估结果，可以对其可信度进行最终度量。假设传感器集合为 $C = \{c_1, c_2, \cdots, c_n\}$，传感器 $c_i(i \in [1, n])$ 的可信度指标确定过程如下式所示：

$$z_{c_i} = w_1 z_{1c_i} + w_2 z_{2c_i} \tag{5.1.15}$$

式中，z_{c_i} 为传感器 c_i 的可信度指标；w_1，w_2 分别为自评估与互评估可信度评估的权重系数；z_{1c_i}，z_{2c_i} 分别为自评估与互评估可信度评估的结果；z_{1c_i} 为传感器可信度自评估归一化后的结果；z_{2c_i} 由皮尔森系数与概率向量相容程度确定，如下式所示：

$$z_{2c_i} = \frac{1}{2(n-1)} \left[\sum_{j=1, j \neq i}^{n} R_{c_i, c_j} + \sum_{j=1, j \neq i}^{n} \mathrm{comp}(P_{c_i}, P_{c_j}) \right] \quad (5.1.16)$$

式中，R_{c_i, c_j} 为传感器 c_i，c_j 间的归一化皮尔森系数；$\mathrm{comp}(P_{c_i}, P_{c_j})$ 为传感器 c_i，c_j 间的归一化相容系数。由此完成传感器自评估与互评估的结合，最终得到多源导航传感器可信度量化指标。

5.2 多源导航系统信息完备性分析

5.2.1 多源导航系统信息完备性的概念及内涵

多源导航系统信息完备性可以定义为在给定的资源配置和运行条件下，系统能够满足既定功能的特性和能力。它涵盖了多源导航系统在面对各种干扰和故障时的检测、识别、排除以及重构的能力，以及在可信计算和动态迭代过程中的完备性[6]。

多源导航系统信息完备性可以理解为系统向用户提供的导航信息具备满足其需求的完整性、精确性、可检测性、可重构性和可信性等基本特性，以确保用户在使用过程中获得无缝衔接和无感切换的导航体验。为了评估多源导航系统信息完备性，需要考虑局部完备性和系统完备性、可检测度、可重构度、可信度以及动态迭代参数等多个层面的指标。

为了评估多源导航系统信息完备性，需要构建多层级、多类别、可量化的系统科学指标体系，并关注多源导航系统中的宏观结构和全局性演化等多维度的相关特征。通过使用多假设分离法、随机抽样一致监测法、信息熵和贝叶斯网络法等，可以分析不同拓扑特征和调控演化属性之间的内在关联，从而指导多源导航系统的总体设计。

综上所述，多源导航系统信息完备性是评估系统能否满足既定功能需求的重要概念。通过构建合适的指标体系和采用科学方法进行评估，可以全面考量多源导航系统信息完备性，并指导系统设计和优化过程。这将确保多源导航系统在各种情况下都能提供可靠、准确和全面的导航信息，为用户提供优质的导航体验。多源导航系统信息完备性基本特征的描述如图 5.2.1 所示。

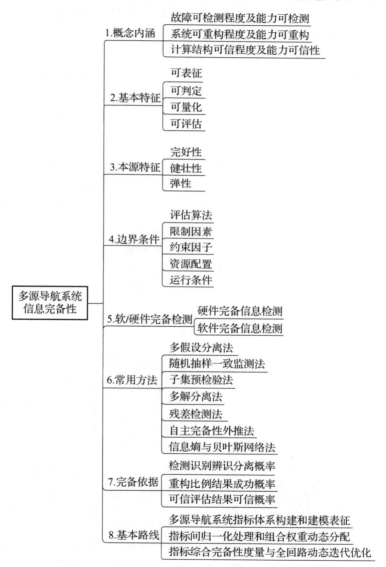

图 5.2.1　多源导航系统信息完备性基本特征的描述

完备性的功用主要体现在三个方面。首先，完备性作为顶层指标可牵引出一套自上而下的用于评估多源导航系统性能的多层指标体系，并推动形成相关国家标准；其次，完备性作为顶层指标可有效综合各层指标评估结果，并建立多源导航系统的动态自适应评估模型，该模型能够整合定性指标与定量指标等多维信息，直观显现系统完备程度，有助于多源导航系统自身和用户判断当前导航结果是否可信完备；最后，完备性作为顶层指标，可根据其实时评估结果，进行多源导航系统的全回路动态迭代优化，即结合载体动力学、任务场景及工作环境等，将顶层的完备性指标要求按需分配给各级指标，并将其作为指标阈值，当底层可量化指标不满足要求时，能够有针对性地对系统进行实时改进修正。

面向典型的任务场景、运动环境和运动载体，多源导航系统综合评估的完备性理论主要涉及完备性理论的指标体系构建和建模表征、指标间归一化处理和组合权重动态分配、指标综合的完备性度量与全回路动态迭代优化等部分，实现系统在故障检测、故障识别、故障排除、系统重构、可信决策等环节后自主导航结果在全方位因素考量下的综合实时度量，从而辅助多源导航系统检测优化、重构优化、决策优化，并判断当前多源导航系统是否完备可用。多源导航系统完备性理论的总体构建方案如图 5.2.2 所示。

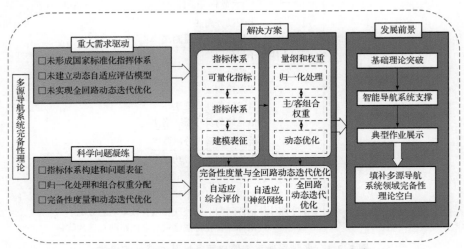

图 5.2.2　多源导航系统完备性理论的总体构建方案

5.2.2 多源导航系统信息完备性理论的指标体系构建和建模表征

建立多层级、多类别、可量化的系统科学指标体系是评估多源导航系统导航解算结果完备性的关键问题之一。这个指标体系由一组相互关联且相对独立的指标构成，用于从上至下评估系统的完备性特征。指标体系的构建具有一定的挑战性，需要满足科学性、完整性、一致性以及简捷性、可测性和可比性等原则。同时，指标体系应该聚焦于多源导航系统中的定性指标和定量指标等多个维度的关联特征。

在构建指标体系时，需要运用信息熵和贝叶斯网络法等来分析多源信息的定性指标和定量指标之间的内在关联。这样的分析可以帮助人们理解不同指标之间的依赖关系和影响程度。通过建立定性指标和定量指标之间的关联模型，可以量化系统的完备性特征，并提供定量化的衡量标准。同时，需要注意指标之间的综合性和综合评估方法的选择。不同层级和类别的指标应当相互关联，形成一个有机整体。要选择合适的方法和技术来计算和表征底层的可量化指标。这些方法可以基于统计分析、数据挖掘、机器学习等技术，从而确保指标体系的科学性和有效性。通过充分考虑定性指标和定量指标之间的关联，并运用合适的方法进行分析和计算，可以全面评估系统信息完备性特征，为系统设计和优化提供指导。这样的指标体系有助于确保多源导航系统在各种情况下都能提供满足用户要求的完备导航解算结果。

1. 完备性理论指标体系构建

评估多源导航系统时，首先需要建立一个完备科学的评估指标体系。这个指标体系可以通过最小均方差法、聚类分析法等方法确定，并通常由多级结构组成。可以从多个角度，如任务需求、运动环境和载体动力学等，采用多种方法进行论证，以建立多级指标体系。通过完备性指标的分解，结合可检测性、可重构性、可信性、精确性等指标，可以逐级分解指标体系，将其分解为从高层次到低层次的可量化可评价指标。每一级的指标都需要给出科学合理的定义，并与其他指标相互关联。

在构建指标体系时，需要综合考虑多源导航系统的特点和要求。这可以包括考虑多源导航系统的任务要求，如定位精度、导航准确性等；运动环境因素，如不同天气条件下的导航性能；载体动力学特性，如加速度、速度变化等。通过综合考虑这些因素，可以建立一个全面的评估指标体系。这样的多级指标体系有助于对多源导航系统进行全面的评估，并为系统设计和改进提供指导。每个层级的指标都能够量化多源导航系统信息完备性特征，并提供可比较的评估标准。通过这个指标体系，可以评估多源导航系统在各种情况下的导航解算结果是否完备，以满足用户的要求和期望。

2. 可量化可评估指标的建模表征

在指标体系构建完成后，针对底层的可量化可评估指标，需要根据每个指标的定义，提供定性或定量的建模表征方法。这些方法可以用于计算每个指标的性能。例如，对于精确性指标，包括位置精度、速度精度和姿态角精度等，可以利用概率密度函数对其不确定性进行建模，并通过信息熵来描述不确定性的大小。或者可以通过设置阈值，确定指标符合要求的概率值。对于那些不容易量化的定性指标，可以将其进行子级指标分解。例如，使用性指标可以细分为环境适应性、操纵功能、状态切换功能等子级指标。这些子级指标中的定量指标可以通过计算获得具体的量化值，而定性指标则可以通过层次分析法和综合评价法等方法得到具体的量化值。

总之，在评估多源导航系统的底层指标时，需要综合运用多种评估方法。这样可以综合考虑各个指标的特性，并判断系统是否达到要求。通过量化和评估底层指标，能够更好地了解多源导航系统的性能，为系统的优化和改进提供指导和依据。例如，可检测性中准确性可由故障漏检概率、误检概率等表示，当误检概率满足一定约束时，最小漏检概率可由下式计算：

$$\Pr(H_0 \mid H_1) = \int_{-\infty}^{\lambda} f(\beta \mid H_1) \, \mathrm{d}\beta \tag{5.2.1}$$

式中，$\Pr(\cdot)$ 为概率计算符号；H_0 为无故障事件；H_1 为有故障事件；$f(\beta \mid H_1)$ 为条件概率密度函数；β 为状态误差；λ 为检测阈值。

3. 指标间归一化处理和组合权重动态分配

在多源导航系统信息完备性评估中，对指标进行归一化处理是必不可少的。因为不同指标之间具有不可公度性，所以直接使用原始指标值进行分析可能导致数值较大的指标在综合分析中占据主导地位，相对削弱数值较小指标的影响。为了解决这个问题，需要对指标数值进行归一化处理，以确保它们在分析中具有可比性。归一化处理可以采用多种方法，包括直线型无量纲化方法（如极值法、指数法、标准化方法、比重法）、折线型无量纲化方法（如凸折线型法、凹折线型法、三折线型法）和曲线型无量纲化方法（如极值化方法、标准化方法、均值化方法、标准差化方法）。在选择归一化方法时，需要考虑信息失真度、对权重的敏感性和保序性影响以及对完备性评估结果的双重影响。根据具体情况，选择最合适的归一化方法，以保证评估结果的准确性和可比性。例如，差异化极值处理法可表示为如下正向化［使正向指标（数值越大越好）保持正向］和逆向化［使逆向指标（数值越小越好］变为正向）联合计算公式：

$$
x_{ij}^* = \begin{cases} \dfrac{x_{ii} - \min(x_j)}{\max(x_j) - \min(x_j)}, & x_j \text{ 为正向指标} \\[4mm] \dfrac{\max(x_j) - x_{ij}}{\max(x_j) - \min(x_j)}, & x_j \text{ 为逆向指标} \end{cases} \tag{5.2.2}
$$

式中，x_{ij} 为第 i 个样本第 j 项指标的原始数据；x_{ij}^* 为归一化后的无量纲数据，$x_{ij}^* \in [0,1]$，数值分布与处理前一致；$\max(x_j)$ 和 $\min(x_j)$ 分别为第 j 项指标原始数据的最大值和最小值。

指标权重在评估过程中起着重要的作用，用于按照其重要程度为每个指标赋予适当的值，从而使评估模型更科学和合理。在指标归一化之后，可以采用加权和法来组合多种主观权重和客观权重，而组合权重的准确性取决于组合系数的确定。从数理统计的角度来看，各个指标的真实权重值可以被视为一个随机变量，而不同的权重计算方法所得到的权重值是真实权重的样本值之一。因此，权重可以被理解为真实权重的某个样本值，而组合系数则表示真实权重取某个权重值的概率。由于这种不确定性的存在，常常使用香农信息熵来表示组合系数的不确定性程度。组合权重模型属于优化模型，常用的求解方法包括直接法、拉格朗日函数法和智能算法等。这些方法可以帮助确定最优的权重组合，从而使评估模型更加准确和可靠。需要注意的是，权重的确定是一个复杂的过程，需要综合考虑评估目标、专家知识和实际数据等多个因素。合理的权重可以提高评估结果的可信度和准确性。

由于不同任务、不同场景、不同载体对其指标需求存在差异，所以需建立权重的动态调整模型，以获得不同任务、不同场景及不同载体下的动态指标权重值，并评估不同算法计算的组合权重优劣，其模型可表示为

$$\boldsymbol{\omega} = f(\boldsymbol{\omega}_0, m, s, d) \tag{5.2.3}$$

式中，$\boldsymbol{\omega} = \begin{bmatrix} \boldsymbol{\omega}_1 & \boldsymbol{\omega}_2 & \cdots \end{bmatrix}$ 为各指标的动态权重值；$\boldsymbol{\omega}_0 = \begin{bmatrix} \boldsymbol{\omega}_{0,1} & \boldsymbol{\omega}_{0,2} & \cdots \end{bmatrix}$ 为指标的初始分配权重；m，s，d 为与任务、场景、载体相关的权重调整系数，可建立相关优化模型求解得到。当权重动态调整后，还需对其归一化以保证权重之和等于 1。指标间归一化处理和组合权重动态分配技术路线如图 5.2.3 所示。

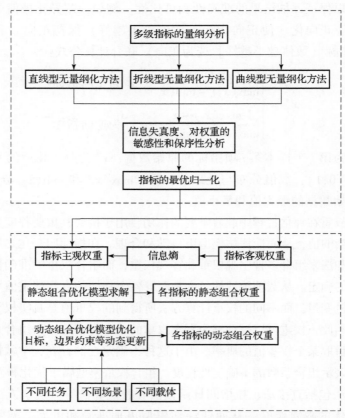

图 5.2.3　指标间归一化处理和组合权重动态分配技术路线

5.2.3　多源导航系统信息完备性度量

1. 基于自适应综合评估的完备性度量

评估方法是多源导航系统性能综合评估的核心部分。根据指标体系的特点，选择合适的评估方法是关键。由于多源导航系统指标具有模糊性、动态性和粗糙性，所以大多数指标需要通过动力学模型等进行先验评估，而一些具备直接观测数据的指标可以进行后验动态校正。为了克服指标的模糊性，自适应综合评估方法被广泛应用于具有多属性和多层次特点的多指标系统。因此，自适应综合评估可以作为多源导航系统信息完备性评估的主要方法。

具体的步骤包括构建指标集和评语集、建立隶属度函数、利用熵权系数法修正指标权重、选择适当的自适应算子进行评判，以及基于区间量化方式确定评估等级。此外，对于那些具备在线直接观测数据的指标，还可以利用这些数据进行动态自适应校正，以提高评估的准确性。根据指标体系的特点选择合适的评估方法，并结合动态校正和自适应综合评估等技术，可以全面评估系统的性能，为系统的优化和改进提供科学依据。例如，考虑二级指标层（完备覆盖率、可检测度、可重构度、可信度、其他指标参数）到一级指标层（完备性）的综合评估，可由下式进行综合：

$$\mathrm{Cs} = \sum_{i=1}^{N_f} k_i (\omega_{i,1} \mathrm{Dt}_i + \omega_{i,2} R_i + \omega_{i,3} \mathrm{Dp}_i + \boldsymbol{\omega}_i \mathbf{Zb}_i) \qquad (5.2.4)$$

式中，k_i 为与完备性相关的完备覆盖率参数；Dt_i 为第 i 个完备模式的可检测度；R_i 为第 i 个完备模式的可重构度；Dp_i 为第 i 个完备模式的可信度；$\omega_{i,1}$，$\omega_{i,2}$，$\omega_{i,3}$ 分别为对应的指标权重系数；$\mathbf{Zb}_i = \begin{bmatrix} \mathbf{Zb}_{i,4} & \mathbf{Zb}_{i,5} & \cdots \end{bmatrix}^{\mathrm{T}}$ 为第 i 个完备模式的其他指标度量值，包括但不限于面向不同任务、场景和载体的归一化姿态、速度、位置等性能指标及功能；$\boldsymbol{\omega}_i = \begin{bmatrix} \omega_{i,4} & \omega_{i,5} & \cdots \end{bmatrix}$ 为对应的指标权重系数；N_f 为完备模式的总数。

在考虑边界约束条件、资源配置和运行条件等限制因素后，可以通过完备性来衡量和表征多源导航系统的既定功能。完备性评估可以定性和定量地判断系统在面临硬故障和软故障时的异常情况，进行重构切换和动态迭代，确保系统具备容错性能，并提供可信可靠的 PNT 服务。同时，在新一代信息技术快速发展的背景下，多源导航系统需要与人工智能等技术进行创新融合和应用。通过机器学习、深度学习、迁移学习等方法，建立精准、稳定、可泛化、可解释的智能学习模型，并嵌入动力学机理，以支持先进导航技术的规模化应用和国家综合 PNT 体系的可持续发展。这样的创新应用将为多源导航系统带来更强的性能和功能。

2. 基于自适应神经网络的智能完备性度量

神经网络方法可以直接关联多源自主导航系统的底层指标和顶层完备性指标，实现快速、直接的动态评估[7]。首先，确定神经网络模型的结构，其中输入神经元个数对应底层指标的数量，输出神经元个数对应完备性等级的数量，隐含层的层数和神经元数可以通过相关模型确定。其次，选择并处理样本数据，将多源导航系统的底层指标数据进行归一化，并作为神经网络的输入，将自适应综合评估得出的系统完备性度量值作为输出。最后，基于输入和输出数据进行神经网络的训练和验证，通过验证后，神经网络模型可用作完备性度量模型。这种基于神经网络的方法可以实现对多源导航系统的快速、准确评估，并为系统的优化和改进提供支持。动态评估过程中，一方面根据不同任务、不同场景及不同载体进行网络连接权值的自适应调整，另一方面根据获得的底层指标值计算系统的综合完备度：

$$\mathbf{Cs} = \sum_{j=1}^{k} \omega_j \varphi_j \left(\sum_{i=1}^{m} u_{i,j} x_i \right) \tag{5.2.5}$$

式中，$\omega_j (j=1,2,\cdots,h)$ 为第 j 个隐含层和输出层之间的连接权值；$\varphi_j(\cdot)$ 为第 j 个激励函数；$u_{i,j} (i=1,2,\cdots,m)$ 为第 i 个输入到第 j 个隐含层神经元的连接权值；x_i 为底层可量化可评估指标输入值。

5.2.4 多源导航系统的最优信息完备集构建

通过完备性度量值，可以判断多源导航系统的解算结果是否完备，并确定是否需要进行动态迭代优化。根据完备度的阈值，按照指标权重的顺序逐个检查各指标评估值是否满足阈值。如果某个指标不满足要求，则继续向下检查子级指标，直到找到底层可量化的指标。根据检查结果，可以指导多源导航系统算法或硬件设备的改进，并进行在线检测优化、重构优化和可信决策优化，以提高可信度[8]。优化后，再次进行完备性评估和设计优化，形成基于完备度的多源导航系统全回路动态迭代优化方案，从而实现系统完备性的最优化。这种迭代循环可以确保系统的完备性不断提升。具体地，以完备性指标要求分配到第二层指标要求为例，完备性分配可通过求解下面的基本不等式实现：

$$\begin{cases} \mathrm{Cs}(\mathrm{Dt}, R, \mathrm{Dp}, \mathbf{Zb}) \geqslant \mathrm{Cs}^* \\ \text{受约束于} \boldsymbol{g}_s(\mathrm{Dt}, R, \mathrm{Dp}, \mathbf{Zb}) \geqslant \boldsymbol{g}_s^* \end{cases} \tag{5.2.6}$$

式中，Cs^* 为系统需达到的完备性指标要求；$\boldsymbol{g}_s(\mathrm{Dt}, R, \mathrm{Dp}, \mathbf{Zb}) \geqslant \boldsymbol{g}_s^*$ 为分配过程中需要满足的其他约束条件，例如各项指标的最小取值；Dt 为可检测度；R 为可重构度；Dp 为可信度；$\mathbf{Zb} = \begin{bmatrix} \mathrm{Zb}_4 & \mathrm{Zb}_5 & \cdots \end{bmatrix}$ 为其他待分配的指标要求。完备性分配的关键在于需要确定一个优化方法，通过它能够得到合理的完备性分配值优化解（唯一解或有限数量解）。为了提高分配结果的合理性和可行性，在实际应用中需结合任务场景、运动环境、载体动力学特征等，不断进行理论计算和实际迭代试验，分析实现其完备性的最优分配模式。

在可用传感器较多的情况下，为了保证导航精度并满足资源限制的要求，要从中选择合适的传感器子集用于定位。每增加一种传感器源，相应的计算复杂度会增加。此时就需要在系统资源开销和定位精度之间进行权衡。传感器冗余现象是一个需要避免的问题，如果仅考虑传感器是否可用，则可能导致传感器冗余现象发生，即所有可用传感器都被选择，从而增加了系统的资源消耗。例如，当前环境下 IMU、激光雷达、GNSS、深度相机等 7 种传感器都可用时，则这 7 种传感器都会被选择。

为了避免这种情况，需要在传感器选择过程中引入合适的选择策略，考虑传感器的可用性、资源开销、计算复杂度和导航性能等因素，从而选择合适的传感器子集。树形数据结构可以应用于传感器选择过程，例如三叉树寻优模型。通过构建树形数据结构，可以在可用传感器集合中进行选择，从而降低资源损耗并缩小遍历范围。这种方法可以帮助在多传感器情况下选择合适的传感器子集，以平衡系统资源和导航精度之间的关系。三叉树寻优模型构建原理如下所述。

在进行三叉树寻优模型构建之前，需明确进行选择的导航传感器的优先级。在构建传感器优先级模型时，首先考虑不随时间与场景变化的各传感器可提供导航信息的种类以及进行信息解算的复杂度，而在不同的时间与场景下，不同于其他方法只考虑某一时刻此传感器可用与否，除了考虑当前场景对各传感器的影响之外，特别地，当传感器可信度较低，即当前数据为失准数据时，当前时刻其定位精度也将下降，因此在传感器优先级模型构建阶段，为了避免系统计算资源的浪费与定位精度的下降，将各传感器可信度纳入模型构建的依据，与功耗、可提供导航信息的种类共同决定各传感器优先级。将多源导航传感器按其可提供的导航信息进行分类以进行优先级排序，可以提供更多导航信息的传感器的优先级较高，例如IMU 与气压计。IMU 可以经过解算得到位置、速度、姿态，而气压计只能得到高度，那么 IMU 的优先级便高于气压计。在相同优先级内，传感器排序按照当前时刻各传感器的可信度进行排序，若当前传感器可信度高，则其在相同优先级内具有更高的优先性。在功耗方面，为了简化运算，可以将功耗要求转换为对使用传感器数量的要求，即系统当前时刻最多有 n 种传感器参与位姿解算。

进行三叉树寻优模型构建时，首先根据环境以及当前时刻各传感器的可信度，确定当前可用的传感器以进行三叉树构建。在三叉树构建过程中，在传感器优先级模型中排序高的传感器优先被选中，若优先级相同则优先选择可信度评估结果较高的传感器。三叉树寻优模型的构建可分为 3个步骤：生成、合并以及修剪。

首先需要生成候选的传感器子集，以可用传感器数量大于 3 时为例，如图 5.2.4 所示，三叉树的第一级仅有一个节点，即仅包含一个传感器，即在传感器优先级模型中排序最高的传感器。以此为基础，从第二级开始，每一级的节点均由上一级的某个节点对应的传感器子集添加一个子集中未包含的可用传感器后得来。相对应地，每一级的每个节点均会向下生成 3 个新的节点，这 3 个新的节点会优先添加传感器优先级模型中排序较高的新传感器。

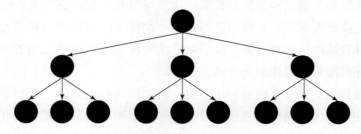

图 5.2.4　三叉树节点生成

在生成下一级三叉树节点对应的候选子集之后，便需要对这一级的节点进行合并，特别地，如图 5.2.4 所示，只有第三级及以上的三叉树节点需要进行合并操作，合并后三叉树本级节点的重复节点将只剩余一个。如图 5.2.5 所示，若有一个第 i 级的父节点 S_i，此父节点生成了 $i+1$ 级的两个子节点 S_{i+A} 与 S_{i+B}，这两个子节点进一步作为父节点进行扩展操作时，可能分别生成两个相同的第 $i+2$ 级的子节点 S_{i+A+B}。进行合并操作之后，这两个相同的节点 S_{i+A+B} 将合并为一个节点。

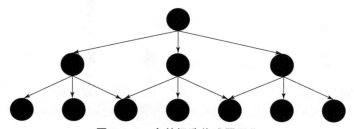

图 5.2.5　合并候选传感器子集

在对本级重复节点进行合并之后，由于每一个三叉树节点均会生成 3 个子节点，所以从第三级开始，经过生成、合并操作后的三叉树的节点数量最少为 3 个，最多为 9 个，若节点数量大于 3 个，则需要进行修剪操作，修剪后的本级节点数量为 3 个，即每一级只会有 3 个节点对应的候选传感器子集，下一级节点将会在此基础上进行生成。在三叉树节点修剪过程中，将优先保留包含在传感器优先级模型中排序较高传感器的候选子集。同样以第三级节点为例，修剪后的三叉树如图 5.2.6 所示。

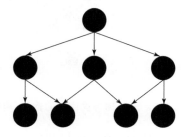

图 5.2.6　修剪后的三叉树

每一层大于第二级的三叉树节点都将经过上述生成、合并、修剪步骤，经过层层迭代，如图 5.2.7 所示，最终的三叉树除第一级与最后一级，每一级均包含 3 个节点，第一级节点对应传感器优先级模型中排序最高的传感器，最后一级节点对应包含所有可用传感器的候选传感器子集。

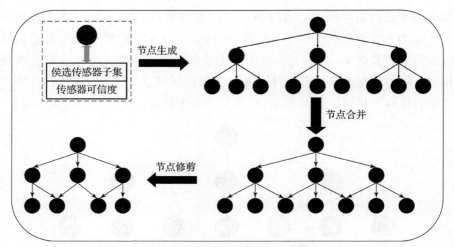

图 5.2.7　三叉树寻优模型构建流程

三叉树寻优模型可以使用传感器可信度作为模型的输入之一，传感器可信度是根据其输出信号随时间不断变化的量化指标。由于不只考虑传感器在不同环境中的可用性，三叉树寻优模型的输入传感器排序将随时间不断变化，即在寻优过程中需定时更新或根据条件更新候选传感器子集。三叉树寻优模型的输入/输出如图 5.2.8 所示。

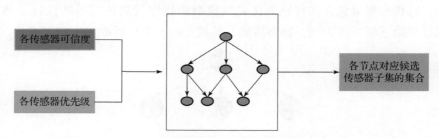

图 5.2.8　三叉树寻优模型的输入/输出

完整的三叉树构建过程如下，第一级节点为 1 个，第二级节点为第一级节点生成的 3 个子节点，从三叉树第二级节点之后的层级开始，每一级节点均通过上述生成、合并与修剪算法生成下一级节点，直至生成最后一级节点的上一级，最后一级节点对应的传感器集合包含所有当前时刻可用的传感器，至此可完整构建三叉树寻优模型，并且算法的可复用性保证了导航传感器可信度变化时可快速构建三叉树寻优模型，进而进行传感器选择。

多源导航传感器选择流程如图 5.2.9 所示。利用三叉树寻优模型得到最终的候选传感器子集[9]，通过系统功耗要求得到最大可用传感器数量 n，利用 n 的值锁定三叉树级数，将候选传感器子集范围缩小到第 n 级三叉树的 3 个节点。此时的候选传感器子集选择策略为，优先选择组合可信度最高的传感器子集进行信息融合定位，若定位精度过低或不满足任务需求，则选择组合可信度次之的传感器子集。本书定义组合可信度为传感器子集内各传感器按权重将可信度加权的结果，权重由传感器可提供的导航信息决定。

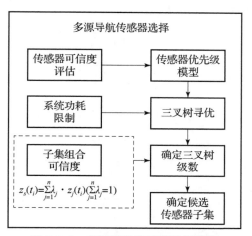

图 5.2.9　多源导航传感器选择流程

在某一时刻 t_i 设传感器子集 S 中含有 n 个传感器 $\{s_1, s_2, \cdots, s_n\}$，各传感器可信度分别为 $\{z_1(t_i), z_2(t_i), \cdots, z_n(t_i)\}$，则此时刻传感器子集的组合可信度 $z_S(t_i)$ 为

$$z_S(t_i) = \sum_{j=1}^{n} \lambda_j \cdot z_j(t_i) \left(\sum_{j=1}^{n} \lambda_j = 1 \right) \tag{5.2.7}$$

$$\lambda_1 : \lambda_2 : \cdots : \lambda_n = \delta_1 : \delta_2 : \cdots : \delta_n \tag{5.2.8}$$

式中，λ_j 为各传感器可信度权重系数，由传感器可提供的导航信息决定；δ_n 为各传感器经解算可提供的导航信息种类，最少为 1，最多为 9。

在导航过程中，随着环境的变化，各传感器可信度、各传感器可用性均会实时变化，因此需要确定何时进行三叉树构建与传感器选择。经过分析导航定位时可能发生的情况，确定需要进行传感器选择的时刻为：①系统初始化阶段；②某种传感器可信度发生巨大变化，包括当前所选传感器子集内传感器可信度降低以及传感器子集外传感器可信度升高；③新传感器接入或者传感器子集内传感器退出；④场景发生变化；⑤当前传感器子集工作时间达到设定阈值。多源导航传感器选择整体框架如图 5.2.10 所示。

如图 5.2.10 所示，在系统开始运行之后，进入初始化阶段，计算各传感器可信度，作为三叉树寻优模型的输入，继而构建三叉树，根据系统功耗以及组合可信度进行传感器子集的选择，利用选择的传感器子集进行融合定位（融合定位算法将在下一节进行阐述），且需要重新进行传感器选择的时刻亦均在图 5.2.10 中体现。

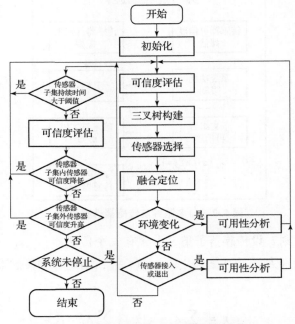

图 5.2.10　多源导航传感器选择整体框架

5.3　多源导航系统信息优选与决策

5.3.1　强化学习框架

传统的优化决策算法通常需要假设环境是静态或可预测性的，通过构建系统的数学模型，使用优化技术求解最优解。然而，在实际的导航问题中，无人平台所处的环境总是非线性、非静态、非确定性的，这导致传统方法无法处理。强化学习是一种基于经验的学习方法，其由于不需要环境的先验知识，所以可以在复杂动态的环境中不断改进自身策略，逐渐逼近最佳策略[10]。

　　强化学习通过智能体与环境的交互来不断试错学习更新最优策略，从而在复杂的环境中做出最优决策，以获得最大化的累积奖励。强化学习流程如图 5.3.1 所示。智能体代表本章所构建的多源导航系统的导航信息决策模块；环境代表导航信息评估模块及导航定位模块；在 t 时刻观察到的环境状态 S_t（属于有限的状态集合 S）包含载体运动信息以及传感器性能评估信息；导航信息决策模块在 t 时刻输出动作 A_t（属于有限的动作集合 A）来选择最优传感器组合，同时获得由前一时刻在状态 S_{t-1} 采取动作 A_{t-1} 得到的奖励 R_t。执行动作后，环境发生变化得到新状态和即时奖励，随之进入新一轮迭代[11]。

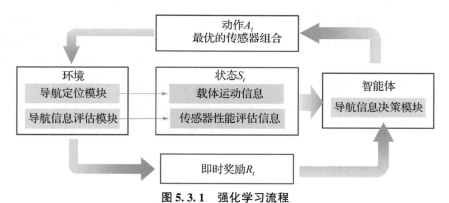

图 5.3.1　强化学习流程

　　作为在当前状态下采取动作的依据，智能体的策略 π 可以定义为 π：$S{\rightarrow}A$。一般可以通过条件概率分布 $\pi(a\,|\,s)=P(A_t=a\,|\,S_t=s)$ 表示在状态 s 时采取动作 a 的概率。待求的最优策略为当前状态下采取的使累计奖励最大的动作。在强化学习训练迭代过程中，一些并非价值最大的动作可能使最终的累计奖励更大。因此，在训练阶段，采用 ε–贪婪法以概率 ϵ 探索其他动作，而不选择当前最优的动作。

　　为了评估各种策略的好坏，可以采用状态价值函数 $v_\pi(s)$，表示导航信息决策模块处于状态 s 时采取策略 π 后，对当前和未来的延时奖励进行预测。它可以表示为累计期望的形式：

$$v_\pi(s) = \mathbb{E}_\pi(R_{t+1} + \gamma R_{t+2} + \gamma^2 R_{t+3} + \cdots \mid S_t = s) \qquad (5.3.1)$$

类似地，动作价值函数表示智能体处于状态 s 时根据策略 π 执行动作 a 的价值期望，可以简称为 Q 值：

$$Q_\pi(s,a) = \mathbb{E}_\pi(R_{t+1} + \gamma R_{t+2} + \gamma^2 R_{t+3} + \cdots \mid S_t = s, A_t = a) \qquad (5.3.2)$$

所有的动作价值函数基于策略 π 的期望就是最优状态价值函数。其中 $\gamma \in [0,1]$ 为奖励衰减因子。当 $\gamma = 0$ 时为贪婪法，动作价值函数等于当前时刻的延时奖励；$\gamma = 1$ 表示当前时刻和未来的状态奖励不会随时间而衰减。针对实际问题，定义 $0 < \gamma < 1$，使当前时刻奖励的权重大于未来奖励[12]。

由于针对无人平台的导航问题，环境的模型（如状态转移矩阵）不可知，也无法模拟，因此采用无模型的方法。按照学习目标可以将强化学习分为基于策略和基于价值的方法。基于策略的方法能够解决随机策略及连续动作空间的问题，但是评估策略通常低效耗时。与之相反，基于价值的方法的动作价值函数需要收敛到一个确定的值，无法学习到随机策略且对于连续动作空间离散化处理效果不佳。由于导航信息决策模块的状态（载体运动信息、传感器性能评估信息等）为高维，动作（传感器组合的选择）相对来说低维且有限，对实时性有较高的要求且非随机策略，因此采用基于价值的无模型强化学习方法构建决策网络。

5.3.2　深度强化学习模型

在处理离散问题的 Q – learning 模型中，使用表格来存储每一个状态下动作的奖励，即状态 – 动作值函数。但是，在实际任务中，当状态量连续且状态空间较大时，虽然可以对状态空间和动作空间采用分段离散化的操作，但离散区间的选取根据不同场景有较大不确定性，分段的粗细程度也将对后续决策的准确性产生影响：过大的离散间距会导致最优动作无法被选取，而过小的离散间距会导致维度灾难，最终影响算法的速度和效果。因此，强化学习的价值函数无法简单通过表格方式对状态进行索引，而借助神经网络的表征能力能够非线性地逼近价值函数，达到直接预测 Q 值的目的[13]。下面介绍 Deep Q - learning（DQN）模型及其改进模型。

1. DQN 算法

DQN 算法是指基于神经网络的 Q - learning 算法[14]，它主要结合了价值函数近似与神经网络技术，并采用了经验回放的方法进行网络的训练。由于状态（车辆的特征信息及环境、运动不确定性等）特征数据之间存在耦合，且时间序列前后的状态样本有连续性，所以如果用这些数据进行顺序训练，则不符合独立同分布的假设条件，而深度神经网络（Deep Neural Network，DNN）通过经验回放能够打破数据间的关联，使样本来自多次交互的序列，保证网络的稳定，同时提高了样本的利用率。

以强化学习流程为基本框架，图 5.3.2 增加了样本池与 DNN 结构。DNN 取代了 Q table 计算并输出所有动作在该状态下的动作价值函数，由于动作被离散化后为有限个数，所以动作价值函数也有限。同时，将每次和环境交互的样本（状态、动作、奖励、更新的状态）送入样本池保存，从样本池中均匀随机地采样出一批样本用于对 Q 网络的更新。

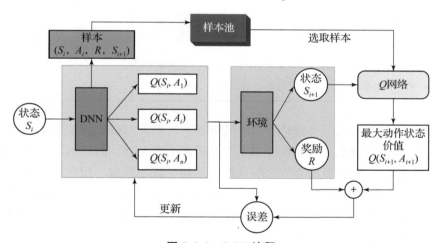

图 5.3.2　DQN 流程

通过目标的动作价值函数与 Q 网络计算得到的动作价值函数之间的误差，使用梯度反向传播来更新神经网络的参数。损失函数为目标 Q 值与通过网络计算得到的 Q 值之间的均方差：

$$\text{Loss} = E\left[\left(R_j + \gamma \max_{A_{j+1}} Q(S_{j+1}, A_{j+1}, w) - Q(S_j, A_j, w) \right)^2 \right] \quad (5.3.3)$$

DQN 算法流程如表 5.3.1 所示。

表 5.3.1　DQN 算法流程

DQN 算法伪代码：

参数：迭代轮数 M、状态集、动作集、步长、衰减因子、探索率、Q 网络结构。随机初始化网络参数，清空经验回放集合 D。

迭代轮数 $= 1 \sim M$，进行循环。

（1）初始化 S_t 作为当前状态序列的起始状态。

（2）状态 S_t 作为 Q 网络的输入，得到 Q 网络所有动作对应的 Q 值输出。用 $\varepsilon -$ 贪婪法在当前 Q 值输出中选择对应的动作 A_t。

（3）在状态 S_t 执行当前动作 A_t，得到新状态 S_{t+1} 和奖励 R。

（4）将 $\{S_t,\ A_t,\ R_t,\ S_{t+1}\}$ 存入经验回放的样本池。

（5）从样本池中随机采样 m 个样本 $\{S_j,\ A_j,\ R_j,\ S_{j+1}\}$（$i = 1,\ 2\cdots,\ m$），计算当前的目标 Q 值：

$$Q_j = \begin{cases} R_j & ，\ 终止状态 \\ R_j + \gamma \max_{A_{j+1}}\ Q\ (S_{j+1},\ A_{j+1},\ w) & ，\ 非终止状态 \end{cases}$$

（6）$S_j = S_{j+1}$。

（7）计算损失函数，反向梯度传播更新 Q 行为网络参数。

（8）如果是终止状态，则当然迭代结束，否则转到（2）

此外，如果采用当前时刻的回报和下一时刻的动作价值估计来更新价值，则数据的波动可能导致模型结果的异常或者发散，而且网络更新中采用相同网络计算的目标价值，两者耦合不利于算法收敛。因此，采用两个 Q 网络，目标网络用于计算价值且延时更新，而当前网络用于选择动作。采用目标网络计算的目标价值与当前网络估计值之间的误差来更新行为网络，均方差损失函数为

$$\text{Loss} = E\big[\ (R_j + \gamma \max_{A_{j+1}} Q(S_{j+1}, A_{j+1}, w_2) - Q(S_j, A_j, w_1))^2\ \big] \quad (5.3.4)$$

式中，w_1，w_2 分别为当前网络和目标网络参数。训练开始时，行为网络与目标网络参数相同，完成一定次数的迭代之后，行为网络的模型参数将同步到目标网络中，通过使计算目标价值的模型在一段时间内保持不变，从而降低模型的不稳定性。

2. 改进的 DQN 算法

在传统的 DQN 算法中，采用 ε – 贪婪法求得动作价值函数，而先求最大值再求平均的操作会导致 Q 值过度估计问题，即目标动作价值比先求平均再求最大值要大或相等，使网络的精度以及稳定性下降。为了解决这个问题，Double DQN（DDQN）算法将选择动作和评估动作价值的过程解耦，即采用当前网络和目标网络两个 Q 网络分别计算动作价值估计。在实际实现过程中为了减少代码修改，采用同一 DQN 网络结构，通过两套不同的参数加以区分并设定频率交换参数，w_1，w_2 分别为当前网络和目标网络参数。

DDQN 算法把在目标网络中选择使各动作最大的动作价值函数过程分成了两步。首先，在当前网络中选择使动作价值函数最大的动作：

$$A^{\max}(S_{j+1},w_1)=\max_{A_{j+1}}Q(S_{j+1},A,w_1) \tag{5.3.5}$$

随后，通过目标网络评估当前状态在该动作下的目标动作价值函数：

$$Q_j=R_j+\gamma Q(S_{j+1},A^{\max}(S_{j+1},w_1),w_2) \tag{5.3.6}$$

原始的动作价值函数改为

$$Q_j=R_j+\gamma Q(S_{j+1},\max_{A_{j+1}}Q(S_{j+1},A,w_1),w_2) \tag{5.3.7}$$

两个动作价值估计相互独立，从而消除了偏差。采用目标网络与当前网络估计值之间的误差来更新当前网络，均方差损失函数为

$$\mathrm{Loss}=E\big[(R_j+\gamma Q(S_{j+1},\max_{A_{j+1}}Q(S_{j+1},A_{j+1},w_1),w_2)-Q(S_j,A_j,w_1))^2\big] \tag{5.3.8}$$

DDQN 算法改变了目标价值函数的计算方法，在原有 DQN 算法的基础上不需要额外构建网络，且能够有效地解决过估计的问题，提升了决策能力与网络的稳定性。

3. DNN

对于上述的 DQN 及 DDQN 网络，前端可以根据具体的需求选择神经网络模型对输入的状态进行处理。例如，针对图像或者视频输入，可以采用 CNN；针对文本序列输入，可以采用 RNN 等。本书针对无人平台的多传感器融合导航定位问题，对两种常用的神经网络进行介绍：DNN[15] 及 LSTM[16]。

DNN 也被称为多层感知机（Multi – Layer Perceptron，MLP），其内部

结构可以分为 3 类：输入层、隐藏层和输出层。相邻层之间的任意两个神经元互相连接，每个神经元通过学习权重将输入域映射到输出域，从输入层开始利用偏移及权重系统前向传播，从输出层开始利用损失函数反向传播，从而对非线性函数进行拟合。隐藏层可以多层叠加来增强模型的表达能力，在输入层与每个隐藏层后加入 ReLU 激活函数 [式（5.3.9）] 提供非线性映射的能力。

$$\text{ReLU}(x) = \begin{cases} x, & x > 0 \\ 0, & x \leqslant 0 \end{cases} \tag{5.3.9}$$

最后通过归一化函数 Softmax 将输出值转换为范围在 [0，1] 内的概率分布，从而凸显其中的最大值：

$$\text{Softmax}(z_i) = \frac{e^{z_i}}{\sum_{c=1}^{C} e^{z_c}} \tag{5.3.10}$$

式中，z_i 为第 i 个节点的输出值；C 为输出节点的个数。

4. LSTM

为了考虑载体在连续运动中时间序列的信息关联关系，充分利用轨迹在时间上连续变化的特点，采用 RNN 对输入的连续序列进行处理。经典的 RNN 需要计算各个参数的梯度，通过 tanh 激活函数进行梯度的累乘，然而在处理长时间序列问题中不断求偏导。由于存在"梯度消失"以及"梯度爆炸"问题，所以 RNN 只能处理较短时间的序列。

LSTM 通过门控来控制传输状态及梯度，从而记住长时间信息并遗忘不重要的信息，能够有效解决 RNN 中"梯度消失"问题。LSTM 可以被看作一系列相同网络模块构成的链式结构，如图 5.3.3 所示。

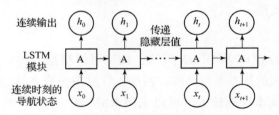

图 5.3.3　LSTM 结构

LSTM 最小组成单位的运算流程如图 5.3.4 所示。首先通过遗忘门读取隐藏状态及输入，通过激活函数对上一状态的记忆细胞进行选择性遗忘，输出 0～1 的数字，1 表示完全保留；随后输入门的 sigmoid 层控制候选记忆细胞的选择性记忆，tanh 层创建新的候选值，通过将两值相加得到下一状态的 C_t，最后通过输出门决定当前状态的输出。

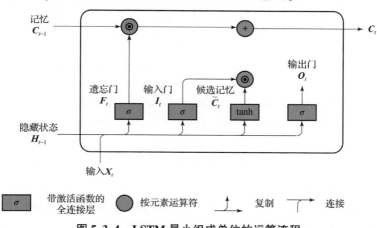

图 5.3.4　LSTM 最小组成单位的运算流程

5.3.3　基于深度强化学习的决策系统

5.3.3.1　强化学习要素定义

综合考虑载体动态实时分析过程中的各个状态间的相互关系及环境、运动不确定性因素，本书设计的基于深度强化学习的决策系统的状态、动作、奖励定义如下。

（1）状态。为了从多角度、全方面衡量各个传感器组合在整体系统上的优劣，需要考虑车辆本身的运动特征及激光雷达、卫星、单目相机等辅助传感器与惯性器件滤波的性能特征数据。此外，根据 LSTM 的需要，还可以考虑连续时间上车辆存在的位置约束关系。因此，特征数据的输入状态具体如表 5.3.2 所示，包括：车辆在试验路段中的前向/侧向的速度、加速度、角速度；激光雷达、卫星、单目相机等辅助传感器与 INS 构建子系统的异常度 DoA、先验误差协方差 $P_{k+1|k}$、测量误差协方差 P_{zz}、后验状态估计 X_{k+1}；可选状态为上一时刻的动作权重与融合后的定位位置。

表 5.3.2　特征数据的输入状态

状态类型	车辆运动状态			子系统性能评价				可选状态	
输入状态	角速度	速度	加速度	相邻两时刻融合定位距离	GNSS/INS系统状态	相机/INS系统状态	激光雷达/INS系统状态	上一时刻的动作权重	融合后的定位位置

（2）动作。为了直观地展现动作在多传感器融合中的作用，将动作定义为各传感器组合的权值，即 $\Lambda_k^m \in [0,1]$（m = GNSS/INS、VINS、LINS），以 0.1 为单位且满足传感器组合的权值之和等于 1 的条件，从而构建有限且离散的动作集。动作可以作为权重与子系统相乘随后求和的操作，直观得到组合导航的融合定位结果；或者作为自适应因子，通过因子图优化调节最小二乘法的协方差矩阵来获得非线性优化后的融合定位结果。

（3）奖励。奖励定义为当前时刻前向及侧向位置误差的平方和的倒数。即时奖励大于 0，且奖励值越大，说明该时刻的定位精度越高。一个回合的累计奖励表明无人平台在该轨迹的整体定位效果。

基于深度强化学习的决策系统结构如图 5.3.5 所示。由于状态的连续性，经过 LSTM 对价值函数进行非线性拟合。在网络训练阶段，通过 DDQN 选择的动作对子系统定位进行权衡得到融合的定位，采用真实轨迹与融合定位的误差平方和的倒数作为即时奖励。

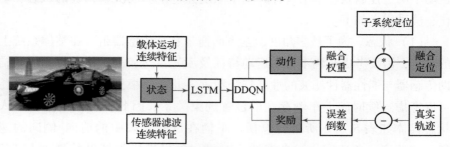

图 5.3.5　基于深度强化学习的决策系统结构

5.3.3.2　深度强化学习网络的参数

下面分别介绍深度强化学习网络以及 DNN 与 LSTM 的参数。在实际应用中，DDQN 算法中的贪婪系数根据回合的增长逐渐增大，前半部分侧重随机探索，后半部分选择动作时更加贪婪，从而得到更好的收敛效果。DDQN 算法以 50 个回合的频率来更新目标 Q 网络的参数 w_2，w_1。

　　DDQN 算法参数、DNN 参数、LSTM 参数分别如表 5.3.3 ~ 表 5.3.5 所示。

表 5.3.3　DDQN 算法参数

状态维度	状态维度（加入上一时刻动作）	状态维度（加入上一时刻动作及定位）	输出维度	传感器组合个数	动作空间	贪婪系数 ε	衰减系数 γ	更新目标网络频率	经验池容量
36	39	42	3	3	66	0.5 ~ 0.9	0.9	50	10 000

表 5.3.4　DNN 参数

输入维度	隐藏层维度	输出维度	批大小	学习率	回合
36	64	3	16	0.000 01	500

表 5.3.5　LSTM 参数

输入维度（加入上一时刻动作及定位）	隐藏层维度	输出维度	序列长度	双向	RNN 层数	批大小	学习率	回合
42	64	3	40	是	2	16	0.000 01	500

　　为了比较 DNN 及 LSTM 性能的优劣，分别采用上述 LSTM 及 DNN 参数，通过相同的 DQN 结构及输入，在训练阶段中测试 500 个回合（轨迹）。由于每个回合（轨迹）的时间长短不同，将每个回合的全部奖励除以全部时间，得到该回合的平均奖励进行比较。

　　如图 5.3.6 所示，LSTM 由于考虑了时间序列间的关联关系，得到的平均奖励普遍大于 DNN，这说明 LSTM 的训练效果更好，能够找到更加合适的多传感器融合决策方案。因此，在后续的试验中采用 LSTM + DDQN 的网络结构[18]。

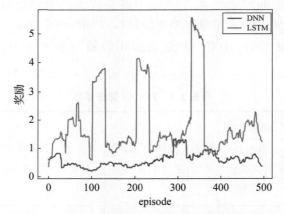

图5.3.6　DNN与LSTM的平均奖励曲线（附彩插）

参 考 文 献

［1］王巍，吴志刚，孟凡琛，等.多源自主导航系统可信性研究［J］.导航与控制，2023，22（1）：1－9.

［2］王巍.多源自主导航系统基本特性研究［J］.宇航学报，2023，44（4）：519－529.

［3］王巍，孟凡琛，阚宝玺.国家综合PNT体系下的多源自主导航系统技术［J］.导航与控制，2022，21（3）：1－10.

［4］郑志明，吕金虎，韦卫，等.精准智能理论：面向复杂动态对象的人工智能［J］.中国科学（信息科学），2021，51（4）：678－690.

［5］王金凯.物联网节点信息采集与可信度量方法研究［D］.成都：电子科技大学，2020.

［6］王巍，郭雷，孟凡琛，等.多源自主导航系统完备性研究［J］.导航与控制，2023，22（1）：10－18.

［7］李彦龙，蔡谦，孙久康，等.基于BP神经网络的汽车外观设计评价方法［J］.同济大学学报（自然科学版），2021，49（1）：116－123.

［8］生建友.军用电子设备的可信性设计［J］.电子产品可靠性与环境试验，2004（6）：8－13.

[9]王慧哲.基于多信息融合的无人机全源导航关键技术研究[D].南京:南京航空航天大学,2017.

[10] WIERING M A, VAN OTTERLO M. Reinforcement learning [J]. Adaptation,learning,and optimization,2012,12(3):729.

[11]FRANÇOIS - LAVET V,HENDERSON P,ISLAM R,et al. An introduction to deep reinforcement learning[J]. Foundations and Trends© in Machine Learning,2018,11(3 -4):219 -354.

[12]周新.基于智能决策的抗干扰通信系统设计[D].南京:东南大学,2020.

[13] HOU Y, LIU L, WEI Q, et al. A novel DDPG method with prioritized experience replay. 2017 IEEE international conference on systems,man, and cybernetics(SMC)[C]. Canada:IEEE,2017:316 -321.

[14] HASSELT H. Double Q - learning [J]. Advances in neural information processing systems,2010,23.

[15] MITTAL S. A survey on modeling and improving reliability of DNN algorithms and accelerators[J]. Journal of Systems Architecture,2020, 104:101689.

[16]YU Y,SI X,HU C,et al. A review of recurrent neural networks:LSTM cells and network architectures[J]. Neural computation,2019,31(7):1235 - 1270.

[17]曾凡玉.基于深度强化学习的智能体导航研究[D].成都:电子科技大学,2021.

[18]龚俊鑫.基于深度学习的导航系统设计与实现[D].成都:电子科技大学,2019.

第 6 章　多源导航信息数据融合架构

　　传统的数据融合模型通常分为两层：低处理层和高处理层。低处理层包括传感器级别的直接数据处理、目标检测、分类与识别、目标跟踪等；高处理层则包括对现场的态势估计与决策等。本章介绍的数据融合架构与算法，是基于传统的数据融合模型中的低处理层进行讨论的，建立了多种数据融合架构，以满足多传感器数据融合的需要。这些不同数据融合架构的区别，主要在于对传感器数据直接处理程度的不同，以及对融合数据分辨率的要求不同。本章主要介绍多层集中式、多层分布式与多层混合式数据融合架构，以及基于卡尔曼滤波的数据融合方法的算法理论支撑。

6.1　多源导航信息数据融合定义

　　在许多科技文献中存在不同的数据融合定义。美军实验室理事联合会（Joint Directors of Laboratories，JDL）定义数据融合是一个"多层次、多方面处理自动检测联系、相关估计以及多来源的信息和数据的组合过程"。Klein 推广了这个定义，指出数据能够由一个或者多个源提供[1]。这两个定义是通用的，可以应用在不同的领域。基于前人的研究，笔者进行了许多数据融合定义的讨论，给出了一个关于数据融合原则性的定义："数据融合是一种有效的方法，把不同来源和不同时间点的信息自动或半自动地转换成一种形式，这种形式为人类提供有效支持或者可以自动决策。"数据融合借鉴了许多领域的知识，如信号处理、信息理论、统计学估计与推理和人工智能等多个学科。

　　一般来说，数据融合有很多优点，主要包括提升数据可信度及有效性。前者是指可以提高检测率、把握度、可靠性以及减少数据模糊，而空间和时间覆盖的扩大则属于后者。数据融合在一些应用环境中也有特定的优点。如无限传感器网络通常由大量的传感器节点组成，但是潜在的冲突和数据冗余传输产生了可扩展的问题[2]。由于能量的限制，为了延长传感器节点寿命，则应该减少通信。当执行数据融合时，将传感器数据进行融合并且只发送融合后的结果，这样就可有效减少消息数量、避免冲突并节约能量。

最普遍和流行的数据融合系统概念是 JDL 模型，其源于军事领域并且基于数据的输入和输出。原始的 JDL 模型把数据融合过程分为 4 个递进的抽象层次，即对象、状态、影响和优化过程。尽管 JDL 模型很普遍，但它还是有许多缺点，如限制性太强，特别是在军事领域的应用中，因此人们提出了许多扩展方案。JDL 模型的形式化主要注重数据（输入/输出）而不是过程[3]。相对 Dasarathy 的框架，它从软件工程的角度认为数据融合系统对于一个数据流应以输入/输出以及功能（过程）作为特征。Goodman 等人则认为数据融合的一般概念是基于随机集的概念。这个框架的独特性就是它结合了决策的不确定性和决策本身，同时提出了一个完全通用的表现不确定性的方案[4]。Kokar 等人最近提出了一个抽象融合框架，这种形式化是基于范畴论和捕捉所有类型的融合（包括数据融合、特征融合、决策融合和关系信息融合）[5]。这项工作的主要新颖之处是表达了多源数据处理的能力，即数据和过程。此外它允许处理这些元素（算法）的共同组合以及可测量和可证明的性能。这种形式化的融合标准方法为数据融合系统的标准化和自动化发展应用铺平了道路。

从数据集成的角度来看，Luo 将多传感器数据融合定义为集成过程的某一阶段，它将不同来源的传感器信息组合（或融合）成一个表示形式[6]。多传感器数据融合和多传感器数据集成之间的边界是相当模糊的，这些术语有时可以互换使用。Joshi 和 Sanderson 将多传感器数据融合描述为多传感器数据集成过程的一部分。该过程涉及多传感器的协同使用以改进系统的整体运行，还包括多传感器规划和多传感器架构。多传感器规划负责处理传感器的数据获取，而多传感器架构负责系统中数据处理和数据流的组织。Joshi 和 Sanderson 将多传感器融合定义为一个过程，该过程处理来自多个传感器的数据并将其组合成一个连贯一致的内部表示或动作[7]。

6.2　多源导航信息数据多层次融合

多传感器信息数据融合按照结构划可以分为集中式、分布式以及混合式三大类。在空中目标跟踪领域，集中式和分布式数据融合通常分别被称为测量融合和航迹融合。集中式数据融合对数据融合中心的处理能力及通信带宽要求较高，一旦数据融合中心失效，则整个系统就会瘫痪。分布式数据融合对通信带宽和数据融合中心计算能力的要求则相对较低，同时具有较强的生存能力和可扩展能力[13]。

6.2.1　多层集中式数据融合架构

集中式数据融合是将所有传感器获得的测量信息直接输送到数据融合中心进行统一处理。例如，在使用雷达和红外等多类检测设备（传感器）对运动目标进行跟踪的过程中，其跟踪算法多数是卡尔曼滤波算法，集中式数据融合就是将所有雷达、红外等传感器所获得的数据，不经过处理，直接传送给数据融合中心进行数据融合处理，获得经过融合处理后的新的目标测量数据。针对新的目标测量数据，运用卡尔曼滤波算法进行跟踪运算。集中式数据融合流程示意如图 6.2.1 所示。

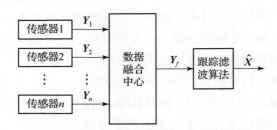

图 6.2.1　集中式数据融合流程示意

假设所有传感器经过了时空配准，都被放置于同一个坐标系的原点，每个传感器中心滤波算法获得的目标测量数据为 $Y_i = (x_i, y_i, z_i)^T$，其中 $i = 1, 2, \cdots, n$ 为传感器个数。数据融合中心对这 n 个测量值进行数据融合计算，计算后新的测量值 $Y_f = \text{fusion}(Y_1, Y_2, \cdots, Y_n)$。

系统的状态方程与观测方程如式（6.2.1）所示

$$\begin{cases} \dot{\boldsymbol{X}}(t) = \boldsymbol{A}\boldsymbol{X}(t) + \boldsymbol{W}(t) \\ \boldsymbol{Y}_f(t) = \boldsymbol{H}\boldsymbol{X}(t) + \boldsymbol{V}(t) \end{cases} \tag{6.2.1}$$

式中，$\boldsymbol{A}$ 为状态转移矩阵；$\boldsymbol{H}$ 为状态观测矩阵；$\boldsymbol{W}(t)$ 为状态噪声；$\boldsymbol{V}(t)$ 为噪声。根据卡尔曼滤波公式，可以获得被跟踪目标的航迹状态估计值 $\hat{\boldsymbol{X}}$。针对卡尔曼滤波算法这样有确定性数学模型的跟踪算法，数据融合中心对于来自多传感器的数据，可以由公式 $\boldsymbol{Y}_f = \mathrm{fusion}(\boldsymbol{Y}_1, \boldsymbol{Y}_2, \cdots, \boldsymbol{Y}_n)$ 进行数据融合计算，其方法有多种，例如简单的加权平均法、序贯式融合滤波算法等。

随着传感器数目的增多，数据融合系统将更为复杂，考虑到地域分布、传感器精度等多种因素，构成了多层次的数据融合结构。图 6.2.2 所示为多层集中式数据融合架构，它经过层层集中式数据融合后，最终给出一个数据融合输出，该数据融合输出将作为唯一的传感器检测值，进入跟踪滤波算法的计算[14]。

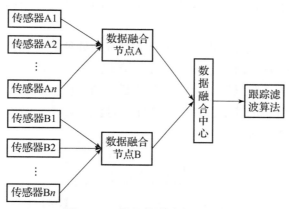

图 6.2.2　多层集中式融合架构

6.2.2　多层分布式数据融合架构

分布式数据融合是将各传感器在完成对常量或缓变参数的测量后，首先进行自身的局部参数估计，然后把局部参数估计值传给数据融合中心，由数据融合中心完成最终的参数估计。在分布式数据融合架构中，每个传感器都可以独立地处理其自身信息，之后将各决策结果送至数据融合中心，再进行数据融合。与集中式数据融合相比，分布式数据融合所要求的通信开销小，数据融合中心计算机所需的存储容量小，扩展了多传感器测量系统参数估计的灵活性，增强了系统的生存能力且数据融合速度快，但这是以损失数据融合中心信息的完整性为代价的[15]。

随着通信技术、嵌入式计算技术和传感器技术的飞速发展和日益成熟，具有感知能力、计算能力和通信能力的微型传感器开始得到应用。由这些微型传感器构成的分布式传感器网络（Distributed Sensor Network，DSN）成为近年来一个重要的研究领域[16]。20 世纪 80 年代，R. Wesson 等人最早开展了研究，主要是对 DSN 结构的研究[17]。目前，国外各科研机构投入巨资，启动了许多关于 DSN 的研究计划。

DSN 包括一系列传感器节点和相应的处理单元，以及连接不同处理单元的通信网络。每个处理单元连接一个或多个传感器，每个处理单元以及与之相连的传感器被称为簇。数据从传感器传送至与之相连的处理单元，在处理单元进行数据集成，最后将处理单元的信息进一步相互融合以获得最佳决策。

在分布式数据融合架构中，融合节点有预处理的功能，信息在经过预处理后再传送给数据融合中心产生融合结果。由于对信息进行了压缩与处理，这种融合方式降低了对通信带宽的要求和造价，利用高速通信网络就可以完成非常复杂的算法，并得到较好的融合结果[18]。分布式数据融合流程示意如图 6.2.3 所示。

图 6.2.3　分布式数据融合流程示意

图 6.2.4 所示为多层分布式数据融合架构，每个传感器对信息进行处理后，再进行节点融合输出，最后将节点融合后的结果输送到数据融合中心，得到一个融合后的结果，该结果就是最终的状态变量。

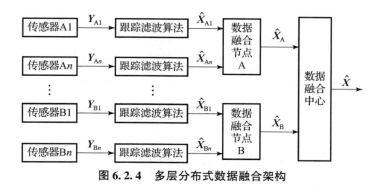

图 6.2.4　多层分布式数据融合架构

6.2.3　多层混合式数据融合架构

混合式数据融合既包含集中式数据融合，也包含分布式数据融合，它由两种数据融合方式组合而成。混合式数据融合流程示意如图 6.2.5 所示。

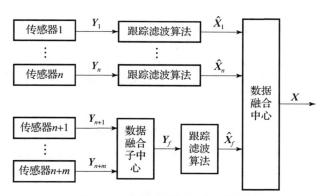

图 6.2.5　混合式数据融合流程示意

图 6.2.6 所示为多层混合式数据融合架构，一部分传感器经过信息处理后，对其进行节点融合输出，再将节点融合后的结果输送到数据融合中心；另一部分传感器直接进行观测值的节点级融合，得到一个融合结果后进行滤波估计输出。将两部分进一步融合后得到一个结果，该结果就是最终融合后的状态变量。

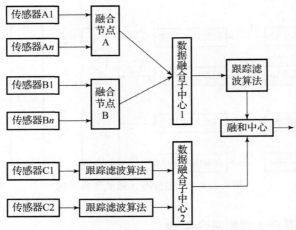

图 6.2.6 多层混合式数据融合结构

6.3 随机线性系统的最优控制

6.3.1 离散系统的分离定理

设系统和测量方程为

$$\begin{cases} \boldsymbol{x}_{k+1} = \boldsymbol{\phi}_{k+1,k}\,\boldsymbol{x}_k + \boldsymbol{B}_k\boldsymbol{u}_k + \boldsymbol{W}_k \\ \boldsymbol{Z}_k = \boldsymbol{H}_k\boldsymbol{x}_k + \boldsymbol{V}_k \end{cases} \tag{6.3.1}$$

式中，$\boldsymbol{W}_k$ 和 $\boldsymbol{V}_k$ 都是互不相关、正态分布和均值为零的白噪声序列，它们的方差各为 $\boldsymbol{Q}_k$ 和 $\boldsymbol{R}_k$。状态向量 $\boldsymbol{x}_k$ 的初始值为 $\boldsymbol{x}_0$，它是正态分布的随机变量，并与噪声互不相关。

随机线性动态系统的二次型性能指标采用均值，即性能指标为

$$\boldsymbol{J}_N = E\Big\{ \sum_{k=0}^{N-1} \big[\boldsymbol{x}_k^{\mathrm{T}}\boldsymbol{Q}_k^0\boldsymbol{x}_k + \boldsymbol{u}_k^{\mathrm{T}}\boldsymbol{R}_k^0\boldsymbol{u}_k \big] + \boldsymbol{x}_N^{\mathrm{T}}\boldsymbol{S}\boldsymbol{x}_N \Big\} \tag{6.3.2}$$

要求确定最优控制序列 $\boldsymbol{u}_0^*$，$\boldsymbol{u}_1^*$，$\cdots$，$\boldsymbol{u}_{N-1}^*$，使性能指标 $\boldsymbol{J}_N$ 为最小。下面用动态规划来求这个最优控制规律。

按动态规划，上述问题就是在初值为 $\boldsymbol{x}_0$ 的条件下求 N 级决策过程。选取 $\boldsymbol{u}$ 的方法是先找出最后一级选取 $\boldsymbol{u}_{N-1}$ 的规律，使这最后一级为最优，然后逐级倒推，使每一级都是最优。因此，整个过程都是最优的。

该问题分两步来讨论。首先假设可以得到 x_k 值，推导出与 x_k 成线性函数的最优控制规律；然后假设得不到 x_k 值，将 x_k 的最优估计代入控制规律，同样证明这在最优估计的情况下是最优的。由此证明了离散系统的分离定理。

1. 在可以得到状态向量 x_k 值的条件下

在这种条件下测量方程可简化为

$$Z_k = x_k \tag{6.3.3}$$

其为随机向量，这里先使 x_0 为随机可能的一个具体值向量，则性能指标中的 x_0 项可以不要取均值而单独列写。将 x_0 条件下的最小性能指标用 $W\{x_0\}$ 表示，则

$$W\{x_0\} = \min_{u_0, \cdots, u_{N-1}} \left[x_0^{\mathrm{T}} Q_0^0 x_0 + u_0^{\mathrm{T}} R_0^0 u_0 + \mathop{E}_{x_1, \cdots, x_N} \left\{ \left[\sum_{k=1}^{N-1} (x_k^{\mathrm{T}} Q_k^0 x_k + u_k^{\mathrm{T}} R_k^0 u_k) + x_N^{\mathrm{T}} S x_N \right] \mid x_0 \right\} \right] \tag{6.3.4}$$

式中，$E\{(\cdot) \mid x_0\}$ 表示在初值为 x_0 条件下的 $x_1, \cdots, x_N$ 的条件均值。x_0 为某一具体值，则根据控制规律确定的 u_0 也是具体值，因此 u_0 项也不需要取均值。

因为逐级都是最优的，所以如果满足式（6.3.4），则从 $k+1$ 级到 N 级过程亦应是最优的，在 x_k 为某一具体值的条件下，$k+1$ 级到 N 级的最小性能指标为

$$W\{x_k\} = \min_{u_k, \cdots, u_{N-1}} \left[x_k^{\mathrm{T}} Q_k^0 x_k + u_k^{\mathrm{T}} R_k^0 u_k + \mathop{E}_{x_{k+1}, \cdots, x_N} \left\{ \left[\sum_{k=1}^{N-1} (x_i^{\mathrm{T}} Q_i^0 x_i + u_i^{\mathrm{T}} R_i^0 u_i) + x_N^{\mathrm{T}} S x_N \right] \mid x_k \right\} \right] (k = 0, 1, \cdots, N-1) \tag{6.3.5}$$

将上式改写成

$$W\{x_k\} = \min_{u_k} \left[x_k^{\mathrm{T}} Q_k^0 x_k + u_k^{\mathrm{T}} R_k^0 u_k + \min_{u_{k+1}, \cdots, u_{N-1}} \mathop{E}_{x_{k+1}, \cdots, x_N} \left\{ \left[\sum_{k=1}^{N-1} (x_i^{\mathrm{T}} Q_i^0 x_i + u_i^{\mathrm{T}} R_i^0 u_i) + x_N^{\mathrm{T}} S x_N \right] \mid x_k \right\} \right] (k = 0, 1, \cdots, N-1) \tag{6.3.6}$$

取极小值与求均值的次序可以交换，并将对 x_{k+1} 取均值单独进行，则上式再被改写为

$$W\{x_k\} = \min_{u_k} \left[x_k^{\mathrm{T}} Q_k^0 x_k + u_k^{\mathrm{T}} R_k^0 u_k + \mathop{E}_{x_{k+1}} \left\{ \min_{u_{k+1}, \cdots, u_{N-1}} \mathop{E}_{x_{k+1}, \cdots, x_N} \left[\sum_{k=1}^{N-1} (x_i^{\mathrm{T}} Q_i^0 x_i + u_i^{\mathrm{T}} R_i^0 u_i) + x_N^{\mathrm{T}} S x_N \right] \mid x_{k+1} \right\} \mid x_k \right] (k = 0, 1, \cdots, N-1)$$

$$\tag{6.3.7}$$

上式中的最后一项为

$$\min_{\substack{u_{k+1}, \cdots, u_{N-1} \\ x_{k+2}, \cdots, x_N}} E\left[\left(\sum_{i=k+1}^{N-1} (x_i^T Q_i^0 x_i + u_i^T R_i^0 u_i) + x_N^T S x_N \right) \mid x_{k+1} \right]$$

$$= \min_{u_{k+1}, \cdots, u_{N-1}} \left\{ x_{k+1}^T Q_{k+1}^0 x_{k+1} + u_{k+1}^T R_{k+1}^0 u_{k+1} + \right.$$

$$\left. \quad E_{x_{k+2}, \cdots, x_N}\left[\left(\sum_{i=k+1}^{N-1} (x_i^T Q_i^0 x_i + u_i^T R_i^0 u_i) + x_N^T S x_N \right) \mid x_{k+1} \right] \right\}$$

$$= W\{x_{k+1}\} \tag{6.3.8}$$

故

$$W\{x_k\} = \min_{u_k}\{x_k^T Q_k^0 x_k + u_k^T R_k^0 u_k + E_{x_{k+1}}[W\{x_{k+1}\} \mid x_k]\} \tag{6.3.9}$$

上式是动态规划基本递推关系式，从 $W\{x_{k+1}\}$ 推出 $W\{x_k\}$，而第 N 级为

$$W\{x_N\} = x_N^T S x_N \tag{6.3.10}$$

因此，计算顺序是从第 N 级一直计算到第一级为止。现在求式 (6.3.9) 的解。从式 (6.3.9) 看出，$W\{x_{k+1}\}$ 是 $W\{x_k\}$ 的二次函数，第 $N-1$ 级的 $W\{x_{k+1}\}$ 是 x_{k+1} 和 x_k 的二次型函数，而 u_{N-1} 与 x_{N-1} 有关，后者是个确定的值。依此类推，可以认为第 k 级的 $W\{x_k\}$ 是 x_k 的二次型函数，并与一个确定的值有关。因此，可设

$$W\{x_k\} = x_k^T P_k^0 x_k + \eta_k \tag{6.3.11}$$

式中，P_k^0 是 $n \times n$ 非负正定矩阵，η_k 就是上述的确定值矩阵。根据上式关系，式 (6.3.9) 可改写成

$$W\{x_k\} = \min_{u_k}\{x_k^T Q_k^0 x_k + u_k^T R_k^0 u_k + E_{x_{k+1}}[(x_{k+1}^T P_{k+1}^0 x_{k+1} + \eta_{k+1}) \mid x_k]\}$$

$$\tag{6.3.12}$$

由于状态初值和噪声都是正态分布的，所以 x_k 也是正态分布的。x_k 和 W_k 互不相关就意味着互相独立，这就使有关 W_k 的均值与条件 x_k 无关。因此

$$E_{x_{k+1}}\{(x_{k+1}^T P_{k+1}^0 x_{k+1} + \eta_{k+1}) \mid x_k\}$$

$$= E_{x_k w_k}\{[(\phi_{k+1,k} x_k + B_k u_k + W_k)^T P_{k+1}^0 (\phi_{k+1,k} x_k + B_k u_k + W_k) + \eta_{k+1}] \mid x_k\}$$

$$= [\phi_{k+1},_k x_k + B_k u_k]^T P_{k+1}^0 [\phi_{k+1,k} x_k + B_k u_k] + E[W_k^T P_{k+1}^0 W_k] + \eta_{k+1}$$

$$= [\phi_{k+1,k} x_k + B_k u_k]^T P_{k+1}^0 [\phi_{k+1,k} x_k + B_k u_k] + t_r[P_{k+1}^0 Q_k] + \eta_{k+1}$$

$$\tag{6.3.13}$$

将上式代入式（6.3.12），有

$$W\{x_k\} = \min_{u_k}\{x_k^T Q_k^0 x_k + u_k^T R_k^0 u_k + [\phi_{k+1,k}x_k + B_k u_k]^T P_{k+1}^0 [\phi_{k+1,k}x_k + B_k u_k] +$$

$$t_r[P_{k+1}^0 Q_k] + \eta_{k+1}\}$$

$$= \min_{u_k}\{x_k^T[\phi_{k+1,k}^T P_{k+1}^0 \phi_{k+1,k} + Q_k^0 - A_k^T(R_k^0 + B_k^T P_{k+1}^0 B_k)A_k]x_k +$$

$$(u_k + A_k x_k)^T(R_k^0 + B_k^T P_{k+1}^0 B_k)(u_k + A_k x_k) + t_r[P_{k+1}^0 Q_k] + \eta_{k+1}\}$$

$$(6.3.14)$$

式中，

$$A_k = [R_k^0 + B_k^T P_{k+1}^0 B_k]^{-1} B_k^T P_{k+1}^0 \phi_{k+1,k} \qquad (6.3.15)$$

因此，使性能指标为最小的 u_k 为

$$u_k^* = -A_k x_k = -[R_k^0 + B_k^T P_{k+1}^0 B_k]^{-1} B_k^T P_{k+1}^0 \phi_{k+1,k} x_k \qquad (6.3.16)$$

因为 R_k^0 是正定矩阵，P_{k+1}^0 是非负正定矩阵，所以上式中的逆矩阵存在。从式（6.3.16）看出，最优控制 u_k^* 是状态向量 x_k 的线性函数。

$$P_k^0 = Q_k^0 + \phi_{k+1,k}^T P_{k+1}^0 \phi_{k+1,k} - \phi_{k+1,k}^T P_{k+1}^0 B_k[R_k^0 + B_k^T P_{k+1}^0 B_k]^{-1} B_k^T P_{k+1}^0 \phi_{k+1,k}$$

$$(6.3.17)$$

$$\eta_k = t_r[P_{k+1}^0 Q_k] + \eta_{k+1} \qquad (6.3.18)$$

式（6.3.18）为离散形式的矩阵黎卡提（Riccati）方程，它仅与系统参数阵 $\phi_{k+1,k}$，B_k 以及性能指标中的权矩阵 Q_k^0，P_k^0 有关，与噪声的统计特性 Q_k，P_k 无关。P_k^0 的终端条件为 $P_N^0 = S$，P_k^0 按式（6.3.17）从 N 级逐级计算至 P_0^0。式（6.3.18）的终端条件为 $\eta_N = 0$。同样，从 N 级逐级计算 η_k。

算出 P_{k+1}^0 后，按式（6.3.16）算出 u_k^*，即可逐级算出最优控制序列 u_{N-1}^*，$\cdots$，u_k^*，$\cdots$，u_1^*，u_0^*。

现在求最小性能指标。因为 $W\{x_0\}$ 是在某一 x_0 的条件下的最小性能指标，故在随机意义下的最小性能指标就是要用 $W\{x_0\}$ 的均值来衡量，即

$$\min J_N = E[W\{x_0\}] = E[x_0^T P_0^0 x_0 + \eta_0]$$

$$= E[x_0^T P_0^0 x_0] + \sum_{k=0}^{N-1} t_r[P_{k+1}Q_k] \qquad (6.3.19)$$

式中，

$$E[x_0^T P_0^0 x_0] = m_{x_0}^T P_0^0 m_x + t_r[P_0^0 C_{x_0}] \qquad (6.3.20)$$

式中，m_x 和 C_x 各为 x_0 的均值和方差。

$$\min J_N = m_{w_0}^{\mathrm{T}} P_0^0 m_{x_0} + t_r [P_0^0 C_{x_0}] + \sum_{k=0}^{N-1} t_r [P_{k+1}^0 Q_k] \tag{6.3.21}$$

2. 在不能得到状态向量 x_k 值的条件下

这时可通过最优滤波得到状态最优估计，可以证明，最优控制规律仍然是式（6.3.16）。这时的"最优"指在采样估计条件下的最优。在一般情况下，量测值 Z_k 在 t_k 时刻得到，而估计 $\hat{x}_k$ 的计算尚需要时间。因此，t_k 时刻的状态最优估计为 $\hat{x}_{k|k-1}$。现在要证明，在这种条件下的最优控制为

$$u_k^* = -A_k \hat{u}_{k|k-1} \tag{6.3.22}$$

根据卡尔曼滤波预测方程，再考虑控制项，有

$$\begin{aligned}
\hat{x}_{k+1|k} &= \phi_{k+1,k} \hat{x}_{k|k-1} + B_k u_k + K_k^* (Z_k - H_k \hat{x}_{k|k-1}) \\
&= \phi_{k+1,k} \hat{x}_{k|k-1} + B_k u_k + K_k^* (V_k + H_k \tilde{x}_{k|k-1})
\end{aligned} \tag{6.3.23}$$

$K_k^* (V_k + H_k \tilde{x}_{k|k-1})$ 可看作零均值的白噪声，则两式具有同样的形式。

下面将式（6.3.2）改写。估计 $\hat{x}_{k|k-1}$ 与估计误差 $\tilde{x}_{k|k-1}$ 正交，即

$$E\{\hat{x}_{k|k-1} \bar{x}_{k|k-1}^{\mathrm{T}}\} = 0 \tag{6.3.24}$$

故

$$\begin{aligned}
J_N &= E\Bigg\{ \sum_{k=0}^{N-1} \big[(\hat{x}_{k|k-1} + \tilde{x}_{k|k-1})^{\mathrm{T}} Q_k^0 (\hat{x}_{k|k-1} + \tilde{x}_{k|k-1}) + u_k^{\mathrm{T}} R_k^0 u_{ki} \big] + \\
&\quad (\hat{x}_{M|N-1} + \tilde{x}_{M|N-1})^{\mathrm{T}} S (\hat{x}_{M|N-1} + \tilde{x}_{M|N-1}) \Bigg\} \\
&= E\Bigg\{ \sum_{k=0}^{N-1} \big[\hat{x}_{k|k-1}^{\mathrm{T}} Q_k^0 \hat{x}_{k|k-1} + u_k^{\mathrm{T}} R_k^0 u_k \big] + \hat{x}_{M|N-1}^{\mathrm{T}} S_{x_{M|N-1}} \Bigg\} + \\
&\quad E\Bigg\{ \sum_{k=0}^{N-1} \tilde{x}_{k|k-1}^{\mathrm{T}} Q_k^0 \tilde{x}_{k|k-1} + \tilde{x}_{M|N-1}^{\mathrm{T}} S \tilde{x}_{M|N-1} \Bigg\} \triangleq J_N(\hat{x}) + J_N(\tilde{x})
\end{aligned} \tag{6.3.25}$$

u_k 仅由 $\hat{x}_{k|k-1}$ 决定，与 $\tilde{x}_{k|k-1}$ 无关，因此在选择 u_k 时，只要使上式中 $J_N(\hat{x})$ 最小，就能使性能指标最小，而 $J_N(\hat{x})$ 与式（6.3.2）在形式上完全相同。因此，借用上一节讨论的结果，即可求得 $J_N(\hat{x})$ 最小的控制规律为

$$u_k^* = -A_k \hat{x}_{k|k-1} \tag{6.3.26}$$

　　A_k 的方程同式（6.3.15），式中所用的 P_k^0 也从式（6.3.17）求出。这就证明了离散系统的分离定理，即求最优控制时，不考虑估计，求最优估计时，只需认为 u_k 是确定值。这样，按式（6.3.22）进行控制，就能得到在最优估计条件下的最优控制。

　　下面求这种最优控制下的性能指标。

　　相当于式（6.3.1）中的系统噪声 W_k，滤波方程式（6.3.23）中的噪声为 $K_k^*(V_k + H_k \tilde{x}_{k|k-1})$，因此，相当于噪声 W_k 的方差矩阵 Q_k，上述噪声的方差矩阵 Q_k' 为

$$Q_k' = \phi_{k+1,k} P_{k|k-1} H_k^T (R_k + H_k P_{k|k-1} H_k^T)^{-1} H_k P_{k|k-1} \Phi_{k+1,k}^T \quad (6.3.27)$$

用 ξ_k 代替式（6.3.18）中的 η_k，则

$$\xi_k = t_r[P_{k+1}^0 Q_k'] + \xi_{k+1} \quad (6.3.28)$$

同样，ξ_k 的终端条件为

$$\xi_N = 0 \quad (6.3.29)$$

按照式（6.3.18）的递推关系，可逐级算出 ξ_k，加上 P_k^0，可以得到

$$W\{\hat{x}_{k|k-1}\} = \hat{x}_{k|k-1}^T P_k^0 \hat{x}_{k|k-1} + \xi_k \quad (6.3.30)$$

根据式（6.3.25），则最小性能指标为

$$\min J_N = \min J_N(\hat{x}) + \min J_N(\tilde{x}) = E[W\{\hat{x}_0\}] + \min J_N(\tilde{x})$$

$$= m_{\alpha_0}^T P_0^0 m_{\alpha_0} + t_r[P_0^0 P_0^0] + \sum_{k=1}^{N-1} t_r[P_{k+1}^0 Q_k'] +$$

$$\sum_{j=0}^{N-1} t_r[Q_k^0 P_{k|k-1}] + t_r[S_{N|N-1}]$$

$$(6.3.31)$$

系统和滤波器的最优控制方框图如图 6.3.1 所示，图中未标示出反馈阵 A_k 的计算过程。

　　需要指出的是：如果从得到测量值后计算出估计和控制所需要的时间远比测量的时间间隔短，则可以认为 t 时刻能够得到最优估计 $\hat{x}_k$。这样，得不到状态向量时的最优控制规律式（6.3.26）可改为

$$u_k^* = -A_k \hat{\theta}_k \quad (6.3.32)$$

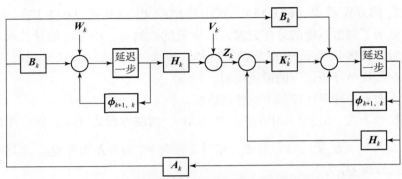

图 6.3.1 系统和滤波器的最优控制方框图

式中，A_k 以及 A_k 方程中的 P_{k+1}^0 仍按式（6.3.15）和式（6.3.17）进行计算，仅最小性能指标稍有不同，这里不再列写。

以上讨论了在二次型指标为最小的要求下系统最优控制的规律。结论是：如果系统状态向量可以得到，则根据式（6.3.16）可以求出最优控制。如果系统状态向量不能得到，则可用最优估计代替状态，按式（6.3.32）求出最优控制。最优估计和最优控制可以分别考虑的原理称为分离定理。

二次型指标是一种较为全面的要求，但二次型指标中的权矩阵与控制质量没有直接联系，在设计中不容易确定。另外，由于 P_k^0 矩阵是从终端开始计算的，所以必须预先计算，并将数值存储在计算机中。如果控制级数 N 很大，则储存量是很大的[19,20]。

6.3.2 有色噪声条件下的卡尔曼滤波

如果系统噪声为有色噪声，测量噪声为白噪声，则问题比较好处理。一般可采用扩大状态向量的方法。下面用离散系统来说明。

设系统和测量方程为

$$\begin{cases} \boldsymbol{x}_{k+1} = \boldsymbol{\phi}_{k+1,k}\boldsymbol{x}_k + \boldsymbol{\Gamma}_k\boldsymbol{W}_k \\ \boldsymbol{Z}_k = \boldsymbol{H}_k\boldsymbol{x}_k + \boldsymbol{V}_k \end{cases} \tag{6.3.33}$$

式中，$\boldsymbol{V}_k$ 为零均值白噪声序列；$\boldsymbol{W}_k$ 为零均值有色噪声序列，可用差分方程表示为

$$\boldsymbol{W}_{k+1} = \boldsymbol{\psi}_{k+1,k}\boldsymbol{W}_k + \boldsymbol{\xi}_k \tag{6.3.34}$$

式中，$\boldsymbol{\xi}_k$ 为零均值白噪声序列。

扩大状态向量就是把有色噪声 $\boldsymbol{W}_k$ 也作为状态向量的一部分。设 $\boldsymbol{x}^a$ 为扩大后的状态向量，即

$$\boldsymbol{x}^a \triangleq \begin{bmatrix} \boldsymbol{x} \\ \boldsymbol{W} \end{bmatrix} \qquad (6.3.35)$$

则状态向量扩大后的系统和测量方程为

$$\begin{cases} \boldsymbol{x}^a_{k+1} = \begin{bmatrix} \boldsymbol{x}_{k+1} \\ \boldsymbol{W}_{k+1} \end{bmatrix} = \begin{bmatrix} \boldsymbol{\phi}_{k+1,k} & \boldsymbol{\Gamma}_k \\ 0 & \boldsymbol{\psi}_{k+1,k} \end{bmatrix} \begin{bmatrix} \boldsymbol{x}_k \\ \boldsymbol{W}_k \end{bmatrix} + \begin{bmatrix} 0 \\ \boldsymbol{I} \end{bmatrix} \boldsymbol{\xi}_k \\ \qquad \triangleq \boldsymbol{\phi}^a_{k+1,k} \boldsymbol{x}^a_k + \boldsymbol{\Gamma}^a_k \boldsymbol{W}^a_k \\ \boldsymbol{Z}_k = \begin{bmatrix} \boldsymbol{H}_k & 0 \end{bmatrix} \begin{bmatrix} \boldsymbol{x}_k \\ \boldsymbol{W}_k \end{bmatrix} + \boldsymbol{V}_k \triangleq \boldsymbol{H}^a_k \boldsymbol{x}^a_k + \boldsymbol{V}_k \end{cases} \qquad (6.3.36)$$

扩大状态向量法的缺点是状态维数比原系统的状态维数多，增大了计算量。在 INS 中，系统的噪声常常是有色噪声，在应用卡尔曼滤波时，除非在某些简化条件下可将有色噪声作为白噪声来处理，一般都是有色噪声条件下的卡尔曼滤波。下面以陀螺漂移是有色噪声的 INS 初始对准为例，说明系统有色噪声条件下的扩大状态向量法[21]。

设指北 INS 的平台在静基座上进行精对准，北向对准回路的简化状态方程为

$$\begin{cases} \dot{\boldsymbol{\phi}}_w = \boldsymbol{\varepsilon}_W \\ \boldsymbol{Z}_N = -g\boldsymbol{\phi}_W + \boldsymbol{V}_N \end{cases} \qquad (6.3.37)$$

式中，$\boldsymbol{Z}_N$ 为北向加速度计输出；$\boldsymbol{V}_N$ 为加速度计噪声，设为零均值的白噪声。陀螺漂移 $\boldsymbol{\varepsilon}_W$ 中包括白噪声 $\boldsymbol{W}_s$、随机偏置 $\boldsymbol{\varepsilon}_b$ 和一阶马尔柯夫过程 $\boldsymbol{\varepsilon}_m$，即

$$\begin{cases} \boldsymbol{\varepsilon}_W = \boldsymbol{W}_s + \boldsymbol{\varepsilon}_b + \boldsymbol{\varepsilon}_m \\ \dot{\boldsymbol{\varepsilon}}_m = -\alpha\boldsymbol{\varepsilon}_m + \boldsymbol{\xi}_s \\ \dot{\boldsymbol{\varepsilon}}_b = \boldsymbol{0} \end{cases} \qquad (6.3.38)$$

式中，α 为反相关时间；$\boldsymbol{\xi}_\varepsilon$ 为零均值的白噪声。在这种条件下仅用上述状态方程和测量方程不能构成最优滤波器。可以将状态扩大为 $\begin{bmatrix} \boldsymbol{\varphi}_W & \boldsymbol{\varepsilon}_b & \boldsymbol{\varepsilon}_m \end{bmatrix}^T$，则扩大后的状态方程为

$$\begin{bmatrix} \dot{\boldsymbol{\phi}}_W \\ \dot{\boldsymbol{\varepsilon}}_b \\ \dot{\boldsymbol{\varepsilon}}_m \end{bmatrix} = \begin{bmatrix} 0 & 1 & 1 \\ 0 & 0 & 0 \\ 0 & 0 & -\alpha \end{bmatrix} \begin{bmatrix} \boldsymbol{\phi}_W \\ \boldsymbol{\varepsilon}_b \\ \boldsymbol{\varepsilon}_m \end{bmatrix} + \begin{bmatrix} \boldsymbol{W}_\varepsilon \\ 0 \\ \boldsymbol{\xi}_s \end{bmatrix} \tag{6.3.39}$$

这时状态方程和测量方程中的噪声都是白噪声，符合滤波方程的要求。

如果系统噪声为白噪声，测量噪声为有色噪声，则不能采用扩大状态向量法。下面仍以离散系统来说明，设系统和测量方程如式（6.3.33）所示。$\boldsymbol{V}_k$ 为零均值的有色噪声序列，可用差分方程表示为

$$\boldsymbol{V}_{k+1} = \boldsymbol{\psi}_{k+1,k} \boldsymbol{V}_k + \boldsymbol{\xi}_k \tag{6.3.40}$$

式中，$\boldsymbol{\xi}_k$ 是零均值的白噪声序列，方差为 $\boldsymbol{Q}_k$。$\boldsymbol{x}_0$ 的均值为 $\boldsymbol{m}_x$，方差为 $\boldsymbol{C}_x$。$\boldsymbol{W}_k$，$\boldsymbol{\xi}_k$，$\boldsymbol{V}_0$ 与 $\boldsymbol{x}_0$ 之间互不相关。如果采用扩大状态向量法，则

$$\begin{cases} \boldsymbol{x}_{k+1}^a = \begin{bmatrix} \boldsymbol{x}_{k+1} \\ \boldsymbol{V}_{k+1} \end{bmatrix} = \begin{bmatrix} \boldsymbol{\psi}_{k+1,k} & 0 \\ 0 & \boldsymbol{\psi}_{k+1} \boldsymbol{q}_k \end{bmatrix} \begin{bmatrix} \boldsymbol{x}_k \\ \boldsymbol{V}_k \end{bmatrix} + \begin{bmatrix} \boldsymbol{\Gamma}_k & 0 \\ 0 & \boldsymbol{I} \end{bmatrix} \begin{bmatrix} \boldsymbol{W}_k \\ \boldsymbol{\xi}_k \end{bmatrix} \\ \boldsymbol{Z}_k = \begin{bmatrix} \boldsymbol{H}_k & \boldsymbol{I} \end{bmatrix} \begin{bmatrix} \boldsymbol{x}_k \\ \boldsymbol{V}_k \end{bmatrix} \end{cases} \tag{6.3.41}$$

这时新的测量方程中没有噪声了，当然测量噪声的协方差矩阵为零矩阵，这就不满足卡尔曼滤波中 $\boldsymbol{R}$ 为正定矩阵的要求，不能保证增益方程中的逆矩阵始终存在。因此，利用扩大状态向量法不能解决有色噪声的问题。

测量向量中如果有的测量值而没有噪声，则在某些情况下。例如测量矩阵为对角矩阵时，可以用直观的方法处理，即把测量到的状态作为状态方程中的已知量，滤波器的阶数还可降低。

在测量向量中有有色噪声的条件下，一般常采用将测量值的微分（对连续系统）或本次和上次测量值（对离散系统）作为新测量值的方法[22,23]。下面分别按离散系统和连续系统说明。

1. 离散系统

展开测量方程有

$$\begin{aligned} \boldsymbol{Z}_{k+1} &= \boldsymbol{H}_{k+1} \boldsymbol{x}_{k+1} + \boldsymbol{\psi}_{k+1,k} \boldsymbol{V}_k + \boldsymbol{\xi}_k \\ &= \boldsymbol{H}_{k+1} \boldsymbol{x}_{k+1} - \boldsymbol{\psi}_{k+1,k} \boldsymbol{H}_k \boldsymbol{x}_k + \boldsymbol{\psi}_{k+1,k} \boldsymbol{Z}_k + \boldsymbol{\xi}_k \end{aligned} \tag{6.3.42}$$

利用 $Z_{k+1} - \psi_{k+1,k}Z_k$ 作为新的测量值，即令

$$Z_k^* = Z_{k+1} - \psi_{k+1,k}Z_k \tag{6.3.43}$$

则测量方程中的噪声就只有白噪声，即

$$\begin{cases} Z_k^* = H_k^* x_k + V_k^* \\ H_k^* = H_{k+1}\phi_{k+1,k} - \psi_{k+1,k}H_k \\ V_k^* = H_{k+1}\Gamma_k W_k + \xi_k \end{cases} \tag{6.3.44}$$

V_k^* 是零均值的白噪声序列，其协方差函数为

$$\begin{cases} E\{V_k^* V_j^{*\mathrm{T}}\} = [H_{k+1}\Gamma_k Q_k \Gamma_k^{\mathrm{T}} H_{k+1}^{\mathrm{T}} + R_k]\delta_{kj} \triangleq R_{lk}^* \delta_{kj} \\ R_{kc}^* = H_{k+1}\Gamma_k Q_k \Gamma_k^{\mathrm{T}} H_{k+1}^{\mathrm{T}} + R_k \end{cases} \tag{6.3.45}$$

W_k 与 V_k^* 相关，互协方差函数为

$$\begin{cases} E\{W_k V_j^{*\mathrm{T}}\} = Q_k \Gamma_k^{\mathrm{T}} H_{k+1}^{\mathrm{T}}\delta_{kj} \triangleq S_k \delta_{kj} \\ S_k = Q_k \Gamma_k^{\mathrm{T}} H_{k+1}^{\mathrm{T}} \end{cases} \tag{6.3.46}$$

系统方程式（6.3.36）和新测量方程式（6.3.42）有两个特点：一是测量噪声 V_k^* 和系统噪声 W_k 相关，二是虽然从式（6.3.44）看出新测量值 Z_k^* 通过 H_k^* 直接与 x_k 有关，但实际上 H_k^* 还包含 $H_k^* x_k$ 的测量信息。因此，仅利用卡尔曼滤波基本方程从 Z_k^* 中估计出 x_k 是不合适的。根据以上两个特点，采用卡尔曼滤波的一步预测的一般方程，即从 Z_k^* 求出一步预测 $\hat{x}_{k+1|k}$ 也正因为 Z_k^* 包含了 Z_{k+1}，因此，预测 $\hat{x}_{k+1|k}$ 也就是估计 $\hat{x}_{k+1}$。下面按一步预测的一般方程求出 $\hat{x}_{k+1|k}$，$\overline{K}_k$ 和 $\hat{K}_{k+1|k}$，并将其改为 $\hat{x}_{k+1}$，$\overline{K}_{k+1}$ 和 P_{k+1}，则

$$\begin{cases} \hat{x}_{k+1} = \phi_{k+1,k}\hat{x}_k + \overline{K}_{k+1}[Z_{k+1} - \psi_{k+1,k}Z_k - H_k^* \hat{x}_k] \\ \overline{K}_{k+1} = [\phi_{k+1,k}P_k H_k^{*\mathrm{T}} + \Gamma_k S_k][H_k^* P_k H_k^{*\mathrm{T}} + R_k^*]^{-1} \\ P_{k+1} = \phi_{k+1,k}P_k \phi_{k+1,k}^{\mathrm{T}} + \Gamma_k Q_k \Gamma_k^{\mathrm{T}} - \overline{K}_{k+1}[H_k^* P_k \phi_{k+1,k}^{\mathrm{T}} + S_k^{\mathrm{T}}\Gamma_k^{\mathrm{T}}] \end{cases} \tag{6.3.47}$$

这就是离散系统在有色测量噪声条件下的卡尔曼滤波方程。

根据 Z_0 确定 $\hat{x}_0$，有

$$\begin{cases} \hat{\boldsymbol{x}}_0 = E^* \{ \boldsymbol{x}_0 \mid \boldsymbol{Z}_0 \} = \boldsymbol{m}_{W_0} + \boldsymbol{C}_{W_0 Z_0} \boldsymbol{C}_{Z_0}^{-1} (\boldsymbol{Z}_0 - \boldsymbol{m}_{Z_0}) \\ \boldsymbol{C}_{a_0 z_0} = \mathrm{Cov} \{ \boldsymbol{x}_0 \boldsymbol{H}_0 \boldsymbol{x}_0 + \boldsymbol{V}_0 \} = \boldsymbol{C}_{W_0} \boldsymbol{H}_0^{\mathrm{T}} \\ \boldsymbol{C}_{Z_0} = V_{ar} \{ \boldsymbol{H}_0 \boldsymbol{x}_0 + \boldsymbol{V}_0 \} = \boldsymbol{H}_0 \boldsymbol{C}_{W_0} \boldsymbol{H}_0^{\mathrm{T}} + \boldsymbol{R}_0 \\ \hat{\boldsymbol{x}}_0 = \boldsymbol{m}_{W_0} + \boldsymbol{C}_{W_0} \boldsymbol{H}_0^{\mathrm{T}} (\boldsymbol{H}_0 \boldsymbol{C}_{a_0} \boldsymbol{H}_0^{\mathrm{T}} + \boldsymbol{R}_0)^{-1} (\boldsymbol{Z}_0 - \boldsymbol{H}_0 \boldsymbol{m}_{W_0}) \\ \tilde{\boldsymbol{x}}_0 = \boldsymbol{x}_0 - \hat{\boldsymbol{x}}_0 = (\boldsymbol{x}_0 - \boldsymbol{m}_{W_0}) - \boldsymbol{C}_{W_0} \boldsymbol{H}_0^{\mathrm{T}} (\boldsymbol{H}_0 \boldsymbol{C}_{W_0} \boldsymbol{H}_0^{\mathrm{T}} + \boldsymbol{R}_0)^{-1} [\boldsymbol{H}_0 (\boldsymbol{x}_0 - \boldsymbol{m}_{W_0}) + \boldsymbol{V}_0] \end{cases}$$

$$(6.3.48)$$

算出初始估计均方误差 $\boldsymbol{P}_0$ 为

$$\boldsymbol{P}_0 = E \{ \tilde{\boldsymbol{x}}_0, \tilde{\boldsymbol{x}}_0^{\mathrm{T}} \} = \boldsymbol{C}_{\sigma_0} - \boldsymbol{C}_{W_0} \boldsymbol{H}_0^{\mathrm{T}} (\boldsymbol{H}_0 \boldsymbol{C}_{x_0} \boldsymbol{H}_0^{\mathrm{T}} + \boldsymbol{R}_0)^{-1} \boldsymbol{H}_0 \boldsymbol{C}_{W_0} \quad (6.3.49)$$

利用矩阵求逆公式，还可得到以下更简单的形式：

$$\boldsymbol{P}_0 = (\boldsymbol{C}_{W_0}^{-1} + \boldsymbol{H}_0^{\mathrm{T}} \boldsymbol{R}_0^{-1} \boldsymbol{H}_0)^{-1} \quad (6.3.50)$$

2. 连续系统

设系统和测量方程为

$$\begin{cases} \dot{\boldsymbol{x}}(t) = \boldsymbol{F}(t) \boldsymbol{x}(t) + \boldsymbol{G}(t) \boldsymbol{W}(t) \\ \boldsymbol{Z}(t) = \boldsymbol{H}(t) \boldsymbol{x}(t) + \boldsymbol{V}(t) \end{cases} \quad (6.3.51)$$

式中，$\boldsymbol{V}(t)$ 为零均值的有色噪声，可用微分方程表示为

$$\dot{\boldsymbol{V}}(t) = \boldsymbol{D}(t) \boldsymbol{V}(t) + \boldsymbol{\xi}(t) \quad (6.3.52)$$

式中，$\boldsymbol{\xi}(t)$ 为零均值、方差强度为 $\boldsymbol{R}(t)$ 的白噪声。$\boldsymbol{W}(t)$，$\boldsymbol{\xi}(t)$，$\boldsymbol{V}(0)$ 与 $\boldsymbol{x}_0$ 之间互不相关，$\boldsymbol{x}_0$ 均值为 $\boldsymbol{m}_x(0)$，方差为 $\boldsymbol{C}_x(0)$。

与离散系统类似，设置一个包括测量值微分的新测量值 $\boldsymbol{Z}^*(t)$：

$$\begin{cases} \boldsymbol{Z}^*(t) \triangleq \dot{\boldsymbol{Z}}(t) - \boldsymbol{D}(t) \boldsymbol{Z}(t) \\ = \dot{\boldsymbol{H}}(t) \boldsymbol{x}(t) + \boldsymbol{H}(t) \dot{\boldsymbol{x}}(t) + \dot{\boldsymbol{V}}(t) - \boldsymbol{D}(t) [\boldsymbol{H}(t) \boldsymbol{x}(t) + \boldsymbol{V}(t)] \\ = [\dot{\boldsymbol{H}}(t) + \boldsymbol{H}(t) \boldsymbol{F}(t) - \boldsymbol{D}(t) \boldsymbol{H}(t)] \boldsymbol{x}(t) + [\boldsymbol{H}(t) \boldsymbol{G}(t) \boldsymbol{W}(t) + \boldsymbol{\xi}(t)] \\ \triangleq \boldsymbol{H}(t) \boldsymbol{x}(t) + \nabla^*(t) \\ \boldsymbol{H}^*(t) = \dot{\boldsymbol{H}}(t) + \boldsymbol{H}(t) \boldsymbol{F}(t) - \boldsymbol{D}(t) \boldsymbol{H}(t) \\ \boldsymbol{V}^*(t) = \boldsymbol{H}(t) \boldsymbol{G}(t) \boldsymbol{W}(t) + \boldsymbol{\xi}(t) \end{cases}$$

$$(6.3.53)$$

$\boldsymbol{V}^*(t)$ 是零均值的白噪声，其协方差函数为

$$\begin{cases} E\{\boldsymbol{V}^*(t)\boldsymbol{V}^{*\mathrm{T}}(\tau)\} = [\boldsymbol{H}(t)\boldsymbol{G}(t)\boldsymbol{Q}(t)\boldsymbol{G}^{\mathrm{T}}(t)\boldsymbol{H}^{\mathrm{T}}(t) + \boldsymbol{R}(t)]\delta(t-\tau) \\ \triangle \boldsymbol{R}*(t)\delta(t-\tau) \\ \boldsymbol{R}^*(t) = \boldsymbol{H}(t)\boldsymbol{G}(t)\boldsymbol{Q}(t)\boldsymbol{G}^{\mathrm{T}}(t)\boldsymbol{H}^{\mathrm{T}}(t) + \boldsymbol{R}(t) \end{cases}$$

$$(6.3.54)$$

$\boldsymbol{V}^*(t)$ 和 $\boldsymbol{W}(t)$ 相关，互协方差函数为

$$\begin{cases} E\{\boldsymbol{W}(t)\boldsymbol{V}^{*\mathrm{T}}(\tau)\} = \boldsymbol{Q}(t)\boldsymbol{G}^{\mathrm{T}}(t)\boldsymbol{H}^{\mathrm{T}}(t)\delta(t-\tau) \\ \triangle \boldsymbol{S}(t)\delta(t-\tau) \\ \boldsymbol{S}(t) = \boldsymbol{Q}(t)\boldsymbol{G}^{\mathrm{T}}(t)\boldsymbol{H}^{\mathrm{T}}(t) \end{cases} \quad (6.3.55)$$

根据连续系统卡尔曼滤波一般方程按新测量值列写出系统的滤波方程：

$$\begin{cases} \hat{\boldsymbol{x}}(t) = \boldsymbol{F}(t)\hat{\boldsymbol{x}}(t) + \overline{\boldsymbol{K}}(t)[\dot{\boldsymbol{Z}}(t) - \boldsymbol{D}(t)\boldsymbol{Z}(t) - \boldsymbol{H}^*(t)\hat{\boldsymbol{c}}(t)] \\ \overline{\boldsymbol{K}}(t) = [\boldsymbol{P}(t)\boldsymbol{H}^*(t) + \boldsymbol{G}(t)\boldsymbol{S}(t)]\boldsymbol{R}^*(t) - 1 \\ \dot{\boldsymbol{P}}(t) = \boldsymbol{F}(t)\boldsymbol{P}(t) + \boldsymbol{P}^a(t)\boldsymbol{F}^{\mathrm{T}}(t) - \overline{\boldsymbol{K}}(t)\boldsymbol{R}^*(t)\overline{\boldsymbol{K}}^{\mathrm{T}}(t) + \boldsymbol{G}(t)\boldsymbol{Q}(t)\boldsymbol{G}^{\mathrm{T}}(t) \end{cases}$$

$$(6.3.56)$$

方程式（6.3.56）就是连续系统在测量有色噪声条件下的卡尔曼滤波方程。从式（6.3.56）看出，为了求得估计，需要对测量数据进行微分处理，这将带来很大的方法误差。可以将式（6.3.56）做适当变换以避免这种情况。变换是在 $\overline{\boldsymbol{K}}(t)$ 分段连续的条件下进行的。将式（6.3.56）中的 $\overline{\boldsymbol{K}}(t)\dot{\boldsymbol{Z}}(t)$ 项用下式表示：

$$\overline{\boldsymbol{K}}(t)\dot{\boldsymbol{Z}}(t) = \frac{\mathrm{d}}{\mathrm{d}t}[\overline{\boldsymbol{K}}(t)\boldsymbol{Z}(t)] - \dot{\boldsymbol{K}}(t)\boldsymbol{Z}(t) \quad (6.3.57)$$

$$\frac{\mathrm{d}}{\mathrm{d}t}[\hat{\boldsymbol{x}}(t) - \overline{\boldsymbol{K}}(t)\boldsymbol{Z}(t)] = \boldsymbol{H}(t)\hat{\boldsymbol{x}}(t) - \overline{\boldsymbol{K}}(t)[\boldsymbol{D}(t)\boldsymbol{Z}(t) + \boldsymbol{H}(t)\hat{\boldsymbol{x}}(t)] - \dot{\boldsymbol{K}}(t)\boldsymbol{Z}(t)$$

$$(6.3.58)$$

用式（6.3.58）代替式（6.3.56），可以避免微分测量的问题。滤波器框图如图 6.3.2 所示。

现在确定 $\hat{\boldsymbol{x}}(0)$ 和 $\boldsymbol{P}(0)$。与离散系统一样，$\hat{\boldsymbol{x}}(0)$ 也从 $\boldsymbol{Z}(0)$ 估计得到，即

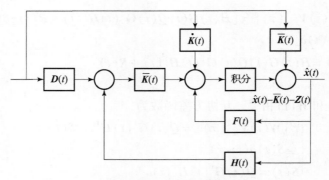

图 6.3.2　滤波器框图

$$\hat{x}(0) = m_x(0) + C_W(0)H^{\mathrm{T}}(0)[H(0)C_{\infty}(0)H^{\mathrm{T}}(0) +$$

$$\hat{K}(0)]^{-1}[(Z(0) - H(0)m_x(0)) + R(0)]^{-1}[Z(0) - H(0)m_x(0)]$$

$$(6.3.59)$$

$$P(0) = C_a(0) - C_W(0)H^{\mathrm{T}}(0)[H(0)C_W(0)H^{\mathrm{T}}(0) + R(0)]^{-1}H(0)C_W(0)$$

$$= [C^{-1}(0) + H^{\mathrm{T}}(0)R^{-1}(0)H(0)]^{-1} \qquad (6.3.60)$$

6.3.3　多源导航信息滤波方程

6.3.3.1　信息滤波方程

在某些情况下，可以采用 P_k 和 P_{k-1} 的逆矩阵（称为信息矩阵）进行滤波计算，这种滤波计算的方程称为信息滤波方程，现在推导如下。

$$\begin{cases} P_k^{-1} = P_{k|k-1}^{-1} + H_k^{\mathrm{T}}R_k^{-1}H_k \\ A_k = (\boldsymbol{\phi}_{k+1,k}^{-1})^{\mathrm{T}}P_k^{-1}\boldsymbol{\phi}_{k+1,k} \end{cases} \qquad (6.3.61)$$

利用矩阵求逆公式，有

$$\begin{cases} P_{k+1|k}^{-1} = (A_k^{-1} + \boldsymbol{\Gamma}_{ki}Q_k\boldsymbol{\Gamma}_k^{\mathrm{T}})^{-1} = [I - A_k\boldsymbol{\Gamma}_k(\boldsymbol{\Gamma}_k^{\mathrm{T}}A_k\boldsymbol{\Gamma}_k + Q_k^{-1})^{-1}\boldsymbol{\Gamma}_k^{\mathrm{T}}]_k \\ \qquad = (I - B_k\boldsymbol{\Gamma}_k^{\mathrm{T}})A_k \\ B_k \triangleq A_k\boldsymbol{\Gamma}_k(\boldsymbol{\Gamma}_k^{\mathrm{T}}A_k\boldsymbol{\Gamma}_k + Q_k^{-1})^{-1} \\ \hat{\boldsymbol{\omega}}_{k|k-1} = P_{k|k-1}^{1}\hat{x}_{k|k-1} \\ \hat{a}_k = P_k^{-1}\hat{d}_k \end{cases}$$

$$(6.3.62)$$

从而

$$\hat{\pmb{a}}_{k+1|k} = (\pmb{I} - \pmb{B}_k \pmb{\Gamma}_k^{\mathrm{T}}) \pmb{A}_k \pmb{\phi}_{k+1} \pmb{q}_k \hat{\pmb{u}}_k = (\pmb{I} - \pmb{B}_k \pmb{\Gamma}_k^{\mathrm{T}})(\pmb{\phi}_{k+1,k}^{-1})^{\mathrm{T}} \hat{\pmb{a}}_k \quad (6.3.63)$$

$$\hat{\pmb{a}}_k = \hat{\pmb{a}}_{k|k-1} + \pmb{H}_k^{\mathrm{T}} \pmb{R}_k^{-1} \pmb{Z}_k \quad\quad\quad (6.3.64)$$

根据上式可以递推计算出 $\pmb{P}_{k+1|k}^{-1}$ 和 $\pmb{P}_k^{-1}$，再根据时刻量测得到的 $\hat{\pmb{d}}_k$，利用式（6.3.63）和式（6.3.64）算出 $\hat{\pmb{a}}_k$。

将信息滤波方程与以前推导的滤波方程（相应的可称为方差滤波方程）比较，可以看出其各有特点。在得不到确切初始状态统计特性的条件下，滤波方程常令初始估计均方误差矩阵 $\pmb{P}_0 \to \infty$。这时，亦可采用滤波信息方程。

6.3.3.2　发散现象

在滤波计算中，常常会出现这样的现象，即随着被处理的测量数据不断增多（即 k 增大），滤波计算的估计均方误差矩阵 $\pmb{P}_k$ 可以趋于零或趋于某一稳态值，但状态估计对真正的状态值的均方误差矩阵却远远大于 $\pmb{P}_k$，甚至趋于无穷大。这种滤波失去作用的现象通常叫作发散[24]。

发散是滤波变质的一种表现，很难用一个明确的方程关系来表征它产生的条件。一般来说，产生发散现象主要由于以下三种原因。

（1）对物理过程了解不够，使系统数学模型与实际物理过程不符合或不够精确；或者虽然对物理过程有足够了解，但因模型较复杂，在简化数学模型时，将非线性系统线性化，或将阶数比较高的系统模型简化成低阶的模型，简化的模型带来了不精确性。

（2）对系统噪声或测量噪声的统计特性了解不够，使数值取得不合适；系统中有偏值干扰，而模型中却没有偏值干扰，或者虽然有偏值干扰，但是数值不准确，这都可能引起发散。系统噪声本身过小也容易产生发散现象。

以上两种原因产生的发散常称为滤波发散。

（3）计算中舍入误差的影响，使估计均方误差矩阵 $\pmb{P}_k$ 在计算过程中逐渐失去非负定性，甚至对称性，增益矩阵的计算值逐渐失真而造成发散。这种发散叫作计算发散。

6.3.3.3　平方根滤波

前面已经讲过，产生计算发散的主要原因在于计算中有舍入误差，使

P_k 和 $P_{k|k-1}$ 计算值失去非负定性。尤其在测量向量中某一个（或几个）测量值很准确，而数值计算的有效位数却相对少的情况下容易产生计算发散。这就使 K_k 的计算失真，造成发散现象。平方根滤波，就是在滤波计算中，将 P_k 和 $P_{k|k-1}$ 用矩阵平方根来代替，保证均方误差矩阵在计算过程中至少保持非负定的特性，从而防止均方误差矩阵计算不准确造成发散现象。

从线性代数的矩阵知识知道，任意非零矩阵 $L(m \times n)$ 与其转置矩阵的乘积 $LL^T = A(m \times n)$ 一定是非负定的。L 亦称为对称矩阵 A 的平方根。如果在滤波计算中用 P_k 和 $P_{k|k-1}$ 平方根来代替 P_k 和 $P_{k|k-1}$，则可以保证均方误差矩阵始终是非负定的。为了方便，从非负定阵 A 分解平方根，一般都使平方根矩阵行列数与 A 相同，即 $n \times n$。但如果阶数较高，计算量仍然很大。从线性代数的矩阵知识还知道，任何正定矩阵 B 都可分解为 $B = DD^T$。D 为正对角元下三角矩阵，由 B 唯一确定，而下三角矩阵的求解较为容易。因此，滤波计算中均方误差矩阵的平方根 δ_k 和 $\delta_{k|k-1}$ 常取下三角矩阵。三角矩阵的元素比方阵少，并且求逆方便。这也是常采用三角矩阵的原因。

平方根波滤不但能保证均方误差矩阵的非负定性，而且在数值计算时，计算 δ 的字长只需要计算 P 的字长的一半，就能达到同样的精度，这也是平方根滤波的另一个优点。平方根滤波的缺点是计算量比标准的滤波计算量大。根据状态向量维数、输入量向量维数和测量向量维数，一般计算量可增大 0.5~1.5 倍[25]。

6.3.4 卡尔曼滤波在多源导航中的应用

提供飞机导航参数的机上设备除了 INS 外，还有多普勒导航系统、各种无线电导航系统、卫星导航系统、天文导航系统以及大气数据导航系统等。这些导航系统的性能各有特点。例如，对工作时间不超过数小时的飞机 INS，其位置误差一般都是随时间增长的，但变化比较缓慢。在初始条件正确给定的情况下，短时间的精度是比较高的。无线电导航系统的定位精度虽然因种类不同而各有差别，但都不随时间增长。当飞机上装备有两种以上导航系统时，常将这些导航系统以适当的方式组合在一起，取长补短，可得到比各个单独导航系统更高的导航精度。这种组合的导航系统称为组合导航系统[26]。

　　由于各种导航系统在出厂前、装机前和定期检验工作中都要进行程度不等的性能检查，所以导航系统的常值导航误差一般都能予以适当补偿。因此，装机使用的导航系统的误差中，很大部分是随机干扰产生的随机性误差。组合导航系统的"组合"实际上就是对不同导航系统的导航参数做出正确的估计。这种"组合"任务用卡尔曼滤波来进行是很合适的。因此，从 20 世纪 60 年代初期以来，卡尔曼滤波在组合导航系统中很快得到了应用，并收到了良好的效果。

　　对估计的利用，组合导航系统有输出校正和反馈校正两种方式。所谓输出校正，就是根据两种以上导航系统的输出，估计出最优的导航参数。反馈校正是以某种导航系统为主，以它的输出作为组合导航系统的输出，与其他导航系统组合估计出的状态值只反馈到主系统内部，用于校正主系统各状态。至于哪些导航系统可以相互组合为组合导航系统，一般没有什么限制，但这里要讨论的是带有 INS 的组合导航系统。这也是目前常采用的方案（下面提到的"组合导航"均指这种方案）[27]。本章主要讨论利用反馈校正的组合导航。

　　与初始对准比较，在组合导航中应用卡尔曼滤波，其状态方程有相似之处，即仍然以 INS 的误差方程作为滤波状态方程的主要部分。此即速度误差方程、平台误差角方程和描述惯性元件随机误差的方程，但因为飞机有加速度和速度，所以前两组方程要比初始对准的方程复杂，更因为滤波时间长，对元件误差方程的要求也不同。另外，还要增加位置误差方程。对测量值，初始对准主要是以加速度计的输出来测量平台的倾角，并以此估计其他状态。在组合导航中，加速度计的输出不但与平台倾角和飞机加速度有关，还与速度误差等状态有关。因此，一般不用它作测量值，而采用其他导航系统输出的导航参数（速度或位置）与 INS 计算的导航参数的差值，即速度误差或位置误差作为测量值。总的来说，组合导航的滤波方程要比初始对准的方程复杂，考虑的问题也多。

　　各种导航系统就其测量导航参数的不同，基本可分为两大类。

　　（1）定位导航系统：这种导航系统的输出与飞机位置参数有关，各种无线电导航系统、卫星导航系统和天文导航系统都属于这种导航系统，该系统的特点是导航误差不随时间而积累。

（2）测速导航系统：这种导航系统测量的是飞机的速度。该系统利用测量的飞机速度和航向信号，经过积分计算，推算出有关飞机位置的导航参数，因此也称为航位推算导航系统。多普勒导航系统和航向大气数据导航系统等均属于这种类型（INS 也是一种航位推算导航系统）。该系统的特点是导航误差随时间积累。

6.3.4.1　无线电导航系统

无线电导航系统利用地面无线电台发射的无线电波束，得到飞机相对地面无线电台的距离或方位，从而计算出飞机所在位置。按照测量方案的不同，无线电导航系统可分为以下几种。

1. 测向系统

甚高频全向信标［又称为"伏尔"（VOR）系统］就属于这种系统。其工作原理是：地面伏尔台发射一个用 30 Hz 参考频率调制的全向信号，以及一个以 30 r/s 的速度旋转的各方向相位不同的信号，机上伏尔系统接收这两种信号，并将两个 30 Hz 频率的相位进行比较，就得到飞机相对地面伏尔台的方位。根据飞机相对两个地面伏尔台的方位就能确定飞机的位置。这种系统常用于近程定位，定位精度一般为 $\pm 1°$[28,29]。

2. 测距系统

这种系统称为 DME 系统。机上设备（询问器）发出特高频无线电脉冲波，地面 DME 台（应答器）接收后延迟一段固定的时间再发射应答脉冲，机上设备接收后测出发射信号到接收信号的时间间隔，从中减去固定的延迟时间，就能算出飞机和该地面 DME 台之间的距离。双 DME 系统通过对两个地面 DME 台的测距，就能确定飞机的位置。这种系统的作用距离常为 300～500 km，最远达 700 km，是一种中近程的导航设备。其测距误差一般为 $\pm$（0.1～0.4）海里[30]①。

3. 测距－测向系统

将伏尔系统和 DME 系统组合在一起，就可构成测距－测向系统。根

---

① 1 海里 = 1.852 千米（中国标准）。

据飞机对一个地面伏尔台的方位和对一个地面 DME 台的距离，就能确定飞机的位置。也有同时具有测距和测向功能的系统，称为塔康（Tacon）系统。它是战术空中导航系统的简称，使用在军用机上。它同样包括地面塔康台和机上塔康设备，其测距原理与 DME 系统相同，其测向原理与伏尔系统相似，作用距离为 400～500 km。利用机上设备对一个地面台信号测量，就能得出飞机对这个地面台的极坐标位置参数。

上述测距系统和测向系统的作用距离都较小，且受低空盲区或顶空盲区的限制，在遇到山谷或地面高大建筑时，也会受到反射波的干扰。

4. 双曲线系统

双曲线系统主要是罗兰（Loran）系统。它是远程导航系统的简称，可用于测定飞机和舰船的位置。其工作原理是两个地面罗兰台各发出高频以下的无线电脉冲信号，机上罗兰接收机同时接收这种信号。测出这些信号到达的时差，从而确定飞机对这两个罗兰台的距离差。这样，飞机的位置就一定位于该距离差对应的双曲线位置线上。因此，如果机上罗兰接收机同时接收 3 个地面罗兰台的信号，就能得到 2～3 条位置线。位置线的交点就是飞机所在的位置。根据信号类型和频率的不同，罗兰系统分别有罗兰 – A、罗兰 – B 和罗兰 – C 系统。前两种是中远程导航系统，后者是远程导航系统（作用距离为 2 000 海里）。罗兰系统的精度一般都优于 ±1 英里[①]。

除了罗兰系统外，双曲线系统还有台卡（Dacca）和奥米加（Omega）系统。前者工作精度高（误差为 0.055 km），工作距离约为 555 km，后者是超远程导航系统，使用在舰船上。

6.3.4.2　多普勒导航系统

多普勒导航系统是利用多普勒效应来测量飞机地速（飞机对地的水平速度）的一种自主式导航系统。假设飞机水平等速飞行，地速为 V，且设飞机纵轴与地速方向一致，飞机上的多普勒雷达不断朝着某一确定方向（例如向前方朝着俯角 V 的方向）向地面发射无线电波，并且接收从地面反射回来的无线电波。接收反射无线电波时，飞机相对反射无线电波方向

---

① 1 英里 = 1.61 千米。

的速度为 $V_1 = V\cos\theta$。这种接收器与振动源有相对速度的情况就使接收的无线电波产生多普勒频移，多普勒频移的大小与相对速度成正比。通过测量多普勒频移，可以计算出飞机的飞行速度。如果飞机水平飞行，则飞行速度就是地速。

由于存在偏流角（地速向量与飞机纵轴之间的夹角），所以飞机纵轴方向并不能代表飞机真正的飞行方向。因此，根据多普勒频移计算出的速度仅仅是飞机沿纵轴方向的速度。为了得到飞机地速，就需要不断地测量偏流角，因此多普勒雷达必须向两个以上的方向同时发射无线电波。下面以两波束的多普勒雷达为例来说明它是怎样测量偏流角的。

如果多普勒雷达以左前方和右前方的方向向地面发射无线电波，它们与飞机纵轴夹角大小相同，则在飞机没有偏流角的情况下，反射回来的两个无线电波的多普勒频移是相同的。若有偏流角，则飞机速度就与飞机纵轴方向不一致，飞机速度与两个波束的夹角就不相同，两个反射信号的多普勒频移就不相等。这时，多普勒雷达自动地把它的天线转动到两个多普勒频移相等的位置，显然，天线转动的角度就是偏流角。也有的多普勒雷达不转动天线，而是由计算机根据各波束的多普勒频移计算出偏流角和地速的数值，其道理是一样的。

由于飞行中飞机纵轴与地速方向在垂直平面内也不完全一致，所以用双波束测地速还会产生误差。这可采用与测量偏流角类似的道理，用前后两个波束测出这种差角。这时，波束就需要 3 个以上。当飞机有迎角或受到垂直气流产生对地垂直速度时，它同样能测出飞机纵轴与对地速度在飞机垂直平面内的差角，从而得到正确的地速。

有了多普勒雷达提供的偏流角和地速的数值，再加上机上航向仪表提供的航向数值，计算机就能不断计算出飞机的位置参数。多普勒雷达和计算机合在一起，即多普勒导航系统（设备）。

在海上飞行时，波束的反射因受波浪影响而产生较大的误差。飞机作较大的机动飞行时，多普勒导航系统亦因波束发射不到地面而不能工作[31]。

参 考 文 献

[1]KHALEGHI B,KHAMIS A,KARRAY F O,et al. Multisensor data fusion:A review of the state of the art[J]. Information Fusion,2013,14(1):28 – 44.

[2]孙凌逸,黄先祥,蔡伟,等. 基于神经网络的无线传感器网络数据融合算法[J]. 传感技术学报,2011,24(1):122 – 127.

[3]LLINAS J,BOWMAN C,ROGOVA G,et al. Revisiting the JDL data fusion model Ⅱ[J/OL]. 2004. http://dx. doi. org/.

[4]GOODMAN I R. Homomorphic – like random set representations for fuzzy logic models using exponentiation with applications to data fusion [J]. Information Sciences,1999,113(1).

[5]KOKAR M M,BEDWORTH M D,FRANKEL C B. Reference model for data fusion systems [J] Physica A:Statistical Mechanics and its Applications, 2000.

[6]LUO R C,MICHAEL C. Hierarchical semantic mapping using convolutional neural networks for intelligent service robotics. [J]. IEEE Access,2018,6.

[7]JOSHI R,SANDERSON A C. Minimal representation multisensor fusion using differential evolution [J]. Systems Man & Cybernetics Part A Systems & Humans IEEE Transactions on,1997,29(1):63 – 76.

[8]EDWIN C K,WOLFGANG S,Jörg M,et al. Comparison of optimisation strategies for the determination of precise dummy head trajectories based on the fusion of electrical and optical measured data in frontal crash scenarios [J]. Int. J. of Vehicle Systems Modelling and Testing,2016,11(1).

[9]WALTZ E,LLINAS J. Multisensor data fusion [M]. Boston:Artech House,1990.

[10]BOWMAN C L. The dual node network(DNN)datafusion and resource management(DF&RM)architecture [C] // AIAA Intelligent Systems Technical Conference. Chicago:AIAA,2004.

[11]GOODMAN I R. A general theory for the fusion of data[J]. A General

Theory for the Fusion of Data,1987.

[12] KOKAR M,KIM K H. Review of multisensor data fusion architectures and techniques [C]//IEEE International Symposium on Intelligent Control. IEEE,1993.

[13] DASARATHY B V. Sensor fusion potential exploitation – innovative architecture and illustrative applications[J]. IEEE Proceedings,1997,85 (1):23 – 38.

[14] HALL D L,LLINAS J. Revisions to JDL data fusion model:Chapter 2 of handbook of multisensor datafusion[M]. London:CRC Press,2001.

[15] JOSHI R,SANDERSON A C. Multisensor fusion:A minimal representation framework[M]. World scientific,1999.

[16] PRABHU S R B,DHASHARATHI C V,PRABHAKARAN R,et al. Environmental monitoring and greenhouse controled by distributed sensor network[J]. Social Science Electronic Publishing,2014.

[17] ROBERT B W,FREDERICK H R,JOHN B,et al. Network structures for distributed situation assessment. [J]. IEEE Trans. Systems,Man,and Cybernetics,1981,11(1).

[18] 张爱军. 水下潜器组合导航定位及数据融合技术研究[D]. 南京:南京理工大学,2010.

[19] WILLNER D,CHANG C B,DUNN K P. Kalman filter algorithms for a multi – sensor system [C]// Proceedings of 1976 IEEE Conference on Decision and Control Including the 15th Symposium on Adaptive Processes. IEEE,1976:570 – 574.

[20] KIM J,KIM Y,KIM S. An accurate localization for mobile robot using extended kalman filter and sensor fusion [C]. Interna – tional Joint Conference on Neural Networks,2008:2928 – 2933.

[21] 林雪原,王萍,许家龙,等. 基于序贯 UKF 的 GNSS/CNS/SINS 组合导航最优融合算法[J]. 大地测量与地球动力学,2022,42(12):1211 – 1215.

[22] 秦永元,张洪钺,汪叔华. 卡尔曼滤波与组合导航原理[M]. 西安:西北工业大学出版社,1998:128 – 129.

[23] 倪安庆,李军. 全球导航卫星系统惯性导航系统组合导航的算法综述

[J].装备机械,2023(1):4-8.

[24]夏全喜.SINS/GPS/EC 组合导航系统设计与实验研究[D].哈尔滨:哈尔滨工程大学,2009.

[25]程泽,杨磊,孙幸勉.基于自适应平方根无迹卡尔曼滤波算法的锂离子电池 SOC 和 SOH 估计[J].中国电机工程学报,2018,38(8):2384-2393+2548.

[26]卢鋆,张弓,陈谷仓,等.卫星导航系统发展现状及前景展望[J].航天器工程,2020,29(4):1-10.

[27]王博,刘泾洋,刘沛佳.SINS/DVL 组合导航技术综述[J].导航定位学报,2020,8(3):1-6+22.

[28]郭磊.实际导航性能(ANP)算法研究[D].天津:中国民航大学,2017.

[29]张一,张斌,贺杰.VOR 系统方位角正交相关测量方法[J].火力与指挥控制,2018,43(7):125-129.

[30]刘恕川.关于民用航空 VOR/DME 导航系统的研究[J].电子世界,2016(18):176+178.

[31]SWANSON E R.Interrelation of navigation and timing[J].IETE Journal of Research,2015,27(11).

第 7 章　多源导航信息数据融合算法

在前 6 章的基础上，对所得多源信息进行数据融合处理，其中数据融合算法直接关乎多源导航信息数据融合的效果，为此需要开展多源导航信息数据融合算法研究，以提升多源导航精度。为了实现这一目标，本章介绍几种关键算法和方法。证据论算法可以有效地处理不确定性和冲突，提高多源导航的准确性和可靠性；模糊论算法在多源导航中能够考虑到不同信息源之间的相互关系，提高导航的精度和鲁棒性；智能优化算法可以全局搜索最优解，从而提高多源导航的性能和效果；神经网络是一种基于人工神经元网络结构的多源数据融合方法，通过学习和训练，它能够从多个传感器中提取并融合有用的数据，进而改善导航的精度和鲁棒性；深度学习是一种基于多层神经网络结构的多源数据融合方法，它通过多层次的特征提取和抽象，能够更好地挖掘多个传感器的数据，并进行有效的融合。

本章的内容涵盖了不同的多源导航信息数据融合算法，每种算法都有其独特的优势和适用场景。通过对这些算法的研究和应用，可以提升多源导航的精度和可靠性，为用户提供更好的导航体验。

7.1　证据论算法

当对多传感器信息得出的判决不能 100% 确信时，可以采用贝叶斯方法之外的一种基于统计学的数据融合算法——证据论算法来进行决策推理。证据论算法也称为 Dempster – Shafer 算法，简称 D – S 算法。该算法能融合多个传感器所获取的知识（也称为命题），最后找到各命题的交集（也称为命题的合取）及与之对应的概率分配值[1]。

7.1.1　D – S 算法概述

D – S 算法源于 20 世纪 60 年代，美国哈佛大学数学家 A. P. Dempter 利用上、下限概率来解决多值映射问题。A. P. Dempter 自 1967 年起连续发表了一系列论文，标志着证据论的正式诞生。A. P. Dempter 的学生 G. Shafer 对证据论做了进一步的发展，引入信任函数概念，提出了基于"证据"和"组合"来处理不确定性推理问题的数学方法。G. Shafer 在 1976 年出版了《证据的数学理论》（*A Mathematical Theory of Evidence*），这标志着证据论正式成为一种处理不确定性问题的完整理论[2]。

D – S 算法的核心是 Dempster 合成规则（也称为证据合成公式），这是 A. P. Dempter 在研究统计问题时首先提出的，随后 G. Shafer 把它推广到更为一般的情形。该算法的优点在于证据论中需要的先验数据比概率推理理论中的更为直观、更容易获得，同时 Dempster 合成规则可以综合不同专家或数据源的知识或数据，这使证据论在专家系统、信息融合等领域中得到了广泛应用[3]。该算法的适用领域包括信息融合、专家系统、情报分析、法律案件分析、多属性决策分析等。

D – S 算法也存在局限性，该算法要求证据必须是独立的，而这个条件有时不易满足。此外，证据合成规则没有非常坚固的理论支持，其合理性和有效性还存在较大的争议。证据论在计算上存在着潜在的指数爆炸问题[4]。Zadeh 曾经提出过"Zadeh 悖论"，对 Dempster 合成规则的合理性进行了质疑。

7.1.2　D – S 算法的理论体系

D – S 算法是一种不确定性推理的方法。它采用置信函数而不是概率作为量度，通过对一些事件的概率加以约束以建立置信函数，而不必说明精确的难以获得的概率，当严格约束限制概率时，它就成为概率论算法。D – S 算法具有以下独特的优点[5]。

（1）D – S 算法具有比较强的理论基础，既能处理随机性所导致的不确定性问题，也能处理模糊性导致的不确定性问题。

（2）D – S 算法可以依靠证据的积累，不断地缩小假设集。

（3）D－S算法能将"不知道"和"不确定"区分开来。

（4）D－S算法可以不需要先验概率和条件概率密度。

从D－S算法的发展来看，D－S算法不是独立发展的，它与许多理论密切相关，可以和更多理论结合，使自身不断发展。这方面应值得读者注意。

在D－S算法中，一个样本空间称为一个辨识框架，用 Θ 表示。Θ 由一系列对象 θ_i 构成，对象之间两两相斥，且包含当前要识别的全体对象，即 $\Theta = \{\theta_1, \theta_2, \cdots, \theta_n\}$。

θ_i 称为 Θ 的一个单子，只含一个单子的集合称为单子集合。证据论的基本问题是：已知辨识框架 Θ，判明测量模板中某一未定元素属于 Θ 中某一 θ_i 的程度。对于每个子集，可以指派一个概率，称为基本概率分配。

令 Θ 为一论域集合，2^Θ 为 Θ 的所有子集构成的集合，称 $m: 2^\Theta \rightarrow [0, 1]$ 为基本概率分配函数，它满足如下公式：

$$\sum_{A \in P(\Theta)} m(A) = 1, \ m(\Theta) = 0 \tag{7.1.1}$$

式中，$P(\Theta)$ 表示幂集。

D－S算法的一个基本策略是将证据集合划分为2个或多个不相关的部分，并利用它们分别对辨识框架独立进行判断，然后用 Dempster 合成规则将它们组合起来[6]。Dempster 合成规则的形式为

$$m(A) = \frac{1}{1-k} \sum_{A_i, B_j \atop A_i \cap B_j = A} m_1(A_i) m_2(B_j), \ A \neq 0, \ m(\Theta) = 0$$

$$\tag{7.1.2}$$

式中，

$$k = \sum_{A_i \cap B_j = \Phi} m_1(A_i) m_2(B_j) \tag{7.1.3}$$

上式反映了证据之间冲突的程度。

7.2　模糊论算法

7.2.1　模糊论概述

模糊数学（Fuzzy Mathematics）是一个新兴的数学分支，它并非"模

糊"的数学，它是研究模糊现象、利用模糊信息的"精确"理论。模糊论
的目标是仿照人脑的模糊思维，为解决各种实际问题（特别是有人干预的
复杂系统的处理问题）提供有效的思路和方法。当前，模糊论已广泛应用
于自动控制、预测预报、人工智能、系统分析、信息处理、模式识别、管
理决策和仿真技术等领域；甚至在那些与数学毫不相关或关系不大的学科
中，如生物学、心理学、语言学和社会科学等，模糊论也得到了广泛的
应用[7]。

　　所谓模糊现象，是指客观事物之间难以用分明的界限加以区分的状
态，它产生于人们对客观事物的识别和分类之时，并反映在概念之中。外
延分明的概念，称为分明概念，它反映分明现象。外延不分明的概念，称
为模糊概念，它反映模糊现象。

　　模糊现象是普遍存在的。无论是在一般的人类语言中，还是在科技
语言中，模糊概念都是大量存在的。例如，高与矮、胖与瘦、美与丑、
干净与污染，甚至人与猿、脊椎动物与无脊椎动物、生物与非生物，这
些对立的概念都没有绝对分明的界限。一般说来，"分明概念"是放弃
了概念的模糊性而抽象出来的，是把思维绝对化而达到的概念上的精确
和严格[8]。

　　传统数学以康托尔（Cantor）集合论为基础，康托尔集合是描述人脑
思维对整体性客观事物有识别和分类的数学方法。康托尔集合要求其分类
必须遵从排中律，论域（即所考虑的对象的全体）中的任一元素要么属于
集合 A，要么不属于集合 A，两者必居其一，且仅居其一，它只能描述外
延分明的"分明概念"，只能表现"非此即彼"，而不能描述和反映外延不
分明的"模糊概念"[9,10]。

　　模糊概念的外延是不明确的，其边界是不清晰的，因此相应的集合也是
"模糊"的。也就是说，一个对象是否属于这个集合，不能简单地用"是"
或"否"来回答。例如，对于"年轻人"这个概念，若要判断 20 岁的张三
或 80 岁的李四是否是"年轻人"，答案自然是明确的！但要判断 28~35 岁的
人是否属于"年轻人"的集合，就不那么好确定了。

　　为了弥补康托尔集合的不足，1965 年美国控制论专家 L. A. Zadeh 发表
了著名论文 *Fuzzy Sets*，这标志着模糊数学的诞生。在许多场合，是与不
是、属于与不属于之间的区别不是突变的，不是一刀切的，而是有一个边

缘地带、量变的过渡过程。于是，人们会很自然地提出疑问：为什么要把自己局限于只考虑"属于"和"不属于"两种极端情况？如果分别用1，0 表示"属于"和"不属于"，称为元素属于集合的隶属度。上述问题就表示成：为什么非要规定隶属度只取 0，1 两个值呢？L. A. Zadeh 创造性地提出隶属度可取 0，1 之间的其他值，从而用隶属函数来表示模糊集合。

L. A. Zadeh 指出：从狭义上说，模糊逻辑是一个逻辑系统，它是多值逻辑的推广，而且可以作为近似推理的基础；从广义上说，模糊逻辑是一个更广泛的理论，它与"模糊集理论"是模糊的同义语及没有明确边界的类的理论。

随机性和模糊性都是对事物不确定性的描述，但二者是有区别的。L. A. Zadeh 在其开创性论文 *Fuzzy Sets* 中指出：应该注意，虽然模糊集的隶属函数与概率函数有些相似，但它们之间存在本质的区别，模糊集的概念根本不是统计学的概念。

概率论在研究和处理随机现象时，所研究的事件本身有着明确的含意，只是条件不充分，使得在条件与事件之间不能出现决定性的因果关系，这种在事件的出现与否上表现出的不确定性称为随机性。模糊数学在研究和处理模糊现象时，所研究的事物的概念本身是模糊的，这种由概念外延的不清晰所造成的不确定性称为模糊性。

L. A. Zadeh 在模糊映射、模糊推理和模糊控制原理等方面进行了一系列的研究工作，特别是模糊知识表示、语言变量、模糊规则和模糊图等概念的提出和完善，开创了模糊控制的新局面，也为模糊建模和模糊控制的发展奠定了理论基础。之后模糊控制理论迅速发展，成为控制领域理论研究的一个热点，在实际中也得到了广泛的应用[11]。

1974 年，英国伦敦大学教授 E. H. Mamdani 首先利用模糊语句组成模糊控制器，将其应用于锅炉和汽轮机的运行控制，并在实验室试验中获得成功。他不仅把模糊控制理论首先应用于控制，并且充分展示了模糊控制理论的应用前景[12]。此后，模糊控制理论得到迅速发展。1976 年，R. M. Tong 应用模糊控制理论对压力容器内部的压力和液面进行控制，初步解决了过程控制中的非线性、时变和时滞特性问题[13]。1977 年，J. J. Ostergarad 将模糊控制理论应用于决策系统。1983 年，M. Sugeno 将一种基于语言真值推理的模糊逻辑控制器应用于汽车速度的自动控制，并取得成功。我国也在 1984—1993 年研究推出 "快速自寻优模糊控制理论"，并以此理论为基础推出 "FC－1A 型快速自寻优模糊控制器" 等一系列高新技术产品，并将其用于鞍山钢铁公司 "盐熔炉" 的生产过程中，在节能降耗和提高成品率方面取得了明显的效果和社会经济效益。目前，模糊控制理论早已进入实用化阶段，应用技术逐渐成熟，应用面也逐渐扩展，国外以日本、美国尤为突出。以日本为例，松下、三菱、东芝等公司在空调机、全自动洗衣机、吸尘器等家用电器中普遍应用了模糊控制理论。目前，模糊控制理论正在向复杂大系统、智能系统、人与社会系统以及生态系统等纵深方向扩展[14,15]。

7.2.2　模糊计算原理

模糊控制理论的基本思想是用机器模拟人对系统的控制。模糊控制系统基本结构如图 7.2.1 所示，它由输入通道、模糊控制器、输出通道、执行机构与被控对象组成。由图 7.2.1 可以看出，模糊控制系统为常规闭环控制系统，控制器部分用模糊控制器实现，因此，整个模糊控制系统的核心部分就是模糊控制器，其结构如图 7.2.2 所示。

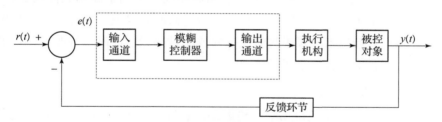

图 7.2.1　模糊控制系统基本结构

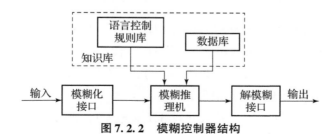

图 7.2.2　模糊控制器结构

模糊控制系统工作的一般控制步骤为：计算机不断采样获取被控量的采样值，然后将采样值与给定值进行比较得到误差 e。选取误差 e 作为模糊控制器的一个输入，对误差 e 进行模糊化得到其模糊量，该模糊量可用相应的模糊语言表示，得到误差 e 的模糊语言集合的一个子集 E，E 与模糊控制规则 R 根据推理的合成规则进行模糊决策，得到模糊控制向量 U

$$U = E \circ R \tag{7.2.1}$$

将模糊向量 U 解模糊转化为精确量，经数 – 模（D – A）转换转化为模拟量给执行机构，从而控制被控对象。

1. 隶属函数的确定

求取论域中足够多元素的隶属度，根据这些隶属度求出隶属函数。具体步骤如下。

（1）求取论域中足够多元素的隶属度。

（2）求隶属函数曲线。以论域元素为横坐标，以隶属度为纵坐标，画出足够多元素的隶属度（点），将这些点连接起来，得到所求模糊集合的隶属函数曲线。

（3）求隶属函数。将求得的隶属函数曲线与常用隶属函数曲线比较，取形状相似的隶属函数曲线所对应的函数，修改其参数，使修改参数后的隶属函数曲线与所求隶属函数曲线一致或非常接近。此时，修改参数后的函数即所求模糊集合的隶属函数[16]。

2. 模糊集的运算

无论论域 U 有限还是无限，离散还是连续，L. A. Zadeh 都用如下记号作为模糊集 A 的一般表示形式：$A = \int_{u \in U} \mu_A(u) \, \mathrm{d}u$。

U 上的全体模糊集记为 $F(U) = \{A \mid \mu_A : U \rightarrow [0,1]\}$。

模糊集上的运算主要有包含、交、并、补。

（1）包含运算。定义：设 $A, B \in F(U)$，若对任意 $u \in U$，都有 $\mu_B(u) \leqslant \mu_A(u)$ 成立，则称 A 包含 B，记为 $B \subseteq A$。

（2）交、并、补运算。定义：设 $A, B \in F(U)$，则有

$$A \cup B : \mu_{A \cup B}(u) = \max\{\mu_A(u), \mu_B(u)\} = \mu_A(u) \vee \mu_B(u)$$

$$A \cap B : \mu_{A \cap B}(u) = \min_{u \in U} \{\mu_A(u), \mu_B(u)\} = \mu_A(u) \wedge \mu_B(u)$$
$$\neg A : \mu_{\neg A}(u) = 1 - \mu_A(u) \qquad (7.2.2)$$

7.3　智能优化算法

智能优化算法通过模拟生物进化或自然现象实现寻优，可以分为以下 5 类：①仿人智能优化算法：模拟人脑思维，人体系统、组织、器官、细胞，以及人类社会竞争进化，例如神经网络算法、模糊逻辑算法；②进化算法：模拟生物进化过程和机制，例如遗传算法、差分进化算法；③群智能优化算法：模拟自然界群居动物的觅食、繁殖等行为或者动物群体的捕猎策略，例如粒子群算法、人工鱼群算法；④仿植物生长算法：模拟植物在生长过程中的光合作用、根吸水性、繁殖授粉等表现出的自适应、竞争、进化的行为过程，例如人工藻类算法、小树生长算法；⑤仿自然优化算法：模拟自然现象或者科学定律，例如模拟退火算法、混沌优化算法[17]。接下来主要介绍经典的遗传算法和粒子群算法。

7.3.1　遗传算法

遗传算法（Genetic Algorithm，GA）诞生于 20 世纪 60 年代，主要由美国密歇根大学的 John Holland 教授提出，其内涵哲理源于自然界生物从低级、简单到高级、复杂，乃至人类这样一个漫长的进化过程[18]。20 世纪 70 年代，De Jong 基于遗传算法的思想在计算机上进行了大量的纯数值函数优化计算试验。在一系列研究工作的基础上，20 世纪 80 年代由 Goldberg 进行归纳总结，形成了遗传算法的基本框架。借鉴达尔文的物竞天择、优胜劣汰、适者生存的自然选择和自然遗传的机理，遗传算法的本质是一种求解问题的高效并行全局搜索方法，它能在搜索过程中自动获取和积累有关搜索空间的知识，并自适应地控制搜索过程以求得最优解[19]。

遗传算法是从代表问题可能潜在解集的一个种群开始的，而一个种群则由经过基因编码的一定数目的个体组成。每个个体实际上是带有染色体特征的实体。染色体作为遗传物质的主要载体，即多个基因的集合，其内部表现（即基因型）是由某种基因组合决定的。由于仿照基因编码的工作很复杂，所以往往需要进行简化，如二进制编码。初始种群产生之后，按照适者生存和优胜劣汰的原理，逐代演化产生出越来越好的近似解。在每一代，根据问题域中个体的适应度来挑选个体，并借助自然遗传学的遗传算子进行组合交叉和变异，产生出代表新的解集的种群。像自然进化一样，这个过程将导致后代种群比前代种群更加适应环境，末代种群中的最优个体经过解码，可以作为问题的近似最优解。

1. 简单的遗传算法的操作步骤

（1）将问题的解表示成编码串（"染色体"），每一编码串代表问题的个可行解。

（2）产生一定数量的初始群体，该群体就是问题的一个可行解集。

（3）将编码串置于问题的"环境"中，并给出群体中每一个体的编码串适应问题环境的适应度（评价）。

（4）根据编码串个体适应度的高低，执行复制操作，优良的个体被大量复制，而劣质个体则很少被复制，甚至被淘汰，复制操作具有优化群体的作用。

（5）根据交叉概率 P_c 及变异概率 P_m，执行交叉和变异操作，在上一代群体的基础上产生新一代群体。这样反复执行第（1）步~第（5）步，使群体一代一代不断进化，最后搜索到最适合问题环境的个体，求得问题的最优解。

2. 遗传算法主要特点

（1）遗传算法是对参数的编码进行操作，而非对参数本身进行操作。

（2）遗传算法是从许多初始点开始并行操作，而不是从一个点开始，因此可以有效防止搜索过程收敛于局都最优解，而且有较大的可能求得全局最优解。

（3）遗传算法通过目标函数来计算适应度，而不需要其他推导，从而对问题依赖性较小。

（4）遗传算法的寻优规则是由概率决定的，而非确定性的。

（5）遗传算法在解空间进行高效启发式搜索，而非盲目地穷举或完全随机搜索。

（6）遗传算法对于待寻优的函数基本没有限制，它既不要求函数连续，也不要求函数可微，既可以是数学解析式所表示的显函数，也可以是映射矩阵，甚至是神经网络等隐函数，因此应用范围较广。

（7）遗传算法具有并行计算的特点，因此可通过大规模并行计算来提高计算速度。

（8）遗传算法更适合大规模复杂问题的优化。

（9）遗传算法计算简单，功能强。

3. 遗传算法的基本操作

遗传算法有 3 种基本操作：选择（Selection）、交叉（Crossover）和变异（Mutation）。下面对这 3 种基本操作进行简单介绍[20]。

1）选择

选择的目的是从当前群体中选出优良的个体，使它们有机会作为父代为下一代繁殖子孙。根据各个个体的适应度，按照一定的规则或方法从上一代群体中选择一些优良的个体遗传到下一代群体中。遗传算法正是通过选择运算体现这一思想，进行选择的原则是适应性强的个体为下一代贡献一个或多个后代的概率大，这样就体现了达尔文的适者生存原则。

2）交叉

交叉操作是遗传算法中最主要的操作。通过交叉操作可以得到新一代个体，新一代个体组合了父辈个体的特征。将群体内的各个个体随机搭配成对，对每一个个体，以某个概率（称为交叉概率）交换它们之间的部分染色体。交叉概率 P_c 给出了期望参与交叉的编码串数量 n_c，即

$$n_c = p_c \cdot n \tag{7.3.1}$$

式中，n 为群体规模；p_c 为交叉概率。

根据个体编码表示方法的不同，可以对个体进行重组，重组的算法包括实值重组（real valued recombination）、离散重组（discrete recombination）、中间重组（intermediate recombination）、线性重组（linear recombination）、扩展线性重组（extended linear recombination）。

进行交叉计算的交叉模式包括二进制交叉（binary valued crossover）、单点交叉（single point crossover）、多点交叉（multiple – point crossover）、均匀交叉（uniform crossover）、洗牌交叉（shuffle crossover）、缩小代理交叉（crossover with reduced surrogate）。

3）变异

变异操作首先在群体中随机选择一个个体，对于选中的个体，以一定的概率随机改变编码串结构数据中某个编码串的值，即对群体中的每一个个体，以某一概率（称为变异概率）改变某一个或某一些基因座上的基因值为其他的等位基因。对于二进制编码，即码值从1变0，或从0变1。变异概率 P_m 给出了期望突变的编码串的位数：

$$B_m = P_m \cdot L \cdot n \tag{7.3.2}$$

式中，n 为群体规模；L 为编码串长度；P_m 为突变概率。

对于一个实际的待优化的问题，首先需要将其表示为适合遗传算法操作的二进制字串。这个过程通常包括以下几个步骤。

（1）根据具体问题确定待寻优的参数。

（2）对每一个参数确定其变化范围，并用一个二进制数来表示。例如，若参数 a 的变化范围为 $[a_{min}, a_{max}]$，且可以用 m 位二进制数 b 来表示，则两者之间满足

$$a = a_{min} + \frac{b}{2^m - 1}(a_{max} - a_{min}) \tag{7.3.3}$$

这时参数范围的确定应覆盖全部寻优空间，字长 m 应在满足精度要求的情况下，尽量取小值，以尽量降低遗传算法计算的复杂性。

将所有表示参数的二进制字串连接起来组成一个长的二进制字串。该字串的每一位只有0或1两种取值。该字串即遗传算法可以操作的对象。二进制编码是最常见的编码方式。

4. 初始种群的产生

产生初始种群的方法通常有两种。一种是用完全随机的方法产生。可用随机数发生器来实现。设要操作的二进制字串总共有 p 位，则最多可以有 2^p 种选择，初始种群取 n 个样本（$n \ll 2^p$）。这种随机产生样本的方法适合对问题的解无任何先验知识的情况。对于具有某些先验知识的情况，可先将这些先验知识转化为必须满足的一组要求，然后在满足这些要求的解中随机地选取样本。这样选择初始种群可使遗传算法更快地到达最优解。

5. 遗传算法的实现流程

遗传算法的实现流程如图7.3.1所示，其中计算适应度可以看成遗传

算法与优化问题之间的一个接口。遗传算法评价一个解的好坏，不是取决于它的解的结构，而是取决于该解的适应度。复制操作的目的是产生更多的高适应度的个体，它对尽快收敛到优化解具有很大的影响。但是，为了达到全局最优解，必须防止过早收敛。因此，在复制过程中要尽量保证样本的多样性。变异作用于单个字串，它以很小的概率随机地改变一个串位的值，其目的是防止丢失一些有用的遗传模式，增加样本的多样性。

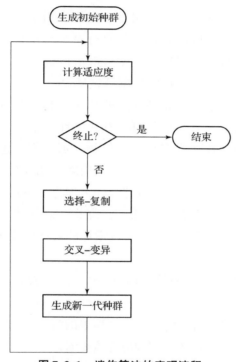

图 7.3.1　遗传算法的实现流程

6. 遗传算法中参数的选择

在具体实现遗传算法的过程中，尚有一些参数需要事先选择，它们包括初始种群的大小 M、交叉概率、变异概率。这些参数对遗传算法的性能都有很大的影响。一般来说，选择较大数目的初始种群可以同时处理更多的解，因此更容易找到全局最优解，其缺点是增加了每代迭代所需要的时间；交叉概率的选择界定了交叉操作的概率，概率越大，可能越快地收敛到希望的最优解区域，但是太大的概率也可能导致收敛于一个解；变异概率通常只取较小的数值（一般为 0.001 ~ 0.1），若选取大的变异概率，一方面会增加样本模式的多样性，另一方面则有可能引起不稳定，但是选取的变异概率太小，则可能难以找到全局最优解。

7.3.2 粒子群算法

粒子群算法是由 Eberhart 和 Kennedy 在 1995 年提出的一种进化计算技术。该算法从鸟类的捕食行为出发，主要应用于最优化算法，其基本思路是利用种群内个体间的合作与信息分享来寻求最优解。粒子群算法具有简单、易于实现、不需要调整太多参数的优点，当前已被广泛用于函数优化、神经网络训练、模糊控制等领域[21]。

鸟类、鱼类、浮游生物等是常见的群居动物，其群居行为有助于其寻找食物，躲避天敌。它们的族群往往由数十个、数百个、数千个、数万个个体组成，而且往往没有统一的统领。那它们是怎样进行集合、移动的呢？想象一下，一群鸟正在一块区域内随意地寻找食物，但这块区域内只有一块食物，没有一只鸟知道它在什么地方。不过，它们知道自己现在所处的位置与食物之间的相对距离。那么，怎样才能最好地找到食物呢？最容易和最有效率的方法，就是搜索那些现在最接近食物的鸟所在的区域[22]。

Millonas 在开发人工生命算法时（1994 年），提出群体智能的概念并提出以下 5 点原则。

（1）接近性原则：群体应能够实现简单的时空计算。

（2）优质性原则：群体能够响应环境要素。

（3）变化相应原则：群体不应把自己的活动限制在一个狭小的范围内。

（4）稳定性原则：群体不应每次随环境改变自己的模式。

（5）适应性原则：群体的模式应在计算代价值的时候改变。

社会组织的全局行为是由群体内个体行为以非线性方式呈现的。个体间的交互作用在构建群体行为中起到了重要的作用。人们从不同的群体研究中得到了不同的应用。最引人注目的是对蚁群和鸟群的研究，其中粒子群算法就是通过模拟鸟群的社会行为发展而来的。

　　Reynolds、Heppner 和 Grenader 等人提出了一种鸟类群体行为的模拟方法。他们发现，鸟类在飞行的时候有一个规律，即它们会同时改变方向——分散开来或者聚集在一起。因此，必然有一种潜藏的力量或者规则来确保这种行为的同步。他们一致认为，以上行为是在不可预知的鸟类社会行为中的群体动态学的基础上完成的。这些早期的模型仅依赖个体间距的操作，也就是说，这种同步是鸟群中个体之间努力保持最优距离的结果。

　　生物社会学家 E. O. Wilson 对鱼群进行了研究。他提出："至少在理论上，鱼群的个体成员能够受益于群体中其他个体在寻找食物过程中的发现和以前的经验，这种受益超过了个体之间的竞争所带来的利益消耗。"这说明，同种生物之间信息的社会共享能够带来好处。

　　以上的研究构成了粒子群算法的基础。如果，将飞行的鸟类抽象为没有质量与体积的微粒（点），并延伸到 N 维空间，粒子 I 在 N 维空间的位置表示为向量 $X_i = (x_1, x_2, \cdots, x_N)$，飞行速度表示为向量 $V_i = (v_1, v_2, \cdots, v_N)$；每个粒子都有一个由目标函数决定的适应度（fitness value），并且知道自己到目前为止发现的最好位置 p_{best} 和现在的位置 X_i，这可以看作粒子自己的飞行经验。除此之外，每个粒子还知道到目前为止，整个群体中所有粒子发现的最好位置 g_{best}（g_{best} 是 p_{best} 中的最好值），这可以看作粒子同伴的经验。粒子通过自己的经验和同伴中最好的经验来决定自己下一步的运动。

　　粒子群算法初始化为一群随机粒子（随机解），然后通过不断迭代找到最优解，每次迭代时，粒子都会追踪两个"极值"（p_{best} 和 g_{best}），从而不断更新自身。当确定了这两个最优解之后，该粒子就会根据以下公式调整自身的运动速度和运动位置：

$$V_i = V_i + c_1 \times \text{rand}() \times (p_{best} - X_i) + c_2 \times \text{rand}() \times (g_{best} - X_i)$$

$$(7.3.4)$$

$$X_i = X_i + V_i \qquad\qquad (7.3.5)$$

式中，$i = 1, 2, \cdots, M$，M 是该群体中粒子的总数；V_i 是粒子的速度；p_{best} 和 g_{best} 定义如前；rand() 是介于 [0, 1] 之间的随机数；X_i 是粒子的当前位置；c_1 和 c_2 是学习因子，通常取 $c_1 = c_2 = 2$。在每一维，粒子都有一个最大限制速度 V_{max}，如果某一维的速度超过设定的 V_{max}，那么这一维的速度大小就被限定为 $V_{max}(V_{max} > 0)$。

从社会学的角度来看，式（7.3.4）的第一部分称为记忆项，表示上次速度大小和方向的影响；式（7.3.4）第二部分称为自身认知项，是从当前点指向粒子自身最好点的一个向量，表示粒子的动作来源于自己经验的部分；式（7.3.4）的第三部分称为群体认知项，是一个从当前点指向群体最好点的向量，反映了粒子间的协同合作和知识共享。粒子通过自己的经验和同伴中最好的经验来决定自己下一步的运动。

1998 年，Shi 等人在进化计算国际会议上发表了一篇题为 "*A modified particle swarm optimizer*" 的论文[23]，对式（7.3.4）进行了修正，引入惯性权重因子 ω，使式（7.3.4）变成下面的公式：

$$V_i = \omega V_i + c_1 \times \text{rand}(\ ) \times (p_{\text{best}} - X_i) + c_2 \times \text{rand}(\ ) \times (g_{\text{best}} - X_i)$$

$$(7.3.6)$$

式中，ω 非负，称为惯性权重因子。

式（7.3.5）和式（7.3.6）构成了标准的粒子群算法。若 ω 值较大，则全局寻优能力强，局部寻优能力弱；若 ω 值较小，则反之（局部寻优能力强，全局寻优能力弱）。

初始时，Shi 等人将 ω 取为常数，后来经试验发现，动态 ω 能够获得比固定值更好的寻优结果。动态 ω 可以在粒子群优化搜索过程中线性变化，也可根据粒子群优化性能的某个测度函数动态改变。目前，采用较多的是 Shi 等人建议的线性递减权值（Linearly Decreasing Weight，LDW）策略

$$\omega^{(t)} = (\omega_{\text{ini}} - \omega_{\text{end}})(G_k - g)/G_k + \omega_{\text{end}} \qquad (7.3.7)$$

式中，G_k 为最大进化代数；ω_{ini} 为初始惯性权值；ω_{end} 为迭代至最大代数时的惯性权重因子。典型取值为 $\omega_{\text{ini}} = 0.9$，$\omega_{\text{end}} = 0.4$。

惯性权重因子 ω 的引入使粒子群算法的性能有了很大的提高，针对不同的搜索问题，可以调整全局和局部搜索能力，也使粒子群算法能成功地应用于很多实际问题。

标准粒子群算法的流程如下。

（1）初始化一群微粒（群体规模为 m），包括随机位置和速度。

（2）评价每个微粒的适应度。

（3）对每个微粒，将其适应度与其所经过的最好位置 p_{best} 做比较，如果优于往次 p_{best}，则将当前的值更新为最好位置 p_{best}。

（4）对每个微粒，将其适应度与其经过的最好位置 g_{best} 做比较，如果

优于往次 g_{best} 则将当前的值更新为最好位置 g_{best}。

（5）根据式（7.3.5）、式（7.3.6）调整微粒的速度和位置。

（6）若未达到迭代终止条件，则转到步骤（2）。

（7）结束。

迭代终止条件根据具体问题一般选为最大迭代次数 G_k 或（和）粒子群迄今为止搜索到的最优位置满足的预定最小适应阈值。

7.4　神经网络及其多传感器数据融合算法

7.4.1　神经网络概述

神经网络最早的研究是在 20 世纪 40 年代由心理学家 Mculloch 和数学家 Pitts 合作提出的。他们提出的 MP 模型拉开了神经网络研究的序幕。

神经网络的发展大致经过 3 个阶段。①1947—1969 年为初期，科学家们提出了许多神经元模型和学习规则，如 MP 模型、HEBB 学习规则和感知器等。②1970—1986 年为过渡期，神经网络研究经过了一个低潮后继续发展。在此期间，科学家们做了大量的工作，如 Hopfeild 教授对网络引入能量函数的概念，给出了网络的稳定性判据，提出了用于联想记忆和优化计算的途径。1984 年，Hiton 教授提出 Boltzman 机模型。1986 年，Kumelhary 等人提出误差反向传播神经网络，简称 BP 网络。③1987 年至今为发展期，神经网络受到重视，各个国家都展开研究，形成神经网络发展的又一个高潮。BP 神经网络算法流程如图 7.4.1 所示。

神经网络具有以下优点。

（1）可以充分逼近任意复杂的非线性关系。

（2）具有很强的鲁棒性和容错性，其原因为信息分布存储于神经网络内的神经元中。

（3）采用并行处理方法，计算速度快。

（4）具有自学习和自适应能力，可以处理不确定或不知道的系统。

（5）具有很强的信息综合能力，能够同时处理定量和定性的信息，能很好地协调多种输入关系，适用于多信息融合和多媒体技术[24]。

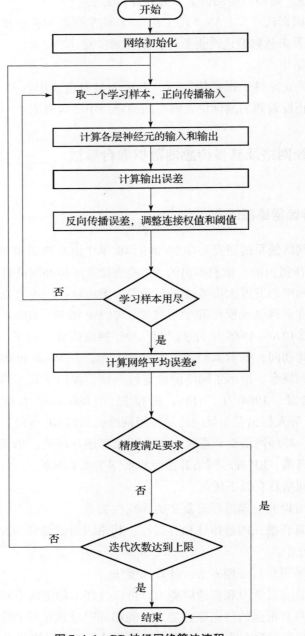

图 7.4.1 BP 神经网络算法流程

7.4.2　BP 神经网络与多传感器数据融合算法

　　假设传感器分别为雷达和红外传感器，雷达可以提供目标视线方向的方位角、俯仰角和速度观测值；红外传感器提供方位角和俯仰角信息以及图像信息。雷达可测角、测距，但测角精度较低；红外传感器具有测角精度高的特点，但不能测距。把两者结合起来使用，就可以实现性能互补，从而提高对目标的跟踪能力。因为红外传感器的数据传输速率比雷达的数据传输速率高，所以红外传感器测量数据还须经过异步融合处理才能与雷达测量数据保持同步。神经网络数据融合示意如图 7.4.2 所示。

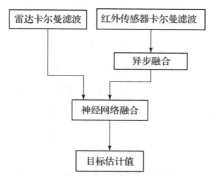

图 7.4.2　神经网络数据融合示意框

　　假定系统的状态方程和观测方程如下所示：

$$\begin{cases} \boldsymbol{X}(k+1) = \boldsymbol{\Phi}(k+1,k)\boldsymbol{X}(k) + \boldsymbol{U}(k)\,\bar{a} + \boldsymbol{W}(k), \\ \boldsymbol{Z}(k) = \boldsymbol{H}(k)\boldsymbol{X}(k) + \boldsymbol{V}(k) \end{cases} \tag{7.4.1}$$

　　设 N 是雷达采样周期 $\Delta\tau$ 与红外传感器采样周 ΔT 之比，即 $N = \Delta\tau/\Delta T$。设雷达跟踪滤波器对目标状态的最近一次更新时间为 $(k-1)\Delta\tau$，雷达下次更新时间为 $k = (k-1)\Delta\tau + N\Delta T$，这就意味着在连续两次雷达观测目标状态更新之间，红外传感器有 N 次测量值。可以采用最小二乘法，先对红外传感器数据自行滤波，再与雷达共同获得的测量值进行融合。

　　在进行了有效的时间与空间配准之后，可以使用下式对雷达和红外传感器的观测值进行融合计算：

$$\boldsymbol{Z}(k) = \alpha\boldsymbol{Z}_{\text{radar}}(k) + (1-\alpha)\boldsymbol{Z}_{\text{ir}}(k) \tag{7.4.2}$$

式中，α 为权值，可以依据雷达和红外传感器的精度，作为先验概率值来

确定其大小。设被观测目标的典型离散化状态方程和观测方程分别为

$$
\begin{cases}
\boldsymbol{X}(k+1) = \boldsymbol{\Phi}(k+1,k)\boldsymbol{X}(k) + \boldsymbol{U}(k)\,\bar{a}\, + \boldsymbol{W}(k), \\
\boldsymbol{Y}(k) = \boldsymbol{H}(k)\boldsymbol{X}(k) + \boldsymbol{V}(k)
\end{cases}
\tag{7.4.3}
$$

式中，$\boldsymbol{X}(k) = [\boldsymbol{x}(k),\dot{\boldsymbol{x}}(k),\ddot{\boldsymbol{x}}(k)]^{\mathrm{T}}$ 为状态变量，$\boldsymbol{x}(k)$，$\dot{\boldsymbol{x}}(k)$ 和 $\ddot{\boldsymbol{x}}(k)$ 分别为目标的位置、速度和加速度；$\boldsymbol{\Phi}(k+1,k)$ 为状态转移矩阵；$\boldsymbol{U}(k)$ 为输入矩阵；$\boldsymbol{W}(k)$ 为状态噪声矩阵，此处假设其为离散时间白噪声序列，均值为零，方差为 $\boldsymbol{Q}(k) = 2\alpha\sigma_a^2\boldsymbol{Q}_0$；$\boldsymbol{V}(k)$ 是均值为零、方差为 $\boldsymbol{R}_k$ 的观测噪声矩阵。

假设 $\Delta\hat{\boldsymbol{x}}(k) = |\hat{\boldsymbol{x}}(k|k) - \hat{\boldsymbol{x}}(k|k-1)|$，则 BP 神经网络的输出为

$$
\boldsymbol{O}_{\mathrm{net}} = \begin{cases}
1, \Delta\hat{\boldsymbol{x}}(k) = \infty, \\
\boldsymbol{W}, \text{其他}, \\
0, \Delta\hat{\boldsymbol{x}}(k) = \boldsymbol{0},
\end{cases}
\tag{7.4.4}
$$

采用双滤波器交互混合结构，BP 神经网络基于滤波器 F_1 选择速度的预测值与滤波值及相应的输出进行离线训练，样本由仿真得出。

训练好的网络会根据加速度方差在线自动调节网络输出，网络输出反馈给滤波器 F_2，再融合 F_2 的加速度方差调整系统方差，以适应目标的各种机动变化。滤波器 F_2 的输出变量即系统最终的融合输出滤波值。

数据融合算法的卡尔曼滤波公式如下：

$$
\begin{cases}
\hat{\boldsymbol{X}}_i(k|k) = \hat{\boldsymbol{X}}_i(k|k-1) + \boldsymbol{K}_i(k)[\boldsymbol{Y}(k) - \boldsymbol{H}(k)\hat{\boldsymbol{X}}_i(k|k-1)] \\
\boldsymbol{X}_i(k|k-1) = \boldsymbol{\Phi}_1(T)\boldsymbol{X}_i(k-1|k-1) \\
\boldsymbol{K}_i(k) = \boldsymbol{P}_i(k|k-1)\boldsymbol{H}^{\mathrm{T}}(k) \times [\boldsymbol{H}(k)\boldsymbol{P}_i(k|k-1)\boldsymbol{H}^{\mathrm{T}}(k) + \boldsymbol{R}(k)]^{-1} \\
\boldsymbol{P}_i(k|k-1) = \boldsymbol{\Phi}(k,k-1)\boldsymbol{P}_i(k-1|k-1)\boldsymbol{\Phi}^{\mathrm{T}}(k,k-1) + \boldsymbol{Q}_i(k-1) \\
\boldsymbol{P}_i(k|k) = [\boldsymbol{I} - \boldsymbol{K}_i(k)\boldsymbol{H}(k)]\boldsymbol{P}_i(k|k-1) \\
i = 1,2
\end{cases}
\tag{7.4.5}
$$

式中，$\boldsymbol{Q}_i(k) = 2\alpha\sigma_{ai}^2\boldsymbol{Q}_0$，$i = 1,2$；$\sigma_{a1}^2(k) = 2|\hat{\boldsymbol{x}}_1(k/k) - \hat{\boldsymbol{x}}_1(k/k-1)|$；$\sigma_{a2}^2 = \boldsymbol{O}_{\mathrm{net}}\sigma_{a\mathrm{NAF}}^2$（其中 $\sigma_{a\mathrm{NAF}}^2$ 是新的跟踪算法的加速度方差）。

滤波器 F_2 输出 $\hat{X}_2(k/k)$，即系统经过神经网络融合后的最终输出滤波值[25]。

7.5　深度学习及其多传感器数据融合算法

7.5.1　深度学习概述

深度学习（Deep Learning，DL）又称为 DNN，是人工神经网络不断深入研究发展的成果。几十年来通过不断总结经验，人们逐渐发现人工神经网络系统随着隐含层数的增加，其表达能力不断提高，从而能够完成更复杂的分类任务，逼近更复杂的数学函数模型。网络模型经过"学习"后得到的特征或者信息，分布式存储在连接矩阵中，"学习"后的神经网络具有特征提取、学习概括、知识记忆等能力。由于深度学习有更显著的"智能"性，所以有很多学者尝试将其应用到数据融合算法中，以提升多传感器数据融合的准确度[26]。

在人工神经网络中，随着层数的增加，神经网络的"训练"难度也迅速提高。采用 BP 算法进行神经网络训练，常常会受到梯度扩散的影响而导致收敛极其缓慢，甚至陷入局部极值点。由于人们没有找到有效的方法解决这一难题，所以人工神经网络的发展在很长一段时间内停滞不前。2006 年，多伦多大学（University of Toronto）的 Geoffrey Hinton 教授在《科学》（*Science*）杂志上发表题为 "*Reducing the dimensionality of data with neural networks*" 以及 "*Deep Belief Networks*" 的论文[27]，开启了深度学习的研究浪潮。这两篇论文指出，传统人工神经网络增加层数导致无法有效训练的瓶颈，可以通过"逐层初始化"的训练方法来克服；含有多隐含层的人工神经网络比含有单隐含层的人工神经网络具有更强的特征学习能力；通过自主学习得到的特征，能够更深刻地反映数据的本质。

2011 年以来，深度学习再次取得历史性突破，并广泛应用于计算机视觉、语音识别、自然语言处理、音频识别与生物信息学等诸多领域。在 2014 年举行的 ImageNet 挑战赛中，绝大多数参赛队伍都开始抛弃传统方法而采用了 CNN，或者将传统方法与 CNN 结合；2015 年，Yann LeCun、

Yoshua Bengio 和 Geoffrey Hinton 三位教授一起在《自然》(*Nature*) 杂志上发表了一篇题为 "*Deep Learning*" 的综述文章[28]，对深度学习理论与方法进行了系统而全面的介绍。2016 年 3 月，基于深度学习算法的 Alpha Go 战胜了围棋名将李世石，深度学习从此变得家喻户晓，逐渐走进人们生活中的各个领域。

在科研领域，深度学习也越来越受到科研人员的重视。从 2015 年起，在以计算机视觉与模式识别 (Computer Vision and Pattern Recognition, CVPR) 为代表的各类国际计算机视觉顶级会议上，关于深度学习的研究成果较往年有了大幅增加。

7.5.2 深度学习在多传感器数据融合中的应用

多传感器数据 (例如红外图像和可见光图像) 已被用于增强人类视觉感知、目标检测与目标识别方面的性能。其中，红外图像可捕获目标的热辐射信息，可见光图像可捕获目标的反射光信息。这两种类型的图像可以提供具有互补属性的目标信息。在数据融合过程中，现有方法通常对不同的源图像使用相同的变换或表示方法，但是红外图像中的热辐射和可见光图像中的外观是两种不同现象的体现，不可能同时适用于红外图像和可见光图像。大多数现有方法中的数据融合规则仍是按照传统方法以人工方式设计规定的，并且变得越来越复杂，具有实施难度大和计算成本高的局限性。本节介绍一种基于生成对抗网络的红外图像与可见光图像融合算法 FusionGAN，它将图像融合理解为保留红外热辐射信息与保留可见外观纹理信息之间的对抗博弈过程。其中，生成模型尝试生成以红外热辐射信息为主、附加可见光信息的融合图像；判别模型的目的是使生成的融合图像具有更多的纹理细节，从而使融合图像可以同时保留红外图像中的热辐射信息和可见光图像中的纹理细节信息[29,30]。

1. 训练与测试过程

首先，以通道数为基准，合并红外图像 I_r 与可见光图像 I_v，并输入生成模型 G_{θ_G}。生成模型 G_{θ_G} 的输出图像称为融合图像 I_f。I_f 倾向于保留红外图像 I_r 的热辐射信息，同时保留了可见光图像的梯度信息。然后，将融合图像 I_f 与可见光图像 I_v 输入判别模型 D_{θ_D}，使其能够具有分辨融合图像 I_f 与可见光

图像 I_v 的能力。因此，融合图像 I_f 将逐渐包含可见光图像中越来越多的精细纹理信息。在训练过程中，当生成模型 G_{θ_G} 的输出图像不能被判别模型 D_{θ_D} 区分时，则可认为生成模型 G_{θ_G} 输出的图像为真实融合图像。

在测试或实际应用中，只需将融合图像 I_f 与可见光图像 I_v 在通道维度级联后的图像，输入训练完成的生成模型 G_{θ_G}。生成模型 G_{θ_G} 的输出就是最终的融合结果。

2. 生成模型的损失函数

FusionGAN 中的损失函数由两部分组成：生成模型 G_{θ_G} 的损失函数与判别模型 D_{θ_D} 的损失函数。生成模型 G_{θ_G} 的损失函数 L_G 包含两项：

$$L_G = V_{\text{FusionGAN}}(G) + \lambda L_{\text{content}} \tag{7.5.1}$$

L_G 中的第一项 $V_{\text{FusionGAN}}(G)$ 为生成模型 G_{θ_G} 与判别模型 D_{θ_D} 的对抗损失：

$$V_{\text{FuionGAN}}(G) = \frac{1}{N}\sum_{n=1}^{N}\left[D_{\theta_D}(I_f^n) - c\right]^2 \tag{7.5.2}$$

式中，I_f^n 表示对应红外图像 I_r^n 与可见光图像 I_v^n 的第 n 张融合图像，$n \in \{1, 2, \cdots, N\}$；$N$ 为融合图像的总数量；c 为生成模型 G_{θ_G} 判定判别模型 D_{θ_D} 所生成的"假"融合图像数据为真时的阈值。

L_G 中的第二项 L_{content} 为内容损失，λ 为对抗损失 $V_{\text{FusionGAN}}(G)$ 与内容损失 L_{content} 之间关系的超参数。由于红外图像的热辐射信息由其像素强度来表征，可见图像的纹理细节信息可以由其梯度部分表征，所以要求融合图像 I_f 同时具有与红外图像 I_r 相似的强度以及与可见光图像 I_v 相似的梯度。内容损失 L_{content} 的表达式为

$$L_{\text{content}} = \frac{1}{HW}\left(\parallel I_f - I_r \parallel_F^2 + \xi \parallel \nabla I_f - \nabla I_v \parallel_F^2\right) \tag{7.5.3}$$

式中，H 与 W 表示图像的高与宽所占像素的个数；∇ 表示梯度算子；ξ 为正实数超参数；$\parallel \cdot \parallel_F$ 表示任意矩阵的 Frobenius 范数，它可以定义为矩阵各项元素的绝对值平方的总和：

$$\parallel A \parallel_F = \sqrt{\sum_i \sum_j |a_{i,j}|^2} \tag{7.5.4}$$

L_{content} 的第一项用于将红外图像 I_r 的热辐射信息保留在融合图像 I_f 中；L_{content} 的第二项用于在融合图像 I_f 中保留可见光图像 I_v 所包含的梯度信息。

3. 判别模型的损失函数

通过分析生成模型 G_{θ_G} 的损失函数 L_G 可知，即使没有判别模型 D_{θ_D}，仍然可以获得融合图像，并将红外图像中的热辐射信息和可见光图像中的梯度信息进行保留。然而，仅此是不够的，因为仅使用梯度信息无法完全表征可见光图像中的纹理细节。因此，可以通过生成模型 G_{θ_G} 和判别模型 D_{θ_D} 之间的博弈，基于可见光图像 I_v 来调整融合图像 I_f，从而使融合图像 I_f 包含更多纹理细节。判别模型 D_{θ_D} 的损失函数表达式为

$$L_D = \frac{1}{N} \sum_{n=1}^{N} \left[D_{\theta_D}(I_v) - b \right]^2 + \frac{1}{N} \sum_{n=1}^{N} \left[D_{\theta_D}(I_f) - a \right]^2 \qquad (7.5.5)$$

式中，a 和 b 分别为融合图像 I_f 与可见光图像 I_v 的标签；$D_{\theta_D}(I_v)$ 与 $D_{\theta_D}(I_f)$ 分别为可见图像和融合图像的分类结果。

参 考 文 献

[1] 耿海建. 毫米波红外复合敏感器信号处理系统研究[D]. 南京：南京理工大学，2008.

[2] SHAFER G. A mathematical theory of evidence, vol. 42 [M]. Princeton University Press, Princeton, 1976.

[3] FIXSEN D. MAHLER R P S. The modified dempster - shafer approach to classification[J]. Syst. Man Cybernetics Part A, 1997, 27(1):96 - 104.

[4] 吴怡之. 面向智能服装的体域传感器网络信息融合研究[D]. 上海：东华大学，2009.

[5] FAN X. GUO Y. JU Y, et al. Multi sensor fusion method based on the belief entropy and DS evidence theory[J]. Sens. , 2020.

[6] DEMPSTER A P. Upper and lower probabilities induced by a multivalued mapping[J]. Ann. Math. Stat. , 1967, 38(2):325 - 339.

[7] 朱小兵. 基于统计随机性的 Hash 函数安全评估模型研究[D] 成都：西南交通大学，2012.

[8] 胡皓. 混合变量级数若干收敛性概念[D]. 南京：南京理工大学，2008.

[9] 栾佳璇. Cantor 集与 Cantor 函数性质探究[J]. 应用数学进展，2021，10

(4):1222 – 1228.

[10]李翠香,石凌,刘丽霞. Cantor 集的性质及应用[J]. 大学数学,2011,27
(2):156 – 158.

[11]ZADEH L A. Fuzzy sets[J]. Information and Control. 1965,8(3):338 – 353.

[12] MAMDANI E. Applications of fuzzy algorithm for control of a simple
dynamic plant[J]. Proceedings of IEEE,1974:121.

[13]RICHARD M T,PIERO P B. A linguistic approach to decisionmaking with fuzzy
sets[J]. IEEE Trans. Syst. Man Cybern,1980,10(11):716 – 723.

[14] LIU Y B, QIAO Z N, ZHAO Z J, et al. Comprehensive evaluation of
Luzhou – flavor liquor quality based on fuzzy mathematics and principal
component analysis[J]. Food Sci Nutr,2022,10(6):1780 – 1788.

[15]DONG C Q,BI K X. A low – carbon evaluation method for manufacturing
products based on fuzzy mathematics[J]. Syst Sci Control Eng,2020,8(1):
153 – 161.

[16]董立波. 模糊 PID 在配料秤系统中的设计与应用[D]. 太原:太原理工
大学,2010.

[17] HOLLAND J H. Adaptation in natural and artificial systems [M]. Ann
Arbor:University of Michigan Press,1975.

[18]DEJONG K A. The analysis of the behavior of a class of genetic adap – tive
systems[D]. Ann Arbor:University of Michigan,1975.

[19]GOLDBERG D E. Genetic algorithms in search,optimization and ma – chine
learning[M]. Boston:Addison – Wesley Longman Press,1989.

[20]张文修,梁怡. 遗传算法的数学基础[M]. 西安:西安交通大学出版社,
2000. A.

[21]KENNEDY J,EBERHART R. Particle swarm optimization[C]// Proceedings
of the 1995 ICNN'95 – international conference on neural networks.
Piscataway:IEEE,1995,4:1942 – 1948.

[22]EBERHART R,KENNEDY J. A new optimizer using particle swarm theory
[C]//Proceedings of the 1995 MHS'95. Proceedings of the sixth
international symposium on micro machine and human science. Piscataway:
IEEE,1995:39 – 43.

[23] SHI Y, EBERHART R. A modified particle swarm optimizer [C]//1998 IEEE. International Conference on Evloutionary Computation Proceedings. IEEE World Congress on Computational Intelligence(Cat. No. 98 HT8360). IEEE,1998:69 – 73.

[24] AREL I, ROSE D C, KARNOWSKI T P. Deep machine learning: A new frontier in artificial intelligence research[J]. IEEE Computational Intelligence Magazine,2010,5(4):13 – 18.

[25] BENGIO Y. Learning deep architectures for AI[M]. Hanover, MA, USA: Now Publishers Inc,2009.

[26] 王乃钰,叶育鑫,刘露,等. 基于深度学习的语言模型研究进展[J]. 软件学报,2021,32(4):1082 – 1115.

[27] HINTON G E, SALAKHUTDINOV R R. Reducing the dimensionality of data with neural networks. Science,2006,313(5786):504 – 507.

[28] LECUN Y, BENGIO Y, HINTON G. Deep Learning[J]. Nature,2015,521 (7553):436 – 444.

[29] GRAVINA R, ALINIA P, GHASEMZADEH H, et al. Multi – sensor fusion in body sensor networks: State – of – the – art and research challenges[J]. Information Fusion,2017,35:68 – 80.

[30] KONG F, ZHOU Y, CHEN G. Multimedia data fusion method based on wireless sensor network in intelligent transportation system[J]. Multimedia Tools and Applications,2020,79:35195 – 35207.

第 8 章　无人平台多源导航系统设计与实现

　　无人平台多源导航系统设计主要包括系统软件设计、硬件设计和多源导航信息数据融合实现 3 个方面的体系架构。以无人车为例，系统软件设计包括模块划分、信息流程和接口设计等；系统硬件设计包括车载计算单元、定位系统、IMU、摄像头等硬件的选择、配置和集成等；最后，通过合适的算法和模型，将来自不同源头的导航信息有机地结合起来，生成准确且全面的导航结果。

　　本章节设计与实现一个完整的无人平台多源导航系统，为无人车等无人平台提供精确的导航服务。无人平台多源导航系统软件设计和硬件设计相辅相成，通过数据融合提供准确的导航结果。

8.1　无人平台多源导航系统软件设计

　　底层适配控制器为无人平台上层应用提供数字化（CAN）的控制接口，上层应用通过指令即可实现无人平台的控制。以无人车为例，底层适配控制器为上层提供的功能主要有以下几种。

　　（1）挡位、加速、制动、转向安全功能的控制。

　　（2）整车系统状态的采集，主要包括无人平台的姿态角、速度、电量等。

　　（3）设备电源管理，其中设备包括激光雷达、差分 GPS、照明装置等。

　　（4）硬件层面紧急制动信号的接入和处理。

　　（5）具备手动驾驶和自动驾驶两种工作模式。

　　（6）简化上层控制的辅助驾驶系统，如 CCS。

（7）保证无人车稳定行驶的主动安全系统。

底层适配控制器硬件系统采用车规级处理器，遵循国际标准化组织 ISO 26262 汽车设计标准。底层适配控制器软件系统的设计目标如下。

（1）稳定、安全。

（2）应用、驱动层级清晰。

（3）应用模块化设计好，拓展性强。

（4）对指令的响应速度快。

（5）提供安全功能冗余。

（6）具有实时的软、硬件检测机制。

8.1.1 底层适配控制器软件系统架构

底层适配控制器软件系统架构如图 8.1.1 所示。应用层指用户程序；中间层包括 BSP、μCOS 嵌入式操作系统和 CSL；底层为硬件系统。本节主要介绍应用层程序设计。

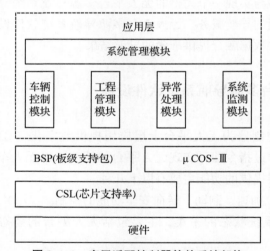

图 8.1.1 底层适配控制器软件系统架构

1. 应用层程序设计

为了满足前面所述的功能要求，底层适配控制器软件系统分为 5 个模块，分别为系统管理模块、车辆控制模块、工程管理模块、异常处理模块、系统监测模块。底层适配控制器软件系统采用模块化分层设计。从分层角度来看，系统管理模块属于较高的层次，享有较高的执行优先级，其他4个模块属于较低的层次，优先级别低于系统管理模块。

1）系统管理模块

系统管理模块为系统的管理者。系统管理模块负责协调其余4个模块的运行，维护底层适配控制器的工作模式。其他各模块的运行须由系统管理模块调度。当需要进行车辆控制时，系统管理模块授权车辆控制模块接收或采集上层应用的控制数据或操控信息进行车辆控制。当需要进行工程管理时，系统管理模块授权工程管理模块接收上层指令，根据上层指令进行工程管理。在自动模式下系统管理模块接收到异常报告时，授权异常处理模块处理异常信号。系统管理模块所具有的功能包括：协调其他模块运行；接收异常报告并处理异常；维护底层适配控制器。

系统管理模块工作流程如图8.1.2所示。

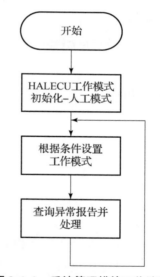

图 8.1.2　系统管理模块工作流程

2）车辆控制模块

车辆控制模块在人工模式下，采集驾驶员操控信息，根据驾驶员操控信息控制车辆运行。在自动模式下车辆控制模块接收上层应用的控制数据，根据上层应用的控制数据控制车辆运行。车辆控制模块具有两种执行模式：人工模式和自动模式。人工模式运行在底层适配控制器处于手动模式下时，自动运行模式运行在底层适配控制器处于自动模式下时。

车辆控制模块工作流程图如图 8.1.3 所示。

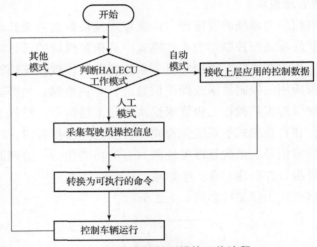

图 8.1.3　车辆控制模块工作流程

3）工程管理模块

工程管理模块具有如下功能。

（1）授权。

（2）系统自检。

（3）模块校准。

（4）模块测试。

（5）系统参数配置。

（6）软件系统升级。

工程管理模块在底层适配控制器处于工程模式时运行。当底层适配控制器处于工程模式时，工程管理模块负责与上层应用进行实质性的数据交互。工程管理模块根据应用层指令选择执行方法，如系统自检等。工程管理模块工作流程如图 8.1.4 所示。

4）异常处理模块

当系统出现异常时，系统管理模块设置底层适配控制器工作模式为异常模式，并将异常信号编号并发送给异常处理模块，异常处理模块根据该编号执行异常处理方法。异常处理模块工作流程如图 8.1.5 所示。

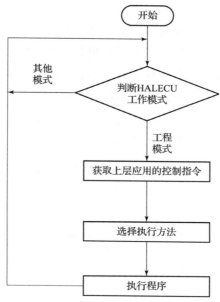

图 8.1.4　工程管理模块工作流程

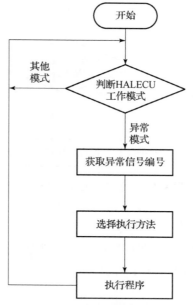

图 8.1.5　异常处理模块工作流程

5）系统监测模块

系统监测模块负责系统状态的采集和监测。当系统监测模块检测到系统异常时，将异常向量发送给系统管理模块，由系统管理模块进行协调处理。系统监测模块所需采集的状态信息包括：挡位、加速、转向、制动状态信息，车速、电量、车辆姿态状态信息，底层适配控制器软、硬件状态信息等。系统监测模块对这些信息进行实时监测，保证车辆状态正常。系统监测模块工作流程如图 8.1.6 所示。

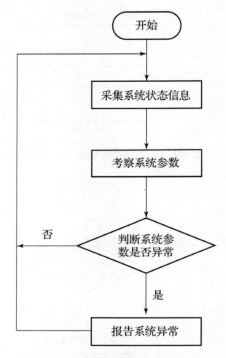

图 8.1.6 系统监测模块工作流程

2. 底层适配控制器工作模式

底层适配控制器具有 4 种工作模式，分别为人工模式、自动模式、异常模式和工程模式，如表 8.1.1 所示。

表 8.1.1　底层适配控制器工作模式

工作模式	功能
人工模式	在人工模式下，底层适配控制器实时采集加速、挡位等信息，根据采集到的信息控制车辆运行，起到桥接作用
自动模式	在自动模式下，ECU 以中断方式接收上层指令，解析、并执行。上层应用通过底层适配控制器实现对无人车挡位、加速、转向和制动等功能的间接控制。自动模式下底层适配控制器实时检测系统运行状态，当检测到严重的错误时底层适配控制器进入异常模式，处理异常错误
异常模式	当异常信号（如急停开关）有效时，底层适配控制器进入异常模式处理异常信号，例如急停开关信号使能。底层适配控制器在保证车辆安全、稳定的前提下，尽快使车辆停止运动，并保持停止状态。异常信号不仅包含急停开关信号，还包括来自底层适配控制器内、外部的异常状态信息。底层适配控制器出现软件、硬件或外围设备故障都会引起异常信号有效，使底层适配控制器进入异常模式。在异常模式下，不同的异常信号对应不同的处理措施
工程模式	①授权；②系统自检；③模块校准；④模块测试；⑤系统参数配置；⑥软件系统升级

3. 工作模式状态转移图

底层适配控制器软件系统初始化完成后进入人工模式。底层适配控制器软件系统在其生命周期内任意时刻必定处于 4 种工作模式之一。图 8.1.7 所示为底层适配控制器的 4 种工作模式及切换条件。表 8.1.2 所示为底层适配控制器工作模式切换规则。

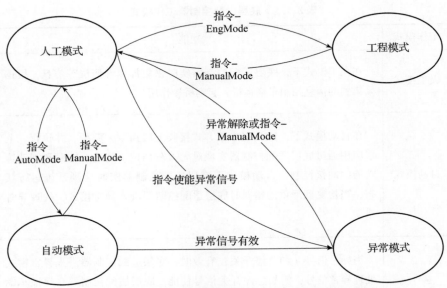

图 8.1.7　底层适配控制器的 4 种工作模式及切换条件

表 8.1.2　底层适配控制器工作模式切换规则

当前 工作模式	目标 工作模式	切换条件
人工模式	自动模式	①底层适配控制器已获得授权； ②底层适配控制器接收到上层应用控制指令 – 自动模式
人工模式	工程模式	底层适配控制器接收到上层控制指令 – 工程模式
人工模式	异常模式	上层应用使能某异常信号（主要用于测试）
自动模式	人工模式	底层适配控制器接收到上层控制指令 – 人工模式
自动模式	异常模式	自动模式下出现异常错误，且达到进入异常模式的错误级别
自动模式	工程模式	—
工程模式	人工模式	底层适配控制器接收到上层控制指令 – 人工模式
工程模式	自动模式	—
工程模式	异常模式	—

8.1.2　操作系统对比和选择

μCOS（micro – Controller Operating System）是一个可以基于 ROM 运行的、可裁剪的、抢占式的、实时多任务的内核，具有高度可移植性，特别适用于微处理器和控制器，以及与很多商业操作系统性能相当的实时操作系统（RTOS）[1]。为了提供最好的移植性能，μCOS 最大程度上使用 ANSI C 语言进行开发，并且已经移植到近 40 多种处理器体系上，涵盖了 8 ~ 64 位各种 CPU（包括 DSP）。μCOS 可以简单地视为一个多任务调度器，在这个任务调度器之上完善并添加了和多任务操作系统相关的系统服务，如信号量、邮箱等。其主要特点有公开源代码，代码结构清晰、明了，注释详尽，组织有条理，可移植性好，可裁剪，可固化。μCOS 属于抢占式内核，最多可以管理 60 个任务。从 1992 年开始，由于高度可靠性、鲁棒性和安全性，μCOS 已经广泛使用在从照相机到航空电子产品等各种设备中[2]。

几种操作系统的优、缺点分析如下。

1. 需求对比

操作系统对 Flash 和 RAM 需求对比如表 8.1.3 所示。

表 8.1.3　操作系统对 Flash 和 RAM 需求对比　　　　　　　kB

存储需求	RTX 系统	FreeRTOS 系统	μCOS – Ⅲ系统
Flash 需求	4	6 ~ 10	6 ~ 24
RAM 需求	512	1 以上	1 以上

2. 实时性对比

通过任务主动释放 CPU 权利来测试任务的切换速度。

测试条件：STM32F103VET6，Cortex – M3 内核，72 MHz。软件使用 MDK4.54，1 级优化。测试 10 000 次，2 ms 测试一次，然后求平均。表 8.1.4 所示为操作系统实时性要求，其中 Tick 为操作系统时钟节拍，1 Tick = 1 ms。

表 8.1.4　操作系统实时性要求　　　　　　　　　Tick

运算时间	RTX 系统	FreeRTOS 系统	μCOS - Ⅲ系统
耗时	252	514	354

3. 安全性对比

RTX、FreeRTOS 均无安全相关认证，μCOS 已获得美国 FAA、DO - 178BA 级认证，可用于航天器软件的开发。此外，μCOS 还获得 IEC - 61508 认证，适用于工业领域软件的开发。

综上，μCOS 虽然在 Flash 开销上占用了较多资源，但在安全性和稳定性上具有优势，故本书底层适配控制器采用 μCOS - Ⅲ实时操作系统[3]。

8.1.3　任务模块的划分和定义

基于 μCOS - Ⅲ，HALECU 软件系统线程关系如图 8.1.8 所示。

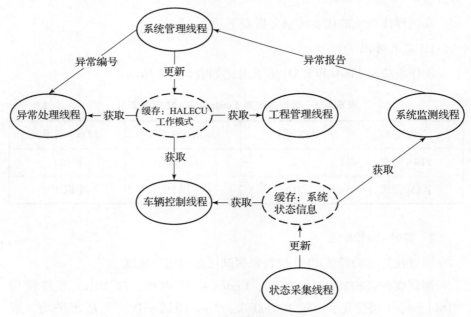

图 8.1.8　HALECU 软件系统线程关系

各线程优先级定义如表 8.1.5 所示。

表 8.1.5　各线程优先级定义

线程	任务主函数名称	优先级别
系统管理线程	Tsk_SysManager	6（高）
异常处理线程	Tsk_UStateHandler	7
车辆控制线程	Tsk_VchicleController	8
状态采集线程	Tsk_SysStatusGatherer	9
系统监测线程	Tsk_SysStatusMonitor	10
工程管理线程	Tsk_EngManager	11（低）

1. 系统管理线程

系统管理线程享有最高优先级，负责多线程的协调，属于系统管理模块。系统管理线程具有两个重要功能：一是根据 HALECU 当前工作模式和层制指令设置 HALECU 的工作模式；二是接收和处理异常报告。其中，上层指令接收流程如图 8.1.9 所示。

2. 异常处理线程

当系统出现故障时，系统管理线程设置 HALECU 工作模式为异常模式，并将异常编号发送至异常处理线程。异常处理线程接收异常编号并选择相应的算法执行。

3. 车辆控制线程

车辆控制线程在人工模式和自动模式下负责整车的控制，属于车辆控制模块。车辆控制线程的执行流程如图 8.1.10 所示。

4. 状态采集线程

状态采集线程只负责车辆系统的状态参数采集和各车载 ECU 状态的采集。状态采集线程定时地对这些状态进行收集，并将状态参数更新到指定缓存。

5. 系统监测线程

系统监测线程根据采集的系统状态参数，判断系统状态是否异常。若系统出现异常则将异常报告发送至系统管理线程。

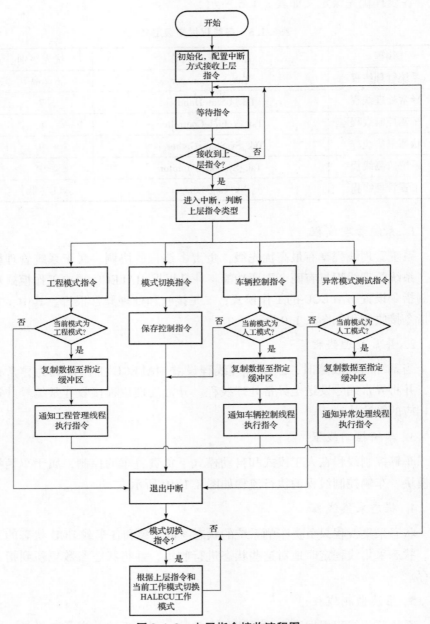

图 8.1.9 上层指令接收流程图

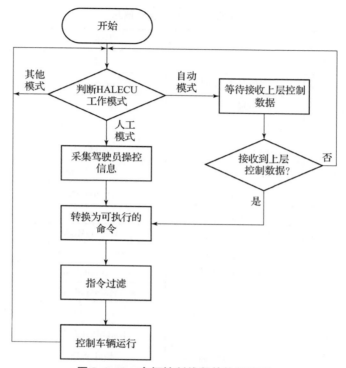

图 8.1.10　车辆控制线程的执行流程

6. 工程管理线程

工程管理线程的功能如下：①授权；②系统自检；③模块校准；④模块测试；⑤系统参数配置；⑥软件系统升级[4]。

8.1.4　线程间通信

为了提高系统运行效率，避免信息传递带来的延迟，底层适配控制器软件系统采用模块化设计，以降低数据的透明度，提高系统的稳定性。软件系统线程间传递的数据包括：系统状态信息、线程状态信息和系统模式信息[5]。

1. 系统状态信息

系统状态数据缓冲区为公共缓存，各线程均可获取。系统状态信息包含挡位状态、加速状态、制动状态、转向角度信息、ECU 状态、线程状态等，如表 8.1.6 所示。

表 8.1.6 系统状态信息

序号	类别	字段	表示字符	大小/B
1	标志位	标志位	flag	1
2	挡位	挡位故障代码	errorCode	2
3		挡位输入状态	gearInput	1
4		挡位输出状态	gearOutput	1
5	加速	加速故障代码	errorCode	2
6		加速踏板状态	acceleratorPedalSTS	1
7		加速输出状态	acceleratorSTS	1
8	转向	转向故障代码	errorCode	2
9		转向机工作模式	steeringMode	1
10		转向盘角度状态	steerAngleSTS	2
11		转向盘输入转矩	steerInputTorque	1
12		转向盘需求转速	steerDemandSpeed	1
13	制动	制动装置故障代码	errorCode	2
14		制动踏板状态	brakePedalSTS	1
15		实际制动状态	brakeSTS	1
16	开关组	开关组故障代码	errorCode	2
17		遥控急停开关状态	estopRemote	1
18		按钮急停开关状态	estopButton	1
19		模式切换开关状态	driveModeSwitch	1
20	整车	整车故障代码	errorCode	2
21		整车 ECU 状态	vcuSTS	2
22		速度	Speed	1
23		电池电量	Battery	1
24		横摆角	yawAngleAngle	2
25		俯仰角	pitchAngle	2
26		水平倾斜角	rollAngle	2

2. 线程状态信息

线程状态信息包含线程 ID 及该线程中使用到的硬件模块的状态信息，如表 8.1.7 所示。每个线程都有这样一个数据结构，由该线程维护。

表 8.1.7　线程状态信息

序号	字段	表示字符	大小/B
1	线程 ID	taskID	2
2	硬件模块状态	taskStatus	2

3. 系统模式信息

系统模式信息如表 8.1.8 所示。

表 8.1.8　系统模式信息

序号	字段	表示字符	大小/B
1	系统工作模式	sysMode	4

8.1.5　系统安全性设计

系统安全性设计如下。

1. 硬件级安全处理措施

底层适配控制器采用 TI‐Hercules 系列汽车级 CPU 设计，芯片满足 ISO26262 功能安全标准[6]。

Hercules MCU 在硬件中提供高诊断覆盖率，用户可以通过简化复杂的安全软件来优化性能。

（1）锁步 CPU‐1001D 安全概念。

（2）CPU 内置自检（BIST）控制器。

（3）闪存和 RAM 具备 ECC。

（4）CPU 中的 ECC 计算执行互连检查。

（5）CPU 和外设 RAM 具备存储器 BIST。

（6）时钟和电压监控。

（7）具有错误引脚的错误信令模块。

基于 TI‐Hercules 系列汽车级 CPU 设计，可保证底层适配控制器硬件平台的稳定性。首先，TI‐Hercules 系列汽车级 CPU 自身具备错误检测功能，满足功能安全标准；其次，以 TI‐Hercules 系列汽车级 CPU 为中心，实时检测外部电路的状态，确保外部电路的稳定性。底层适配控制器硬件平台的安全性是系统安全的核心。

2. 软件级安全处理措施

（1）底层适配控制器内部具备故障检测模块，用于实时检测各线程状态以及被控设备的状态，当系统出现故障时，底层适配控制器根据故障信息的危害等级采取对应的处理措施，以避免危险的发生。

（2）人为干预快速通道。底层适配控制器提供紧急停车的输入接口，响应时间在 10 ms 内。当操作人员发现危险时，可通过使能急停开关快速使车辆进入紧急制动模式[7]。

8.2　无人平台多源导航系统硬件设计

HALECU 的性能指标如表 8.2.1 所示。

表 8.2.1　**HALECU 的性能指标**

机械参数		电气参数	
外壳	铸铝	工作电压/V	6～32
接插件	80 脚针座，直角通孔，导轨	功耗/W	10
尺寸/ （mm×mm× mm）	232×191.5×45 （长×宽×高）	通信接口	3 路 CAN 2.0B， 1 路隔离 CAN 2.0B
防护等级	IP65	功能接口	1 路电子油门踏板， 双传感器接口
净重/kg	0.4		1 路电子制动踏板， 双传感器接口
温度/℃	工作温度：−40～100 储存温度：−40～120		1 路挡位器接口
			电动机控制器接口， 含 1 路专用隔离 CAN 2.0B
		扩展接口	6 路 12V 数字电平输入
			6 路 TTL 数字电平输出

8.2.1　单片机核心电路

单片机核心电路（图 8.2.1）由以下几部分组成。

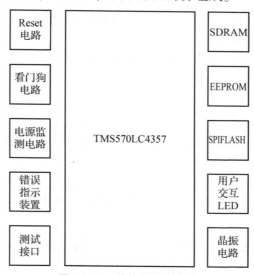

图 8.2.1　单片机核心电路

（1）Reset 电路：在上电瞬间，使单片机处于复位状态，待电源稳定后使能单片机，避免单片机受到浪涌等不稳定电源的影响。

（2）看门狗电路：检测单片机运行状态，当单片机处于异常状态时，重启电路，保证系统的稳定性。

（3）电源监测电路：对 HALECU 内部所有电源进行监测，当电源出现异常时进行警告或其他安全处理。

（4）错误指示装置：单片机状态指示灯。

（5）调试接口：在线调试接口。

（6）SDRAM、EEPROM、SPIFLASH：具有丰富的存储空间，在单片机运行时可随时保存关键参数，极大地提高系统运行的安全性。

（7）用户交互 LED：输出系统运行状态信息，提示用户。

（8）晶振电路：产生时钟信号[8]。

8.2.2 电子加速踏板接口电路

HALECU 控制器的电子加速踏板接口电路包括电子加速踏板输入和输出两部分，其中输入部分连接原车的电子加速踏板，负责采集原车电子加速踏板的信号，输出部分产生原车电动机控制器所需要的控制信号。图8.2.2 所示为电子加速踏板输入电路。

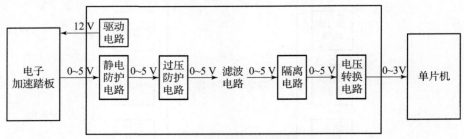

图 8.2.2 电子加速踏板输入电路

电子加速踏板输入电路由以下部分组成。

（1）驱动电路：电子加速踏板驱动采用独立输出电源控制芯片，可支持 5 V/12 V 两种规格电压输出。

（2）静电防护电路：采用高性能 ESD 抑制器，峰值放电功率可达 400 W。

（3）过压防护电路：使用可靠的稳压电路，将输入电压限制为 0~5 V。

（4）滤波电路：采用低通滤波电路，有效地抑制高频噪声。

（5）电压转换电路：将输入信号限制在单片机输入范围内。

（6）隔离电路：采用电压跟随电路以达到隔离目的[3]。

图 8.2.3 所示为电子加速踏板输出电路。电子加速踏板输出电路由以下几部分组成。

（1）隔离电路：使用专用隔离芯片，保证单片机的通信安全。

（2）数模转换电路：使用 SPI 驱动数模转换芯片，输出电压为 0~4 V。

（3）放大电路：使用运算放大器放大输出电压到 0~5 V，同时兼具隔离功能。

（4）过压防护电路：使用可靠的稳压电路，将输入电压限制在 0 ~ 5 V。

（5）静电防护电路：采用高性能 ESD 抑制器，峰值放电功率可达 400 W。

（6）供电电路：电子节气门输出采用外部供电方式，兼容 5.5 ~ 6.0 V 电压输入，具有更高的通用性[9]。

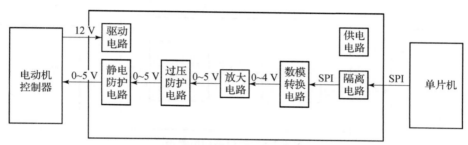

图 8.2.3　电子加速踏板输出电路

8.2.3　挡位信号接口电路

挡位器输入电路如图 8.2.4 所示，挡位器输入电路由以下几部分组成。

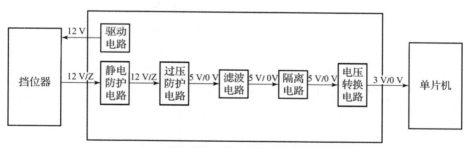

图 8.2.4　挡位器输入电路

（1）驱动电路：采用独立输出电源控制芯片，可支持 5 V/12 V 两种规格电压输出。

（2）静电防护电路：采用高能 ESD 抑制器，峰值放电功率可达 400 W。

（3）过压防护电路：使用可靠的稳压电路，将输入电压限制在 5 V。

（4）滤波电路：采用低通滤波电路，有效地抑制高频噪声。

（5）隔离电路：采用施密特电路缓冲器，在隔离的同时兼具一定抗干扰能力。

（6）电压转换电路：将输入信号限制在单片机输入范围内。

挡位器输出电路如图8.2.5所示。挡位器输出电路由继电器驱动电路和继电器组成，此解决方案可达到由外部信号驱动外部电路的目的，尽可能地保证电路的通用性和控制器内部电路的独立性。

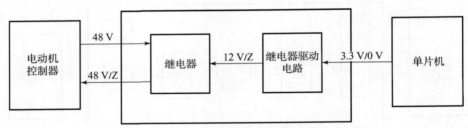

图 8.2.5　挡位器输出电路

8.2.4　CAN 总线接口电路

底层适配控制器通过 CAN 总线进行转向、制动等核心部件的控制。CAN 总线接口电路（图8.2.6）由以下几部分组成。

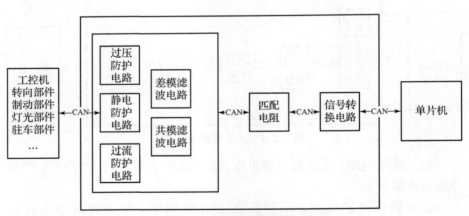

图 8.2.6　CAN 总线接口电路

（1）过压防护电路：采用高性能压敏电阻来保证通信电路电压正常。

（2）静电防护电路：采用高性能通信专用 ESD 抑制器。

（3）过流防护电路：采用高性能浪涌抑制器来避免过流对电路的损坏。

（4）差模滤波电路：滤除电路中的差模高频干扰信号。

（5）共模滤波电路：滤除电路中的共模干扰信号。

（6）匹配电阻：用阻抗匹配，防止信号反射，提高电路抗干扰能力。

（7）信号转换电路：采用 TI 的 CAN 接口集成电路[10,11]。

8.2.5　底层适配控制器面板开关接口电路

底层适配控制器面板开关接口电路如图 8.2.7 所示。

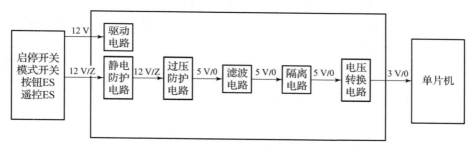

图 8.2.7　底层适配控制器面板开关接口电路

8.2.6　硬件系统安全性设计

1. 电源系统

电源输入支持 12 V 和 24 V，输入电压为 6～32 V。HALECU 选用专用电源监控芯片在过压、欠压和反接情况下均断开电源系统，以保护内部电路不受损害。同时，HALECU 使用专用的电流监控芯片，当出现过流现象时，系统可及时进行相应处理[12]。

2. 接口系统

HALECU 在所有接口部分均进行静电保护处理，以防止操作过程中可能出现的静电损害。HALECU 在所有接口部分均进行了过压保护措施，将电压限制在系统可接受范围之内。HALECU 对信号敏感部分均进行了合理的滤波处理措施，尽可能地调高系统的抗干扰能力。特别是在 CAN 通信接口处，采用了更高规格的防静电、防过压、防过流和滤波措施。在所有接口系统中，均采用了隔离措施，保证单片机不直接和外部进行通信，保证单片机处于一个稳定的、一切可控的、独立的运行环境之中[13]。

3. 冗余系统

HALECU 的冗余系统设计如下。

（1）双路加速踏板驱动。

（2）双路制动踏板驱动。

（3）4 路挡位驱动。

（4）4 路 CAN 驱动。

（5）双路看门狗（单片机外置、单片机内置）。

通过上述冗余系统设计，在部分部件异常的情况下，也可保证系统的正常运行，极大地提高了系统的安全性能。

4. 隔离系统

HALECU 的隔离系统设计如下。

（1）隔离的加速踏板驱动。

（2）隔离的制动踏板驱动。

（3）隔离的电池电压侦测系统。

（4）隔离的钥匙开关驱动。

（5）隔离的挡位输出驱动。

（6）1 路隔离 CAN。

通过上述隔离系统设计，最大限度地保证 HALECU 电路的独立性和稳定性。

8.3　无人平台多源导航信息数据融合实现

本实例采用 SINS/GNSS/里程计/双目 VO/激光雷达作为多源导航信息数据融合源，该试验为车载试验，将该试验平台利用磁铁吸盘固定于车顶，试验平台如图 8.3.1 所示。试验前先对 INS 进行 10 min 预热并对 RTK 进行配置，设置 SINS 的采样频率为 100 Hz，GNSS 模块的采样频率为 1 Hz。跑车的初始位置是 [32°N　118°E　12 m]，初始速度为 0 m/s。试验地点为学校外一开阔场地，行驶时长约为 6 min，行驶距离约为 2.6 km[14-16]。部分数据融合结果如图 8.3.2 所示。具体数据融合结果如图 8.3.3 所示。

图 8.3.1　无人平台多源导航信息数据融合试验平台

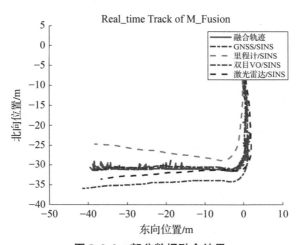

图 8.3.2　部分数据融合结果

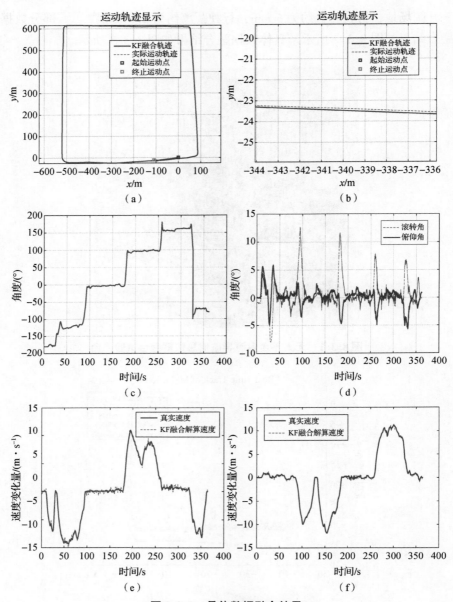

图 8.3.3　具体数据融合结果

（a）运动轨迹对比；（b）运动轨迹局部放大图；（c）航向角变化；

（d）滚转角、俯仰角变化；（e）东向速度变化；（f）北向速度变化

由试验结果可以看出，无人平台多源导航系统输出的位置、速度能较好地跟踪卫星输出的定位信息，由行驶轨迹对比（图 8.3.3）可以看出定位精度较高[17]。将导航误差信息进一步量化显示，如表 8.3.1 所示。

表 8.3.1　导航误差信息

误差信息	东向位置/m	北向位置/m	东向速度 /(m·s⁻¹)	北向速度 /(m·s⁻¹)
最大误差	0.236 5	0.213 6	0.269 4	0.301 4
均方根误差（RMSE）	0.137 8	0.082 6	0.108 2	0.190 6

由表 8.3.1 可知，本书所提算法导航精度小于 0.3 m，无人平台多源导航系统的定位精度与 RTK 定位技术的导航精度基本相符，其导航性能得以验证[18]。

参 考 文 献

[1] 郑毅. μC/OS - Ⅱ RTOS 在工业控制中的应用[J]. 安徽冶金科技职业学院学报,2008,(2):19 - 22.

[2] 陈驰. 基于 STM32 和 DSP + FPGA 的电法勘探数据采集接收机设计与实现[D]. 北京:中国地质大学,2017.

[3] 卢涛,邢军辉,郑维,等. 基于 μC/OS - II 和 CAN 总线的立体车库控制器设计[J]. 电工技术,2019,(3):49 - 50 + 52.

[4] WANG H,LIU N,SU Z,et al. Research on low - cost attitude estimation for MINS/dual - antenna GNSS integrated navigation method[J]. Micromachines, 2019,10(6):362.

[5] WANG Y H,ZHOU Q,ZHANG Y,et al. A formal modeling and verification scheme with an RNN - based attacker for CAN communication system authenticity[J]. Electronics,2022,11(11):1773.

[6] 刘佳熙,郭辉,李君. 汽车电子电气系统的功能安全标准 ISO26262[J]. 上海汽车,2011(10):57 - 61.

[7] 尚世亮,王雷雷,赵向东. 基于 ISO26262 的车辆电子电气系统故障注入测试方法[J]. 汽车技术,2015(12):49 – 51 +58.

[8] 刘坤明. 基于 TMS570 的 CAN 通信接口板设计[D]. 北京:北京交通大学,2012.

[9] 汪东坪,李舜酩,魏民祥,等. 汽车电子加速踏板可靠性控制的研究[J]. 汽车工程,2012,34(8):713 – 717.

[10] 于海生. CAN 总线工业测控网络系统的设计与实现[J]. 仪器仪表学报,2001,22(1):5.

[11] 张一康,陈燚涛,刘芳. 基于自适应卡尔曼滤波的 RFID/SINS 组合导航研究[J]. 无线电工程:1 – 7.

[12] HUA F L,LIU J H,PAN X M,et al. Research on multiaxial fatigue life of notched specimens based on Weibull distribution and Bayes estimation[J]. International Journal of Fatigue,2023,166(166):104271 – 104279.

[13] JIA Y Y. A Bayes Estimation Based Control Method for Snake Robots[D]. 京都:立命館大学,2022.

[14] SARMANOVA O E,LAPTINSKIY K A,KHMELEVA M Y,et al. Development of the fluorescent carbon nanosensor for pH and temperature of liquid media with artificial neural networks[J]. Spectrochimica Acta Part A Molecular and Biomolecular Spectroscopy,2021,258(1):119861.

[15] HUSSAIN S,KHAN H,GUL S,et al. Modeling of photolytic degradation of sulfamethoxazole using boosted regression tree (BRT), artificial neural network (ANN) and response surface methodology (RSM); energy consumption and intermediates study [J]. Chemosphere, 2021, 276 (276):130151.

[16] WEI Y P,WU D Z,TERPENNY J. Decision – level data fusion in quality control and predictive maintenance[J]. IEEE Transactions on Automation Science and Engineering,2020,18(1):184 – 194.

[17] 唐璐杨,唐小妹,李柏渝,等. 多源融合导航系统的融合算法综述[J]. 全球定位系统,2018,(3):39 – 44.

[18] 仇海涛,陈晓东,张峰. 基于改进 ESKF 和自适应滤波的组合导航算法研究[J]. 电光与控制,2023,(5):1 – 5.